高职高专规划教材

高分子化工概论

薛叙明　张立新　主　编

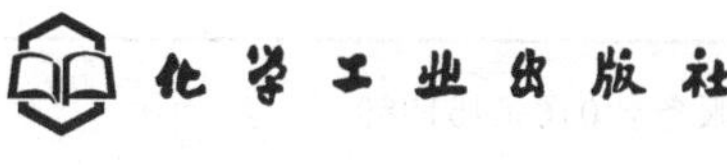

·北京·

本书是根据高职化工技术类专业的人才培养目标而编写的。全书共分8章，包括绪论、逐步聚合反应、连锁聚合反应、聚合实施方法与聚合工艺、高聚物的化学反应、高聚物的结构、高聚物的性能和高分子材料等内容。在每章的开篇明确了学生学习的知识目标、能力培养目标和素质目标要求，章后编入了一定数量的思考题和习题，以帮助学生学习与提高。

本书可作为高职高专院校化工技术类及其相关专业用教材，也可作为中职化学工艺专业和职工培训用参考书，此外，还可供相关企事业单位工程技术人员用作参考资料。

图书在版编目（CIP）数据

高分子化工概论/薛叙明，张立新主编.—北京：化学工业出版社，2011.9（2025.2重印）
高职高专规划教材
ISBN 978-7-122-11804-2

Ⅰ.高… Ⅱ.①薛…②张… Ⅲ.高聚物-化学工业-高等职业教育-教材 Ⅳ.TQ31

中国版本图书馆CIP数据核字（2011）第138224号

责任编辑：窦　臻　　文字编辑：冯国庆
责任校对：蒋　宇　　装帧设计：王晓宇

出版发行：化学工业出版社（北京市东城区青年湖南街13号　邮政编码100011）
印　　装：涿州市般润文化传播有限公司
787mm×1092mm　1/16　印张13¼　字数326千字　2025年2月北京第1版第9次印刷

购书咨询：010-64518888　售后服务：010-64518899
网　　址：http://www.cip.com.cn
凡购买本书，如有缺损质量问题，本社销售中心负责调换。

定　　价：35.00元

前　　言

近年来，高分子合成材料发展迅猛，目前世界上每年生产的高分子材料已达 2 万多亿吨，且品种极其繁多。目前几乎 50%以上的化工、化学工作者，以及材料、轻纺乃至机械等行业的众多工程师都在从事聚合物的研究开发工作；高分子科学不仅推动了化工、材料等相关行业的发展，也丰富了化学、化工和材料诸学科。鉴于上述情况，除材料合成或材料加工类高职专业专门设置高分子相关专业基础课程与专业课程外，其他非材料类的化工技术类专业也几乎都开设了诸如“高分子化工概论”或“高分子科学概论”等选修课程，以更好地拓展高职学生的就业机会和提升学生今后可持续发展的能力。为此，我们组织编写了这本简单实用、适合高职教育特点的《高分子化工概论》教材。

本教材依据高等职业教育的特点及课程性质，力求充分体现教学内容的科学性、实用性及前瞻性，力求体现新技术、新工艺、新材料、新方法；注重生产实际，注重理论与实践的结合，注重培养学生综合运用能力、分析与解决问题的能力和创新能力；尽力反映高职高专特色。同时，内容选取与编排上，注重整体与局部的划分与衔接，并以聚合反应与工艺实施、高聚物结构与性能、高分子材料应用为主线组织与编写教学内容。

全书共分 8 章，包括绪论、逐步聚合反应、连锁聚合反应、聚合实施方法与聚合工艺、高聚物的化学反应、高聚物的结构与相对分子质量、高聚物的性能和高分子材料。在每章的开篇明确了学生学习的知识目标、能力目标和素质目标要求，每章后编入了一定数量的思考题与习题，以帮助学生学习与提高。

本书由常州工程职业技术学院薛叙明教授、辽宁石化职业技术学院张立新副教授任主编，常州工程职业技术学院李树白博士参与编写。具体分工如下，第 1、第 3、第 4 章由薛叙明编写；第 5、第 6、第 7 章由张立新编写；第 2、第 8 章由李树白编写，全书由薛叙明统稿并审核。

本书可以作为高等职业院校化工技术类及相关专业用教材，也可以作为高职材料类专业的专业基础教材，还可作为中职化学工艺专业和职工培训参考教材；此外，也可供相关企事业单位工程技术人员用作参考资料。

由于编者水平有限，不足之处在所难免，敬请各位同仁与读者批评指正。

编者

2011 年 6 月

目　　录

第1章　绪　　论

本章学习目标

知识目标

了解高分子的应用、高聚物的分类方法、高分子科学的发展简史和发展趋势；掌握高聚物的含义、基本概念与基本特点和高聚物的命名方法。

能力目标

1. 能正确运用高聚物的基本概念，确定其单体、结构单元、重复结构单元等，判断其特点。

2. 能熟练运用高聚物的命名原则命名各类高聚物。

素质目标

1. 培养学生良好的学习兴趣与动机，严谨治学的精神与不断进取的科学态度。

2. 培养学生通过文献、网络等方式获取行业（学科）相关信息的能力，使其逐渐养成主动关心行业发展前沿动态的职业习惯。

1.1　高分子的基本概念

1.1.1　我们身边的高分子

高分子及高分子材料是人类的生活和社会的发展无法离开的东西。维持人类生命活动的多糖、蛋白质和纤维素等均为高分子，其实就连人自身的肌体除了60%的水外，剩下40%中一半以上也是蛋白质、核酸等天然高分子。高分子材料在人类现代生活的衣、食、住、行、用等各个方面的应用更是不胜枚举，如图1-1所示是一个家庭妇女在厨房里所看到的，几乎到处都有高分子化合物。在现代交通工具方面的应用，高分子材料约占飞机总质量的65%，约占汽车总质量的18%，论体积已远超过金属的用量。

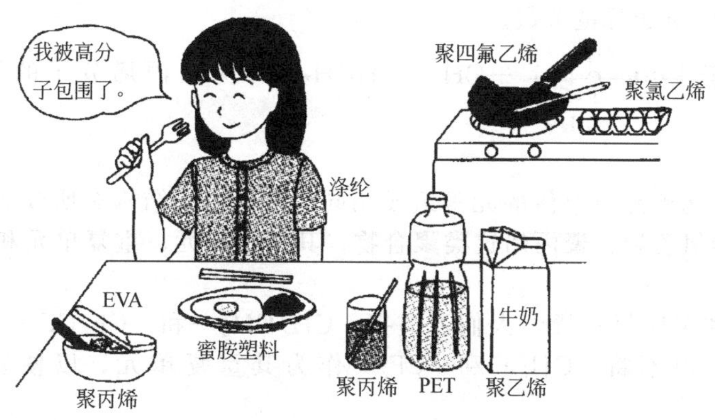

图1-1　我被高分子包围了

高分子材料作为材料领域中的新秀，它的出现带来了材料领域中的重大变革。目前，高分子材料不仅为工农业生产及人们的日常生活提供了不可缺少的材料，而且为发展高新技术提供了更多、更有效的高性能结构材料、高功能材料以及满足各种特殊用途的专用材料，在尖端技术、国防建设与国民经济各个领域得到了广泛应用，在国民经济和社会可持续发展战略中占有重要的地位。我国高分子工业规模已经很大，产量大幅增长，树脂产量约 1000 万吨，占世界排名第四位，而塑料加工制品的产量 2000 万吨/年，占世界排名第二位；目前我国化学纤维产量已占世界总产量的 40%，达到 1400 余万吨。高分子材料的总产量已相当于金属、木材和水泥的总和。

1.1.2 高分子的基本含义

1.1.2.1 基本概念

(1) 高聚物、低聚物、单体

高分子化合物（简称高分子）是指相对分子质量很大的一类化合物，其相对分子质量高达 10^6，构成大分子的原子数多达 10^3～10^5 个。尽管高分子的相对分子质量很大，但一个大分子往往由许多结构相同、简单的单元以共价键重复连接而成。因此，高分子也称为聚合物或高聚物。如聚氯乙烯分子由许多氯乙烯分子结构单元连接而成：

$$\sim\sim CH_2-\underset{Cl}{\overset{H}{C}}-CH_2-\underset{Cl}{\overset{H}{C}}-CH_2-\underset{Cl}{\overset{H}{C}}-CH_2-\underset{Cl}{\overset{H}{C}}-CH_2-\underset{Cl}{\overset{H}{C}}-CH_2-\underset{Cl}{\overset{H}{C}}\sim\sim$$

式中，符号 ~~~ 代表碳链骨架。为方便起见可缩写成：$\left[CH_2-\underset{Cl}{\overset{H}{C}}\right]_n$。

通过聚合反应，用于合成聚合物的低分子化合物称为单体，如氯乙烯经聚合反应而成聚氯乙烯，氯乙烯就称为聚氯乙烯的单体。同样地，丙烯为聚丙烯的单体。

为区别于高分子，相对分子质量低于约 10^3 的化合物称为低分子化合物，而相对分子质量介于高分子与低分子之间的化合物称为低聚物。

(2) 高分子的结构单元、重复单元、单体单元、聚合度

先看由一种低分子原料合成的聚合物，如聚氯乙烯：

$$nCH_2{=}CHCl \xrightarrow{\text{引发剂}} \left[CH_2-CHCl\right]_n$$

括号内的—CH_2—CHCl—是构成聚合物分子链的基本结构，且以此结构在分子链中进行重复，故将此基本结构称为聚氯乙烯分子的结构单元和重复单元；n 代表结构单元数（或重复单元数），可称为聚合度（DP）。许多结构单元连接成线型大分子，类似一条链子，因此结构单元又俗称链节，n 也称链节数。

同样地，对于$\left[CH_2-\underset{CH_3}{\overset{H}{C}}\right]_n$，—$CH_2$—$CHCH_3$—称为聚丙烯分子的结构单元和重复单元。

聚氯乙烯的结构单元与单体的元素组成相同，只是电子结构有所改变，故又称单体单元。所以，对于聚氯乙烯、聚丙烯这类聚合物，其结构单元、重复单元和单体单元都是相同的。

对于聚乙烯和聚四氟乙烯，人们习惯把—CH_2CH_2—和—CF_2CF_2—分别看成其结构单元（或链节），而不将—CH_2—和—CF_2—作为其重复单元，以便容易看出其单体单元。

聚酰胺、聚酯类聚合物的结构式的另一个特征是其重复单元由两种结构单元组成，且结

构单元与单体的组成不尽相同，因此不能将结构单元称为单体单元。如尼龙-66：

$$\sim\sim NH(CH_2)_6NHCO(CH_2)_4CONH(CH_2)_6NHCO(CH_2)_4CO\sim\sim$$

可将其缩写为：

$$\left[NH(CH_2)_6NHCO(CH_2)_4CO \right]_n$$

结构单元 | 结构单元

重复单元

对于这类聚合物，通常将两种结构单元的总数称作聚合度，以 $\overline{X}_n$ 表示，这样聚合度 $\overline{X}_n$ 将是重复单元数 n 的 2 倍，即：$\overline{X}_n=2n$。

(3) 高分子的相对分子质量

不难看出，对聚氯乙烯这类聚合物的相对分子质量（M）是重复单元（或结构单元）的分子量（M_0）与重复单元数（或结构单元数，聚合度）（n 或 DP）的乘积。

$$M=nM_0 \text{ 或 } M=M_0\text{DP}$$

如常用聚氯乙烯的聚合度为 600～1600，其结构单元的相对分子质量为 62.5，因此其相对分子质量为 $3.75\times10^4\sim1.0\times10^5$。

对于聚酰胺、聚酯这样一类聚合物，其相对分子质量（M）是结构单元数（$\overline{X}_n$）和两种结构单元平均相对分子质量（$\overline{M}_o$）的乘积，或是重复单元数（n）与重复单元相对分子质量（M_0）的乘积。

$$M=\overline{X}_n\overline{M}_o \text{ 或 } M=nM_0$$

1.1.2.2 高分子的基本特性

(1) 化学结构上的特点

① 高聚物相对分子质量大、分子链长　高分子化合物的相对分子质量往往高达 $10^4\sim10^6$，分子链长达 $10^{-7}\sim10^{-5}$m，相对分子质量大是高分子化合物的基本特点之一。

高聚物主要用作材料，材料的基本要求是强度。高聚物的强度与其相对分子质量密切相关。初具强度的高聚物有一个最低的临界相对分子质量，否则就不能叫做高聚物。一些常用高聚物的相对分子质量见表 1-1。

表 1-1 一些常用高聚物的相对分子质量

塑料	相对分子质量/万	纤维	相对分子质量/万	橡胶	相对分子质量/万
高密度聚乙烯	6～30	涤纶	1.8～2.3	天然橡胶	20～40
聚氯乙烯	5～15	尼龙-66	1.2～1.8	丁苯橡胶	15～20
聚苯乙烯	10～30	维尼纶	6～7.5	顺丁橡胶	25～30
聚碳酸酯	2～6	纤维素	50～100	氯丁橡胶	10～12

② 高聚物具有相对分子质量与结构的多分散性　一般高聚物均是化学组成相同而相对分子质量不等、结构不同的分子所组成的一系列同系物和聚合物的混合物——相对分子质量与结构的多分散性。因此，高聚物的相对分子质量与聚合度均为平均值。高聚物相对分子质量的多分散程度可用相对分子质量分布曲线图表示。如图 1-2 所示是两种典型高聚物的相对分子质量分布曲线。

③ 高分子链具有不同的几何形状　通常可分为线型、支链型和体型（或交联型），如图 1-3 所示。线型高分子为线状长链大分子，如低压聚乙烯、聚苯乙烯、涤纶、尼龙、未硫化橡胶等，支链高分子为主链上带支链的高分子，如高压聚乙烯、接枝型 ABS 树脂等。交联高分子是由线型或支链型高分子经化学交联形成的网状或体型结构的高分子，如固化后的酚醛树脂、脲醛树脂、环氧树脂等。从性质上看，前两种类型高聚物具有可溶可熔性（即热塑性），而后一种却是不溶不熔（即热固性）。

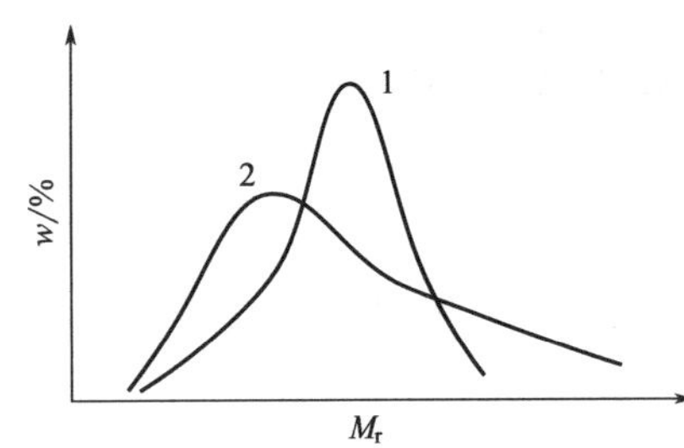

图 1-2 相对分子质量分布曲线

1—相对分子质量分布较窄；

2—相对分子质量分布较宽

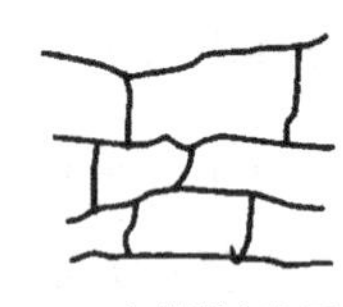

图 1-3 高分子链的几何形状

④ 高分子材料是由许多高分子链聚集而成的 聚集起来的链与链的形态和结构称为聚集态结构，可分为无定形态、半结晶态和晶态。可用结晶度大小来衡量高分子含晶态结构的比例，高分子化合物中晶态与非晶态可以存在于同一聚合体内，如低压 PE 一般有 30%～70%的晶区，其余是非晶区。

⑤ 聚合物材料的组成中一般需加入其他添加剂，使之形成更复杂的结构 这种添加剂可以是低分子的，例如填料、增塑剂、稳定剂、阻燃剂等；也可以是另外的聚合物，例如橡胶-塑料共混体系。

(2) 性质上的特点

高分子合成材料具有许多优良特性，例如，具有较高的机械强度，有不同的弹性、塑性、成纤性、绝缘性和化学稳定性，并且耐腐蚀，耐磨，对射线有抵抗力等。有些材料还具有光、电、磁等特殊功能。

1.2 高分子的分类和命名

高分子的种类繁多，随着化学合成工业的发展和新聚合反应及方法的出现，种类在不断增加。因此，必须加以分类与命名，使之系统化。

1.2.1 高分子的分类

可从不同专业角度对聚合物进行多种分类，例如按来源、合成方法、用途、热行为、结构等来分类。按来源，可分为天然高分子、合成高分子、改性高分子；按热行为，可分为热塑性高分子和热固性高分子；按高分子几何形状，可分为线型高分子、支链型高分子和交联型高分子；按聚集态结构，可分为无定形高分子、结晶高分子和液晶态高分子等；按应用功能，可分为通用高分子、特殊用途高分子、功能高分子和仿生高分子等。本节主要介绍以下两种分类方法。

(1) 按性能和用途分类

聚合物用作材料，根据材料的性能与用途，可将聚合物分为塑料、纤维、橡胶三大类，此外还有涂料、胶黏剂、离子交换树脂等。

① 塑料 在一定条件下具有流动性、可塑性，并能加工成型，当恢复平常条件时（如降压和降温）则仍保持加工时形状的高分子材料称为塑料。塑料又可分热塑性塑料与热固性塑料两种。热塑性塑料可熔可溶，在一定条件下可反复加工成型，如聚乙烯、聚丙烯、聚氯乙烯等；热固性塑料则不熔不溶，在一定温度与压力下加工成型时会发生化学变化，并只能

一次成型，如酚醛树脂、脲醛树脂等。

② 纤维 长径比在1000以上且具有一定强度的线条或丝状高分子材料称为纤维。纤维的直径一般很小，受力后形变较小（一般为百分之几到20%），在较宽的温度范围内（−50～150℃）力学性能变化不大。纤维分为天然纤维和化学纤维。化学纤维又分为人造纤维（改性纤维素纤维）和合成纤维，人造纤维是将天然纤维经化学处理后再纺丝而得到的纤维，如人造丝（即黏胶纤维）；合成纤维是将单体经聚合反应得到的树脂经纺丝而成的纤维，常见的品种有聚酯纤维（又称涤纶）、聚酰胺纤维（如尼龙-66）、聚丙烯腈纤维（又称腈纶）和聚丙烯纤维（又称丙纶）等。

③ 橡胶 在室温下具有高弹性的高分子材料称为橡胶。在外力作用下，橡胶能产生很大的形变（可达1000%），外力除去后又能迅速恢复原状。重要的橡胶品种有聚丁二烯（顺丁橡胶）、聚异戊二烯（异戊橡胶）、氯丁橡胶、丁基橡胶等。

塑料、纤维和橡胶三大类聚合物之间并没有严格的界限。有的高分子可以制成纤维，也可以制成塑料，如聚氯乙烯是典型的塑料，又可制成纤维即氯纶；若将聚氯乙烯配入适量增塑剂，可制成类似橡胶的软制品。又如尼龙既可以制成纤维又可制成工程塑料；橡胶在较低温度下也可作为塑料使用。

(2) 根据高分子主链结构分类

① 碳链高分子 主链上完全由碳原子组成的高分子。大部分烯类和二烯类聚合物属于此类，如聚氯乙烯、聚丁二烯、聚苯乙烯等，详见表1-1。其特性为不耐高温、不易水解。

② 杂链高分子 主链上除碳原子外，还有氧、氮、硫等其他元素的高分子。如聚甲醛、聚酰胺、聚酯等，详见表1-2。其特性为：有极性，易水解、酸解等。

③ 元素有机高分子 大分子主链中没有碳原子，而是由硅、氧、氮、铝、钛、硼等元素组成，侧基为有机基团，如甲基、乙基、乙烯基、芳基等。例如：有机硅树脂、聚钛氧烷等（表1-2）。其特性为具有无机物的热稳定性及有机物的塑性。

④ 无机高分子 聚合物的主链及侧链均无碳原子。例如：如硅酸盐类等。

1.2.2 高分子的命名

聚合物的名称常按单体或聚合物的结构来命名，即所谓习惯命名法，有时也会有商品俗名。1972年，国际纯粹与应用化学联合会（IUPAC）对线型高聚物提出了结构系统命名法，但因使用上烦琐，目前尚未普遍使用。

(1) 习惯命名法

对于天然高分子，采用其专有名称，如纤维素、淀粉、木质素、蛋白质、多糖等。

对于合成高分子的命名，常采用以下命名原则。

① 在单体（或假想单体）名称前面冠以“聚”字来命名。例如：乙烯、氯乙烯、己内酰胺的聚合物分别称聚乙烯、聚氯乙烯、聚己内酰胺。个别单体的名称是根据链节结构假想的，如聚乙烯醇。

② 在单体名称（或简名）后缀“树脂”、“橡胶”等字样。由两种单体合成的共聚物，常摘取两单体的简名，后缀以“树脂”、“橡胶”等字样来加以命名。如：用单体苯酚与甲醛聚合形成的高聚物称为酚醛树脂；用单体尿素与甲醛形成高聚物简称为脲醛树脂；用单体环氧乙烷与双酚A形成的高聚物简称为环氧树脂。再如：用单体丁二烯与苯乙烯聚合形成的高聚物简称为丁苯橡胶；用单体丁二烯与丙烯腈聚合形成的高聚物简称为丁腈橡胶；在特定条件下用单体丁二烯聚合形成以顺式结构为主的高聚物称为顺丁橡胶。

需要指出的是：因为“树脂”已扩大到成型加工前的原料，所以人们对某些高聚物名称的后面也加上“树脂”两字来命名，如聚乙烯树脂、聚丙烯树脂、聚酯树脂等。

③ 以高聚物的结构特征命名单体高聚物。对于缩聚物，常以其重复单元的结构特征来命名。如：用单体对苯二甲酸与乙二醇聚合形成的高聚物称为聚对苯二甲酸乙二醇酯；用单体己二酸与己二胺聚合形成的高聚物称为聚己二酰己二胺；用单体2,6-二甲基酚聚合形成的高聚物称为聚2,6-二甲基苯醚。

需要指出的是：对于杂链高聚物还常以其结构特征来命名一类高聚物。如聚酯（分子主链的重复单元中含有酯键—OCO—）、聚醚（分子主链的重复单元中含有醚键—O—）、聚酰胺（分子主链的重复单元中含有酰胺键—NHCO—）、聚砜（分子主链的重复单元中含有砜键—SO_2—）等，具体品种另有专名。

以英文缩写符号来表示聚合物很方便，如聚甲基丙烯酸甲酯（PMMA）、聚氯乙烯（PVC）、聚苯乙烯（PS）、天然橡胶（NR）等。

（2）商品命名法

聚合物的商品名称，有的能反映聚合物的结构特征，有的是根据使用特点，有的是根据外来语来命名的。大多数纤维和橡胶，常用商品名称来命名。

尼龙代表聚酰胺。尼龙后面第一个数字表示二元胺的碳原子数，第二个数字表示二元酸的碳原子数，如尼龙-610就是己二胺和癸二酸缩聚而成的聚酰胺。尼龙名称后面只有一个数字的则是代表氨基酸或内酰胺的聚合物，数字代表碳原子数，如尼龙-6是己内酰胺或ω-氨基己酸的聚合物。

我国习惯以“纶”字作为合成纤维商品的后缀字。如锦纶（尼龙-66）、腈纶（聚丙烯腈）、氯纶（聚氯乙烯）、丙纶（聚丙烯）、涤纶（聚对苯二甲酸乙二酯）等。

还有一些聚合物，其商品名称通俗易记。如有机玻璃即聚甲基丙烯酸甲酯，ABS是丙烯腈-丁二烯-苯乙烯的三元嵌段共聚物，SBS是苯乙烯-丁二烯-苯乙烯的嵌段共聚物。

（3）系统命名法

IUPAC于1972提出了系统命名法。进行系统命名时，需遵循下列程序。先确定重复单元结构；再排好重复单元中次级单元的次序；给重复单元命名；最后在重复单元名称前面加一个“聚”字，就成为聚合物的名称。写次级单元时，先写侧基最少的元素，再写有取代的亚甲基，然后写无取代的亚甲基。例如，聚氯乙烯命名为聚（1-氯代乙烯），聚丁二烯命名为聚（1-亚丁烯基）。

系统命名法虽然比较严谨，但使用起来十分麻烦，但随着国际交流的增多，将会尽可能多地采用这种命名法。

常见高聚物的结构式与名称见表1-2和表1-3。

表1-2 典型碳链高聚物及其结构与名称

聚合物	英文缩写	重复单元	单体
聚乙烯	PE	—CH_2—CH_2—	$H_2C{=}CH_2$
聚丙烯	PP	—CH_2—CH(—CH_3)—	$H_2C{=}CH$(—CH_3)
聚异丁烯	PIB	—CH_2—C(CH_3)(CH_3)—	$H_2C{=}C$(CH_3)(CH_3)

续表

聚合物	英文缩写	重复单元	单体
聚苯乙烯	PS	$-CH_2-CH(C_6H_5)-$	$H_2C=CH(C_6H_5)$
聚氯乙烯	PVC	$-CH_2-CH(Cl)-$	$H_2C=CH(Cl)$
聚偏氯乙烯	PVDC	$-CH_2-CCl_2-$	$H_2C=CCl_2$
聚氟乙烯	PVF	$-CH_2-CH(F)-$	$H_2C=CH(F)$
聚四氟乙烯	PTFE	$-CF_2CF_2-$	$F_2C=CF_2$
聚三氟氯乙烯	PCTFE	$-CF_2-CF(Cl)-$	$F_2C=CF(Cl)$
聚丙烯酸	PAA	$-CH_2-CH(COOH)-$	$H_2C=CH(COOH)$
聚丙烯酰胺	PAM	$-CH_2-CH(CONH_2)-$	$H_2C=CH(CONH_2)$
聚丙烯酸甲酯	PMA	$-CH_2-CH(COOCH_3)-$	$H_2C=CH(COOCH_3)$
聚甲基丙烯酸甲酯	PMMA	$-CH_2-C(CH_3)(COOCH_3)-$	$H_2C=C(CH_3)(COOCH_3)$
聚丙烯腈	PAN	$-CH_2-CH(CN)-$	$H_2C=CH(CN)$
聚醋酸乙烯酯	PVAc	$-CH_2-CH(OCOCH_3)-$	$H_2C=CH(OCOCH_3)$
聚乙烯醇	PVA	$-CH_2-CH(OH)-$	$H_2C=CH(OH)$（假想）
聚乙烯基烷基醚		$-CH_2-CH(OR)-$	$H_2C=CH(OR)$
聚丁二烯	PB	$-CH_2CH=CHCH_2-$	$H_2C=CHCH=CH_2$
聚异戊二烯	PIP	$-CH_2C(CH_3)=CHCH_2-$	$H_2C=C(CH_3)CH=CH_2$
聚氯丁二烯	PCP	$-CH_2C(Cl)=CH-CH_2-$	$H_2C=CClCH=CH_2$

表 1-3　典型杂链与元素有机高聚物及其结构与名称

类型	聚合物	英文缩写	重复结构单元	单　体
聚醚 —O—	聚甲醛	POM	$-OCH_2-$	H_2CO 或 $(H_2CO)_3$
	聚环氧乙烷	PEOX	$-OCH_2CH_2-$	CH_2-CH_2（环氧，O 桥接）
	聚双(氯甲基)丁氧环	CPE	$-O-CH_2-C(CH_2Cl)_2-CH_2-$	$Cl-CH_2-C(CH_2Cl)(CH_2-O-CH_2)$（四元氧环）
	聚苯醚	PPO	$-O-C_6H_2(CH_3)_2-$（2,6-二甲基）	$HO-C_6H_3(CH_3)_2$（2,6-二甲基苯酚）
	环氧树脂	EP	$-O-C_6H_4-C(CH_3)_2-C_6H_4-OCH_2CH(OH)CH_2-$	$HO-C_6H_4-C(CH_3)_2-C_6H_4-OH + CH_2-CHCH_2Cl$（环氧）
聚酯 —OCO—	涤纶树脂	PET	$-OC-C_6H_4-CO\cdot OCH_2CH_2O-$	$HOOC-C_6H_4-COOH + HOCH_2CH_2OH$
	聚碳酸酯	PC	$-O-C_6H_4-C(CH_3)_2-C_6H_4-O-C(=O)-$	$HO-C_6H_4-C(CH_3)_2-C_6H_4-OH + COCl_2$
	不饱和聚酯	UP	$-OCH_2CH_2OCOCH=CHCO-$	$HOCH_2CH_2OH + CH=CH$（$O=C-O-C=O$，顺丁烯二酸酐）
	醇酸树脂	ALK	$-OCH_2CHCH_2O-OC-C_6H_4-CO-$（CH 上连 $-O\cdots$）	$HOCH_2CHOHCH_2OH + C_6H_4(CO)_2O$
聚酰胺 —NHCO—	尼龙-66	PA-66	$-HN(CH_2)_6NHOC(CH_2)_4CO-$	$H_2N(CH_2)_6NH_2 + HOOC(CH_2)_4COOH$
	尼龙-6	PA-6	$-HN(CH_2)_5CO-$	$HN(CH_2)_5CO$（环状）

续表

类型	聚合物	英文缩写	重复结构单元	单体
聚氨酯 —NHCOO—		PU	$—O(CH_2)_2O—C(=O)NH(CH_2)_5NHC(=O)—$	$HO(CH_2)_2OH+OCN(CH_2)_6NCO$
聚脲 —NHCONH—		PUA	$—NH(CH_2)_6NH—C(=O)NH(CH_2)_6NHC(=O)—$	$NH_2(CH_2)_6NH_2+OCN(CH_2)_6NCO$
聚砜 $—SO_2—$	双酚 A 聚砜	PSU	$—O—C_6H_4—C(CH_3)_2—C_6H_4—O—C_6H_4—SO_2—C_6H_4—$	$HO—C_6H_4—C(CH_3)_2—C_6H_4—OH+Cl—C_6H_4—SO_2—C_6H_4—Cl$
酚醛	酚醛树脂	PF	$—C_6H_2(OH)—CH_2—$	$C_6H_5OH+HCHO$
脲醛	脲醛树脂	UF	$—NHC(=O)NH—CH_2—$	$CO(NH_2)_2+HCHO$
聚硫	聚硫橡胶	PSR	$—CH_2CH_2—S(=S)—S(=S)—$	$ClCH_2CH_2Cl+Na_2S_4$
聚硅氧烷 $—OSiR_2—$	硅橡胶	SIP	$—O—Si(CH_3)_2—$	$Cl—Si(CH_3)_2—Cl$

1.3 高分子的形成反应

由低分子单体合成聚合物的反应总称为聚合，即由低分子单体以共价键的形式几百、几千地连接起来而形成高分子化合物的反应。参加反应的单体必须具有两个或者两个以上可以相互作用而连接起来的反应基团，否则不能组成连续的长链，这与许多人互相手挽手才能排成连续不断的人墙的情形相似。聚合反应可按下列两种方法进行分类。

1.3.1 按单体-聚合物结构变化分类

按聚合过程中单体-聚合物的结构变化，20 世纪 30 年代，Carothers 曾将聚合反应分成缩聚和加聚两类。随着高分子化学的发展，目前还可以增列开环聚合，即下列三类聚合反应并列：官能团间的缩聚、双键的加聚、环状单体的开环聚合。

(1) 缩聚反应

缩聚是缩合聚合的简称，是官能团单体多次缩合成聚合物的反应，除形成缩聚物外，还有水、醇、氨或氯化氢等低分子副产物产生。缩聚物的结构单元要比单体少若干原子，且能保留官能团结构特征，如酰胺键—NHCO—、酯键—OCO—、醚键—O—等，所以，大部分缩聚物是杂链高聚物，容易发生水解、醇解、酸解等，其相对分子质量不是单体分子质量的整数倍，详见表 1-2。典型缩聚反应如下：

$$nH_2N(CH_2)_6NH_2 + nHOOC(CH_2)_4COOH \longrightarrow H{+}HN(CH_2)_6NHOC(CH_2)_4CO{+}_nOH + (2n-1)H_2O$$

(2) 加聚反应

烯类单体 π 键断裂后加成聚合起来的反应称作加聚，产物称作加聚物。如氯乙烯加聚生成聚氯乙烯。加聚物结构单元的元素组成与其单体相同，仅仅是电子结构有所变化，因此加聚物的相对分子质量是单体相对分子质量的整数倍。典型加聚反应如下：

$$nCH_2{=}\underset{\displaystyle Cl}{\underset{|}{CH}} \longrightarrow {+}CH_2\underset{\displaystyle Cl}{\underset{|}{CH}}{+}_n$$

烯类加聚物多属于碳链聚合物，详见表 1-1，单烯类聚合物（如聚乙烯）为饱和聚合物，而双烯类聚合物（如聚异戊二烯）大分子中留有双键，可进一步反应。

(3) 开环聚合反应

环状单体 σ 键断裂后聚合成线型聚合物的反应称作开环聚合。杂环开环聚合物是杂链聚合物，其结构类似缩聚物；反应时无低分子副产物产生，又有些类似加聚。例如环氧乙烷开环聚合成聚氧乙烯，己内酰胺开环聚合成聚己内酰胺（尼龙-6）。

$$n\underset{\text{环氧乙烷}}{\underbrace{CH_2{-}CH_2}_{O}} \longrightarrow \underset{\text{聚氧乙烯}}{{+}OCH_2CH_2{+}_n}$$

除以上三大类聚合反应外，还有多种聚合反应，如聚加成、消去聚合、异构化聚合等。

聚加成：

$$\underset{\text{丁二醇}}{nHO(CH_2)_4OH} + \underset{\text{二异氰酸己酯}}{nO{=}C{=}N(CH_2)_6N{=}C{=}O} \xrightarrow{\text{分子间转移}} \underset{\text{聚氨酯}}{{+}O(CH_2)_4OOCNH(CH_2)_6NHCO{+}_n}$$

消去聚合：

$$nCH_2N_2 \xrightarrow[\text{加热}]{BF_3} {+}CH_2{+}_n + nN_2$$

异构化聚合：

$$nCH_2{=}CH(CONH_2) \xrightarrow{\text{分子内转移}} {-}[CH_2CH_2CONH]_n{-}$$

丙烯酰胺　　　　　　聚酰胺-3

1.3.2 按聚合机理分类

20 世纪 50 年代，Flory 根据机理和动力学，将聚合反应另分成逐步聚合和连锁聚合两大类。这两类聚合反应的转化率和聚合物相对分子质量随时间的变化均有很大的差别。

（1）逐步聚合反应

多数缩聚和聚加成反应属于逐步聚合，其特征是低分子转变成高分子是缓慢逐步进行的，每步反应的速率和活化能大致相同。反应早期，单体很快聚合成二聚体、三聚体、四聚体……这些低聚物常称作齐聚物。短期内单体转化率很高，但反应基团的反应程度却很低。随后，低聚物间继续相互缩聚，相对分子质量缓慢增加，直至基团反应程度很高（>98%）时，相对分子质量才达到较高的数值，如图 1-4 所示的曲线 3。在逐步聚合过程中，体系由单体和相对分子质量递增的系列中间产物组成；大多数逐步聚合反应为可逆反应。

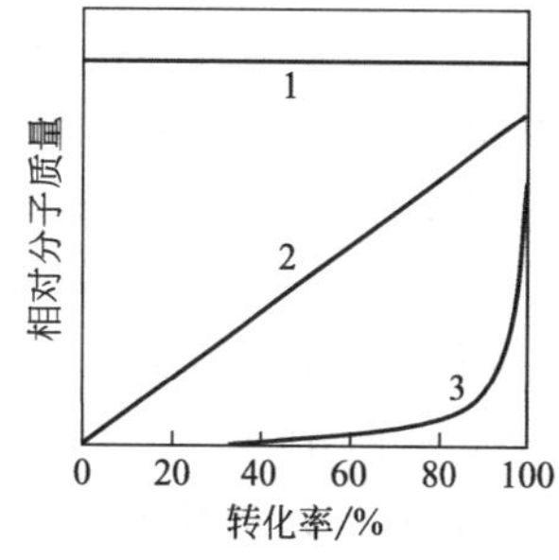

图 1-4　相对分子质量与转化率的关系

1—自由基聚合；2—活性阴离子聚合；3—缩聚合

（2）连锁聚合反应

多数烯类单体的加聚反应属于连锁聚合。连锁聚合从活性种开始，活性种可以是自由基、阴离子或阳离子，因而有自由基聚合、阴离子聚合和阳离子聚合。连锁聚合过程由链引发、链增长、链终止等基元反应组成，各基元反应的速率和活化能差别很大。链引发是活性种的形成，活性种与单体加成，使链迅速增长，活性种的破坏就是链终止。自由基聚合过程中，产物相对分子质量变化不大，如图 1-4 所示的曲线 1；除微量引发剂外，体系始终由单体和高相对分子质量的聚合物组成，没有相对分子质量递增的中间产物；转化率却随时间而增大，单体则相应减少。活性阴离子聚合的特征是相对分子质量随转化率的增大而线性增加，如图 1-4 所示的曲线 2。连锁聚合反应一般为不可逆反应。

1.4 高分子科学的发展简史及发展趋势

1.4.1 高分子科学发展的几个时期

（1）天然高分子的利用及加工时期

天然高分子分布很广，而人类利用天然高分子则自古有之。远在几千年前，人类就使用棉、麻、丝、毛等天然高分子作织物材料，使用竹木和石料作建筑材料。纤维造纸、皮革鞣制、涂料应用等是天然高分子早期的化学加工。我国的古代文明对天然高分子的利用与加工作出了很大贡献。在我国商朝蚕丝业就很发达，汉唐时代丝绸已行销国外，东汉前已发明造纸术，汉和帝时（公元 89～105 年）蔡伦再加以改进。至于利用皮革、毛裘于衣着和利用淀粉于发酵工业方面也很早就开始了。其他各国在天然高分子的应用方面也有不少贡献，可以说天然高分子的利用是和人类文化的发展史紧密联系在一起的。

(2) 天然高分子的改性时期

这是近代科学及工业的发展的结果。从19世纪中叶开始至20世纪初，人们设法利用化学方法来改变天然高分子材料的性质，使其更适应于应用的需要。如1838年美国的Goodyear应用化学方法改性天然橡胶得到了硫化橡胶，并1839～1851年在英国与美国先后建立了天然橡胶的硫化工厂，开始生产橡皮与硬橡胶；1868年Schonbein开始了纤维素的化学改性，得到了硝酸纤维素（赛璐珞），并于1869年申请了美国专利——第一个塑料专利，20世纪初开始了醋酸纤维素的生产；20世纪30年代人造纤维已大量用于衣着，这些都是在高分子早期工业中影响较大的例子。

(3) 高分子工业与高分子科学的建立时期

以1907年制成第一个合成树脂——酚醛树脂为标志，便开始进入了合成高分子时期。1909年，美国的Beakeland将酚醛树脂及其塑料的生产实现了工业化；1912年，德国拜耳公司的Duisberg（杜衣斯贝）将甲基橡胶实现了工业化生产；1927年，聚氯乙烯热塑性树脂实现了工业化……但直到第二次世界大战前，发展一直很慢，从20世纪30年代后，高分子工业才真正进入蓬勃发展时期。

高分子科学的奠基人Herman Staudinger于1920年提出高分子学说，直至1928年Meyer和Mark用X射线测定了纤维素及天然橡胶中微晶的尺寸，才得到证实；1929年Carothers合成并表征了线型脂肪族聚酯，这一学说得到了进一步完善及发展；从20世纪30年代开始，人们普遍接受此学说，即进入了高分子科学的建立阶段，并很快形成了高分子化学、高分子物理和高分子工程等学科。

在此期间，具有重要里程碑意义的事件有：1932年H. Staudinger的《高分子有机化合物》出版；1929～1940年W. H. Carothers和P. J. Floury创立了缩聚反应理论；1935～1948年H. Mark和F. R. Mayo等人建立了自由基链式聚合和共聚合反应理论；1942～1949年P. J. Flory和M. L. Huggins等人在高分子溶液理论、高分子相对分子质量测定及其聚合反应原理等方面取得了重大进展；20世纪40年代Harkin-Smith-Ewart建立了乳液聚合理论。他们不仅丰富了高分子科学理论体系，也奠定了高分子科学发展的坚实基础。

Staudinger因提出了高分子学说，加上他在高分子其他方面的贡献，于1953年获得了诺贝尔奖；P. J. Flory也因对创立高分子溶液理论和聚合原理方面的卓越贡献，于1974年获得了诺贝尔奖。

由于高分子科学的建立与发展，极大地推动了高分子工业的发展，在1930～1940年，相继又出现了一大批更为优异的高分子材料，如1938年美国杜邦公司将尼龙-66实现工业化生产，1940年成功开发了丁基橡胶；其他高分子材料也相继被开发，如低密度聚乙烯（1941年）、不饱和聚酯（1942年）、氟碳树脂（1943年）、有机硅高聚物（1943年）、聚氨酯（1943年）、环氧树脂（1947年）、ABS树脂（1948年）等。

(4) 高分子工业与高分子科学的大发展时期

进入20世纪50年代后，高分子科学进入了大发展阶段。1950～1960年，出现了许多新的聚合方法和聚合物品种，高分子科学和工业的发展更快，规模也更大。

1953～1954年，Ziegler、Natta等发明了有机金属引发体系，合成了高密度聚乙烯和等规聚丙烯，开拓了高分子合成的新领域，因而获得了诺贝尔奖。几乎同时，Szwarc对阴离子聚合和活性高分子的研制做出了贡献。这些为20世纪60年代以后聚烯烃、顺丁橡胶、异戊橡胶、乙丙橡胶以及SBS（苯乙烯-丁二烯-苯乙烯）嵌段共聚物的大规模发展提供了理论基础。

继 20 世纪 50 年代末期聚甲醛、聚碳酸酯出现以后，60 年代还开发了聚砜、聚苯醚、聚酰亚胺等工程塑料。许多耐高温和高强度的合成材料也层出不穷。这给缩聚反应开辟了新的方向。可以说，60 年代是聚烯烃、合成橡胶、工程塑料，以及离子聚合、配位聚合、溶液聚合大发展的时期，与以前开发的聚合物品种、聚合方法一起，形成了合成高分子全面繁荣的局面。

（5）高分子科学的多向发展时期

20 世纪 70～90 年代，高分子科学更趋成熟，进入了新的时期。新聚合方法、新型聚合物，以及新的结构、性能和用途不断涌现。除了原有聚合物以更大规模、更加高效地工业生产以外，更重视新合成技术的应用以及高性能、功能、特种聚合物的研制开发。因此，高分子科学不仅是一门应用科学，而且还是一门基础科学。由于理论的不断完善和技术手段的更新，高分子科学已经开始与其他学科相互渗透、相互结合，呈现多向发展的趋势。

新的合成方法涉及茂金属催化聚合、活性自由基聚合、基团转移聚合、丙烯酸类二烯烃易位聚合、以 CO_2 为介质的超临界聚合以及开环聚合结合取代反应制聚磷氮烯等。高性能涉及超强、耐高温、耐烧蚀、耐油、低温柔性等，相关的聚合物有芳杂环聚合物、液晶高分子、梯形聚合物等。聚合物在纳米材料中也占有重要的地位。此外，还开发了一些新型结构聚合物，如星形和树枝状聚合物、新型接枝和嵌段共聚物、无机有机杂化聚合物等。

功能高分子除继续延伸原有的反应功能和分离功能外，更重视光电功能和生物功能的研究和开发。光电功能高分子（如杂化聚合物陶瓷材料）在半导体器件、光电池、传感器、质子电导膜中起着重要作用。在生物医药领域中，生物功能高分子除了本身是医用高分子外，还涉及药物控制释放和酶的固载，胶束、胶囊、微球、水凝胶、生物相溶界面等都成了新的研究内容。具有重要里程碑意义的是，1977 年日本人白川英树、美国人 A. J. Heeger 和 A. G. MacDiarmid 等合成了具有导电功能的高分子材料，使塑料也能导电。为此他们获得了 2000 年度的诺贝尔化学奖。1981 年，中国科学家用人工合成了与天然高分子结构相同的、具有活性的“酵母丙氨酸转移核糖核酸”，在生物医学高分子上做出了重大贡献。

高分子科学推动了化工、材料等相关行业的发展，也丰富了化学、化工、材料诸学科。目前几乎 50%以上的化工、化学工作者，以及材料、轻纺乃至机械等行业的众多工程师都在从事聚合物的研究开发工作。

1.4.2 高分子科学的发展展望

新反应的发现、新材料的制备和新应用领域的拓展使高分子材料对经济发展产生重大影响，在 21 世纪成为重要技术支柱之一。其今后的发展方向如下。

高分子工业的方向是提高产量、增加品种、改进性能、处理“三废”和拓宽应用领域。

高分子合成化学面临的方向是研制新型引发剂，降低能源和材料的消耗，使一些材料合成方便易行。同时通过精确设计、精确操作，发展完善高分子化学与物理的结合，实现高分子材料的纳米化、功能化、仿生化和绿色化。

在结构与性能上，研究高分子链和聚集态各层次的结构和相态特点及对材料宏观性能、功能的影响；研究外场条件对各层次高分子链运动和结构的影响规律，开发潜在性能；研究新型高分子材料结构的特点、规律；研究生物高分子的结构特点、信息传递，合成仿生功能材料。

在成型加工上，研究高聚物的成型原理，实现工业化；搜集高聚物流体数据，用计算机进行成型设计；注意在成型加工过程中控制结构，形成技能。

习题与思考题

1. 举例说明单体、单体单元、结构单元、重复单元、链节、聚合度等名词的含义。

2. 举例说明聚合物、低聚物、高聚物、高分子、大分子诸名词的含义。

3. 命名下列高聚物，并写出其单体结构、单体名称、重复单元和结构单元。

(1) 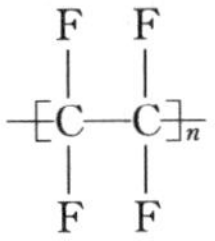 $\text{+}\!\!\left[CF_2-CF_2 \right]_n$ (2) $\left[CH_2-C(CH_3)(COOC_4H_9) \right]_n$ (3) $\left[CH_2-CH(CN) \right]_n$

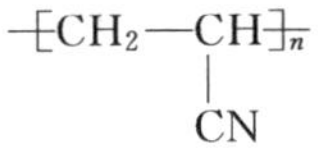

(4) $\left[NH-(CH_2)_{10}-NHCO-(CH_2)_8CO \right]_n$

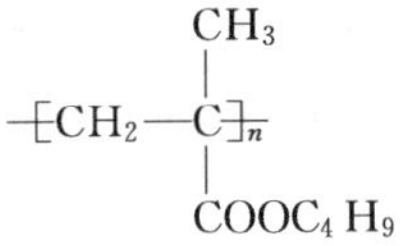

(5) 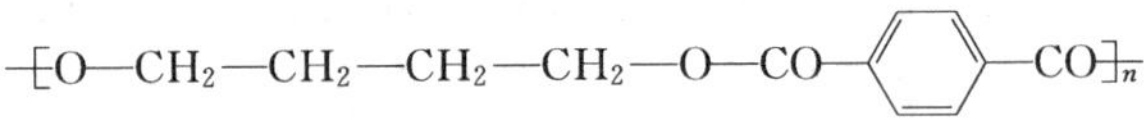 $\left[O-CH_2-CH_2-CH_2-CH_2-O-CO-C_6H_4-CO \right]_n$

(6) 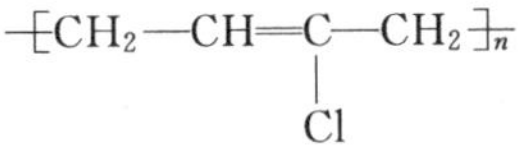 $\left[CH_2-CH=C(Cl)-CH_2 \right]_n$

4. 写出聚氯乙烯、聚苯乙烯、涤纶、尼龙-66、聚丁二烯和天然橡胶的分子式，并根据表 1-1 所列相对分子质量计算其聚合度。根据这六种聚合物的相对分子质量和聚合度，试认识塑料、纤维和橡胶的差别。

5. 写出下列单体的聚合反应式，以及单体、聚合物的名称。

(1) $H_2C=CHF$ (2) $H_2C=C(CH_3)_2$ (3) $HO(CH_2)_5COOH$

(4) $CH_2CH_2CH_2O$ (5) $NH_2(CH_2)_6NH_2+HOOC(CH_2)_4COOH$

6. 写出下列聚合物的名称、单体名称以及聚合反应式，并指明这些聚合反应属于加聚还是缩聚、连锁聚合还是逐步聚合。

(1) 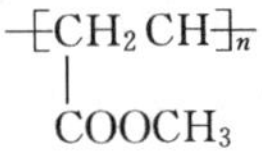 $\left[CH_2CH(COOCH_3) \right]_n$

(2) 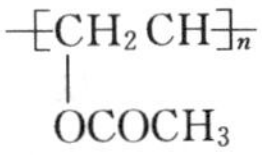 $\left[CH_2CH(OCOCH_3) \right]_n$

(3) $\left[CH_2CH=CHCH_2 \right]_n$

(4) $\left[NH(CH_2)_6NHCO(CH_2)_4CO \right]_n$

(5) $\left[NH(CH_2)_5CO \right]_n$

7. 写出下列聚合物的名称、单体结构与名称，并确定高聚物主链结构和几何形状。

(1) 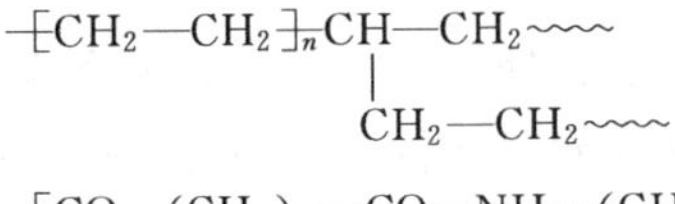 $\left[CH_2-CH_2 \right]_n CH(CH_2-CH_2\sim\sim)-CH_2\sim\sim$

(2) $\left[CO-(CH_2)_8-CO-NH-(CH_2)_{10}-NH \right]_n$

(3) 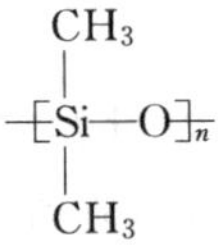 $\left[Si(CH_3)_2-O \right]_n$

(4)

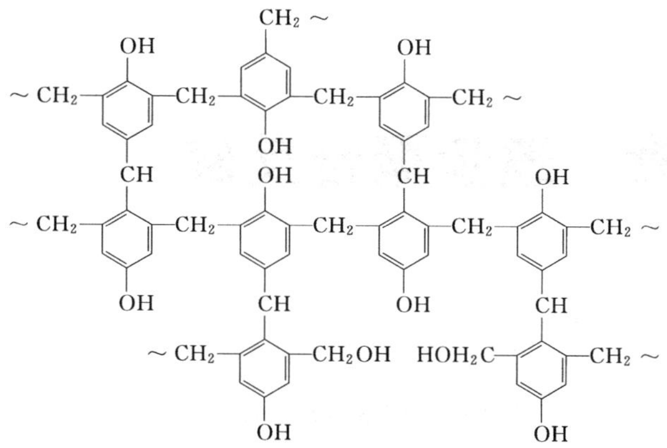

第2章　逐步聚合反应

本章学习目标

知识目标

1. 了解逐步聚合反应的特征、分类；重要的线型缩聚物和体型缩聚物。

2. 理解线型缩聚反应机理、副反应及其对产物的影响。

3. 掌握线型缩聚反应平衡及其影响因素，产物相对分子质量的控制方法。

4. 掌握体型缩聚反应特点以及体型缩聚反应体系凝胶点的预测方法。

能力目标

1. 能运用线型缩聚反应的基本原理分析与解释典型线型缩聚反应的工艺条件与控制措施。

2. 能运用体型缩聚反应的基本原理和特点合理制定典型体型缩聚产物的制备方案。

3. 能对缩聚反应的原料配料、反应程度、聚合度、凝胶点等重要工艺参数进行必要的计算。

4. 能熟悉重要线型缩聚物与体型缩聚物的结构及其合成方法。

素质目标

1. 培养学生养成温故知新的学习习惯和知识运用能力，并学会通过逻辑分析，把握事物的本质。

2. 通过了解各种逐步聚合反应在高分子合成工业中的应用，丰富学生的专业素养。

2.1　概述

逐步聚合反应是目前生产聚合物的主要方法之一，其应用十分广泛，具有很高工业价值的大多数杂链聚合物，如聚酯、聚酰胺、聚氨酯、酚醛树脂、环氧树脂等都是通过逐步聚合得到的；许多带芳环的耐高温聚合物以及梯形聚合物，如聚苯醚、聚酰亚胺、聚苯并咪唑，也是由逐步聚合制备而得；许多功能高分子和许多天然生物高分子也可通过逐步聚合得到；而无机聚合物几乎都是通过逐步聚合合成的。由此可见，逐步聚合反应在高分子化学和高分子合成工业中占有重要地位。

逐步聚合反应最大的特点是在反应中逐步形成聚合物分子链，即聚合物的相对分子质量随反应时间增长而逐渐增大，直至反应达到平衡为止。多数逐步聚合不像链式聚合那样有特定的活性中心形成，而是通过功能基之间的逐步反应来进行的。与链式聚合反应相比，逐步聚合反应的一般特征如下：①反应是通过单体功能基之间的反应逐步进行的；②每一步反应的速率和活化能大致相同；③反应体系始终由单体和相对分子质量递增的一系列中间产物组成，单体以及任何中间产物两分子间都能发生反应；④聚合产物的相对分子质量是逐步增大的。

2.1.1　逐步聚合反应的分类及其特征

逐步聚合反应具体反应类型很多，概括起来主要有以下几类。

2.1.1.1　缩聚反应

缩聚反应是由含有两个或两个以上官能度的单体分子间逐步缩合聚合形成高聚物，同时析出低分子副产物（如 H_2O、HX、ROH 等）的化学反应。聚酰胺、聚酯、聚碳酸酯、醇酸树脂等都是重要的缩聚物。绝大多数缩聚反应是典型的逐步聚合反应，其具有逐步聚合反应的基本特征，其突出特点是单体生成聚合物分子的同时，伴随有小分子化合物的生成，所以缩聚反应产物的化学组成与单体的化学组成不同。

缩聚反应可按不同的原则分类。下面简要介绍常见的几种分类。

(1) 按生成聚合物的结构分类

按生成的聚合物结构不同，可将缩聚反应分为线型缩聚与体型缩聚两类。

① 线型缩聚　参加反应的单体都含有两个官能团，反应中形成的大分子向两个方向发展，得到线型聚合物，如二元酸与二元醇生成聚酯的反应。

$$n\mathrm{HOROH}+n\mathrm{HOOCR'COOH}\longrightarrow \mathrm{H}\!-\!\!\left[\mathrm{OROOCR'CO}\right]_{n}\!\mathrm{OH}+(2n-1)\mathrm{H_2O}$$

这类单体缩聚反应的通式为：

$$n\mathrm{aAa}+n\mathrm{bBb}\rightleftharpoons \mathrm{a}\!-\!\!\left[\mathrm{AB}\right]_{n}\!\mathrm{b}+(2n-1)\mathrm{ab}$$

式中，a、b 代表官能团；A、B 代表残基。

又如 ω-氨基己酸的缩聚反应：

$$n\mathrm{H_2N{-}R{-}COOH}\longrightarrow \mathrm{H}\!-\!\!\left[\mathrm{NH{-}R{-}CO}\right]_{n}\!\mathrm{OH}+(n-1)\mathrm{H_2O}$$

这类单体缩聚反应的通式为：

$$n\mathrm{aAb}\rightleftharpoons \mathrm{a}\!-\!\!\left[\mathrm{A}\right]_{n}\!\mathrm{b}+(n-1)\mathrm{ab}$$

② 体型缩聚　参加反应的单体至少有一种含有两个以上的官能团。大分子的生成反应可向两个以上的方向增长，得到体型结构的聚合物，如丙三醇和邻苯二甲酸酐的反应。通式为：

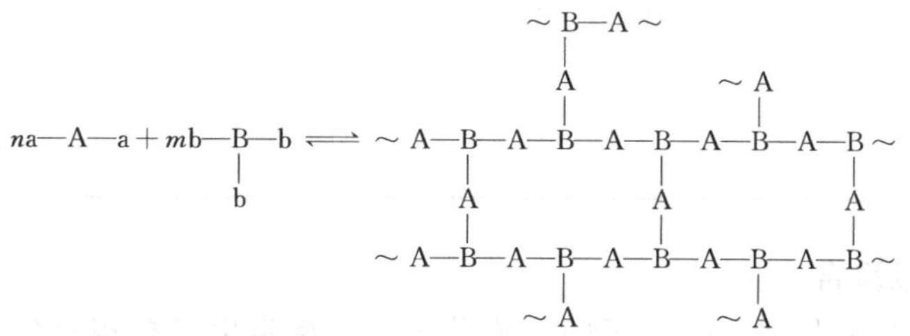

```
                                          ~ B—A ~
                                            |
                                            A          ~ A
                                            |            |
na—A—a + mb—B—b  ⇌  ~ A—B—A—B—A—B—A—B—A—B ~
               |              |           |           |
               b              A           A           A
                              |           |           |
                      ~ A—B—A—B—A—B—A—B—A—B ~
                                    |           |
                                  ~ A         ~ A
```

(2) 按参加反应的单体种类分类

① 均缩聚　只有一种单体参与的缩聚反应，该单体含有两种可以发生缩合反应的官能团。例如 ω-氨基己酸的缩聚反应。

② 混缩聚　两种分别带有不同官能团的单体进行的缩聚反应，其中任何一个单体都不能进行均缩聚。例如己二酸与己二胺合成尼龙-66 的反应。

③ 共缩聚　在均缩聚中加入第二单体或在混缩聚中加入第三甚至第四单体进行的缩聚反应。

(3) 按反应热力学分类

根据反应热力学，可将缩聚反应分为平衡缩聚与不平衡缩聚两类。

① 平衡缩聚　又称可逆缩聚，通常指平衡常数小于 10^3 的缩聚反应。这是指聚合过程

中生成的聚合物可被反应中伴生的小分子化合物降解，单体与聚合物之间存在化学平衡关系。缩聚反应中的醇-羧酸聚酯化反应、胺-羧酸聚酰胺化反应便是其中的典型例子。除缩聚反应外，还有不少逐步聚合反应也是平衡反应。

② 不平衡缩聚　即不可逆缩聚，通常指平衡常数大于 10^3 的缩聚反应。与平衡聚合反应相比，不平衡逐步聚合的基本特征是在聚合反应过程中生成的聚合物之间不会发生交换反应，也不会被小分子产物所降解。近年来对这类缩聚的研究有了迅速的发展，特别是在合成耐高温缩聚物中它已成为一种重要手段。例如二元酰氯和二元胺或二元醇的缩聚反应。环化缩聚第一阶段一般是可逆反应，而第二阶段是不可逆的成环反应。

(4) 按缩聚反应中形成的键分类

根据缩聚反应的单体官能团之间反应所生成的新键不同，可以分为聚酯化反应、聚酰胺化反应、聚醚化反应和聚硅氧烷化反应等。具体分类见表 2-1。

表 2-1　缩聚物中常见的键合基团

反应类型	键合基团	典型产品
聚酯化反应	—C(=O)—O—	涤纶，聚碳酸酯，不饱和聚酯，醇酸树脂
聚酰胺化反应	—C(=O)—NH—	尼龙-6，尼龙-66，尼龙-1010，尼龙-610
聚醚化反应	—O— —S—	聚苯醚，环氧树脂，聚苯硫醚，聚硫橡胶
聚氨酯化反应	—O—C(=O)—NH—	聚氨酯类
酚醛缩聚	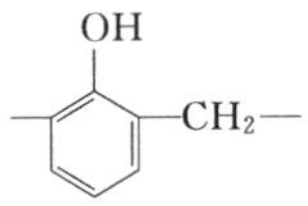 —(C₆H₃)(OH)—CH₂—	酚醛树脂
脲醛缩聚	—NH—C(=O)—NH—CH₂—	脲醛树脂
聚烷基化反应	$\text{+CH}_2\text{+}_n$	聚烷烃
聚硅醚化反应	—Si(|)—O—	有机硅树脂

2.1.1.2　逐步加成聚合

单体分子通过反复加成，使分子间形成共价键，逐步生成高相对分子质量聚合物的过程，称为逐步加聚反应或聚加成反应。它与缩聚不同的是，聚合物形成的同时没有小分子析出，这类聚合中最典型的是聚氨酯的合成。

$$\text{O=C=N—R}^1\text{—N=O} + n\text{HO—R}^2\text{—OH} \longrightarrow \text{+}\underset{\|}{\overset{}{\text{C}}}\text{—}\overset{\text{H}}{\text{N}}\text{—R}^1\text{—}\overset{\text{H}}{\text{N}}\text{—}\underset{\|}{\text{C}}\text{—O—R}^2\text{—O+}_n \quad (\text{C=O})$$

反应的原料是二异氰酸酯和二元醇，调节二异氰酸酯和二元醇的种类、摩尔比等因素，就可以生产出品种多样的聚氨酯。被广泛用作聚氨酯弹性体、胶黏剂、涂料、人造革（即 PU 革）、医用高分子。

除了以上两大类逐步聚合反应外，还有一些重要的聚合反应在机理上也属于逐步聚合反应，如环化缩聚反应制聚酰亚胺，加成缩聚反应制酚醛树脂和环氧树脂，芳核取代制聚砜，氧化偶合制聚苯醚，己内酰胺酸催化开环制尼龙-6，芳族亲电取代制聚苯，Diels-Alder 加成聚合制梯型与稠环高聚物等，在此不一一讲述。

2.1.2 逐步聚合反应的单体

缩聚反应是由反应官能团进行一系列有机缩合反应组成的。这里所指的官能团不仅包括常见的反应基团，如—COOH、$—NH_2$、—OH、—COCl、—COOR、—NH—等，甚至包括在反应过程中形成的基团（例如酚醛树脂合成过程中形成的$—CH_2OH$）。这些官能团相互反应的结果，构成许多类反应，形成许多类缩聚物，如聚醚、聚酯、聚酰胺、聚氨酯、聚砜等。常用官能团单体见表 2-2。

表 2-2 常用官能团单体

单体		官能度	应用
乙二醇	$HO—(CH_2)_2—OH$	2	聚酯,聚氨酯
丙二醇	$HO—(CH_2)_3—OH$	2	聚酯,聚氨酯
丁二醇	$HO—(CH_2)_4—OH$	2	聚酯,聚氨酯
丙三醇	$HO—CH_2—CH(OH)—CH_2—OH$	3	醇酸树脂,聚氨酯
季戊四醇	$C(CH_2—OH)_4$	4	醇酸树脂
己二酸	$HOOC—(CH_2)_4—COOH$	2	聚酰胺,聚氨酯
癸二酸	$HOOC—(CH_2)_8—COOH$	2	聚酰胺
ω-氨基十一酸	$HOOC—(CH_2)_{10}—NH_2$	2	聚酰胺
对苯二甲酸	HOOC—C6H4—COOH（对位）	2	聚酯
均苯四甲酸	1,2,4,5-(HOOC)4C6H2	4	聚酰亚胺
己二胺	$H_2N—(CH_2)_6—NH_2$	2	聚酰胺
癸二胺	$H_2N—(CH_2)_{10}—NH_2$	2	聚酰胺
对苯二胺	$H_2N—C_6H_4—NH_2$（对位）	2	芳族聚酰胺,聚酰亚胺
间苯二胺	$H_2N—C_6H_4—NH_2$（间位）	2	芳族聚酰胺
4,4′-二氨基二苯醚	$H_2N—C_6H_4—O—C_6H_4—NH_2$	2	聚酰亚胺
3,3′-二氨基联苯二胺	$(H_2N)_2C_6H_3—C_6H_3(NH_2)_2$	4	聚苯并咪唑,吡龙
均苯四胺	$C_6H_2(NH_2)_4$	4	吡龙梯形高聚物

续表

单体		官能度	应用
尿素	$H_2N-C(=O)-NH_2$	4	脲醛树脂
三聚氰胺	$C_3N_3(NH_2)_3$	6	氨基树脂
双酚 A	$HO-C_6H_4-C(CH_3)_2-C_6H_4-OH$	2	聚碳酸酯、聚芳砜、环氧树脂
甲酚	$p\text{-}CH_3C_6H_4OH$ 或 $o\text{-}CH_3C_6H_4OH$	2	酚醛树脂
2,6-二甲酚	$2,6\text{-}(CH_3)_2C_6H_3OH$	2	聚苯醚
苯酚	C_6H_5OH	2(酸催化) 3(碱催化)	酚醛树脂
间苯二酚	$m\text{-}C_6H_4(OH)_2$	3	酚醛树脂
间苯二甲酸二苯酯	$C_6H_5-O-C(=O)-C_6H_4-C(=O)-O-C_6H_5$	2	聚苯并咪唑
甲苯二异氰酸酯	$2,4\text{-}CH_3C_6H_3(NCO)_2$ 或 $2,6\text{-}CH_3C_6H_3(NCO)_2$	4	聚氨酯
六亚甲基二异氰酸酯	$OCN-(CH_2)_6-NCO$	4	聚氨酯
邻苯二甲酸酐	$C_6H_4(CO)_2O$	2	醇酸树脂
顺丁烯二酸酐	$CH=CH(CO)_2O$	4	不饱和聚酯

续表

单　体		官能度	应　用
均苯四甲酸酐	(均苯四甲酸二酐结构式)	4	聚酰亚胺，吡龙
光气	Cl—C(=O)—Cl	2	聚碳酸酯，聚氨酯
己二酰氯	$ClOC—(CH_2)_4—COCl$	2	聚酰胺
癸二酰氯	$ClOC—(CH_2)_8—COCl$	2	聚酰胺
二氯二苯砜	Cl—C₆H₄—S(=O)₂—C₆H₄—Cl	2	聚芳砜
二氯乙烷	$Cl—CH_2CH_2—Cl$	2	聚硫橡胶
二甲基二氯硅烷	$Cl—Si(CH_3)_2—Cl$	2	聚硅氧烷
环氧氯丙烷	$CH_2—CH—CH_2Cl$（CH_2与CH间以O成环）	2	环氧树脂
甲醛	H—C(=O)—H	2	酚醛树脂，脲醛树脂
糠醛	(呋喃环)—CHO	2	糠醛树脂

2.1.2.1　单体成链与成环反应

缩聚反应中，成链、成环反应是一对竞争反应。双官能团单体除能生成线型缩聚产物外，常有成环反应的趋势。形成环状物的稳定性次序如下：

$$5,6>7,12>3,4,8\sim11$$

可见，易形成五六元环的单体不易形成线型高分子链，七元环有一定稳定性，但仍以形成线型高分子链为主，仅伴有少量七元环状物；十二元以上的环稳定性虽与七元环相近，但实际上这类单体很少；三、四、八～十一元环都不稳定，故单体不易形成这些环状物，而直接形成线型高分子链。

以 ω-羟基酸形成聚酯的均缩聚反应为例，当 $n=1$ 时，则容易发生双分子缩合形成正交酯（六元环：O=C—CH₂—O—C(=O)—CH₂—O—，即 $O{=}C\langle{}^{CH_2—O}_{O—CH_2}\rangle C{=}O$）；当 $n=2$ 时，则由于羟基易失水，容易生成丙烯酸 $H_2C=CH—COOH$；当 $n=3$ 或 4 时，容易发生分子内缩合，形成五元环或五元环的内酯；只有当 $n\geqslant5$ 时，才能发生分子间的缩合而形成线型聚酯。因此在选择单体时必须首先考虑单体成链的可能性，以减少副反应，保证聚合过程的顺利进行。

反应条件也影响成链与成环反应。提高单体浓度，有利于单体分子间的成链反应。由于成环的活化能大于成链的活化能，所以降低反应温度易于成链反应的进行。

2.1.2.2 单体的反应能力

单体的反应能力取决于单体官能团的反应能力。单体官能团的反应能力影响逐步聚合反应速率、反应阶段控制与生成高聚物的结构与性能。

(1) 影响逐步聚合反应速率

最常见的缩聚反应为合成聚酯与聚酰胺的反应。合成聚酯和聚酰胺的关键在于选择与醇中—OH 和胺中—NH_2 反应有适当活性的单体（酰化试剂）。—OH、—NH_2 都是带多电子原子的亲核试剂，易进攻带正电性的碳原子，所以缩聚反应速率随起酰化作用单体碳原子的正电性增强而加速。由此可排出下列官能团与醇和胺反应能力的顺序：

$$-\overset{O}{\overset{\|}{C}}-Cl > R_1-\overset{O}{\overset{\|}{C}}-O-\overset{O}{\overset{\|}{C}}-R_2 > -\overset{O}{\overset{\|}{C}}-OH > -\overset{O}{\overset{\|}{C}}-O-CH_3$$

正确估计单体官能团的反应能力对反应速率的影响，有利于选择最合理的反应途径，合成所需要的高聚物。

(2) 影响缩聚反应的阶段控制

单体中反应基团的相对活性对体型缩聚过程起着重要作用。单体官能团由于所处位置及基团间的相互作用或空间因素的影响，同一分子中相同官能团的活性有差别。如甘油与邻苯二甲酸酐形成醇酸树脂的缩聚反应中，甘油的三个羟基相对活性不同，聚合反应先在较低温度下进行，使相对活性大的两个伯羟基反应生成线型高聚物；再进一步提高反应温度，使活性较小的仲羟基反应形成体型结构高聚物。

(3) 影响高聚物的结构和性能

单体反应基团的空间分布影响聚合产品的结构和性能。例如芳香族二胺与芳香族二酸的缩聚反应，对苯二胺与苯二酸形成的缩聚产物为不溶于任何有机溶剂的高熔点结晶态高聚物；间苯二胺与苯二酸形成的缩聚产物则为可溶于多种溶剂的低熔点非晶态高聚物。

2.1.2.3 单体的平均官能度

(1) 单体的官能度

单体的官能度是指在一个单体分子上反应活性中心的数目，用 f 表示。在形成大分子的反应中，不参加反应的官能团不计算在内。如苯酚在进行酰化反应时，只有一个羟基参加反应，所以官能度为 1，而当苯酚与醛类进行缩合时，参加反应的是羟基的邻、对位上的三个活泼 H，此时官能度为 3。

(2) 反应体系中单体的平均官能度

多组分缩聚体系中，将参加反应的单体混合物平均每个分子带有的官能团数目称为平均官能度，用$\overline{f}$表示。人们常用平均官能度的概念度量缩聚反应体系中单体官能团的相对数目，评价形成体型结构的倾向。单体的平均官能度为：

$$\overline{f}=\frac{f_A N_A+f_B N_B+f_C N_C+\cdots}{N_A+N_B+N_C+\cdots} \tag{2-1}$$

式中 f_A，f_B，f_C，…——单体 A、B、C 的官能度（参加反应的官能团数目）；

N_A、N_B、N_C，…——单体 A、B、C 的物质的量，mol。

例如，甘油与邻苯二甲酸酐进行官能团等物质量的缩聚反应，单体的平均官能度$\overline{f}$为：

$$\overline{f}=\frac{3\times2+2\times3}{3+2}=2.4$$

再如，乙二醇、邻苯二甲酸酐与甘油进行共缩聚，若分子摩尔比为 0.05∶1.6∶1 时，聚合体系的平均官能度$\overline{f}$的计算方法如下。

先比较单体中羟基与羧基官能团的数量。含羟基（—OH）总数：2×0.05＋3×1＝3.1；含羧基（—COOH）总数：2×1.6＝3.2。

由于参加反应的—OH 与—COOH 两种官能团物质的量不等。缩聚反应进行的程度，取决于官能团数目少的一种物质。根据平均官能度的概念，在物质的量不等的官能团反应中，实际参加反应的官能团数目应为物质的量少的官能团数目的 2 倍，即：

$$\overline{f}=\frac{2\times\text{物质的量少的官能团数目}}{\text{单体分子总数}}=\frac{2\times 3.1}{0.05+1.6+1}=2.34$$

通过单体平均官能度$\overline{f}$的数值可直接判断缩聚反应所得产物的结构与反应类型。当$\overline{f}<2$时，则不能生成高分子；当$\overline{f}=2$ 时，原则上生成线型高分子，属线型缩聚反应；当$\overline{f}>2$时，则可以生成支化或体型结构的大分子，属体型缩型反应；且随着$\overline{f}$值的增大高分子链之间的交联程度和密度也随之增大。由此可见，平均官能度$\overline{f}$对于形成体型结构倾向来说是一个重要参数。

2.2 线型缩聚反应

2.2.1 线型缩聚反应机理

在缩聚反应中，无特定的活性种，带不同官能团的任何分子间都能相互反应，因而不存在链引发、链增长、链终止等基元反应。实验证明，线型缩聚反应机理可归纳为两大特征：逐步与可逆。现以 2-2 官能度体系介绍。

2.2.1.1 逐步特性

缩聚反应中大分子的生长是单体官能团间相互反应的结果。高分子的形成是相对分子质量逐渐增大的过程，每步反应产物都可以单独存在和分离出来。

缩聚反应初期，单体很快消失，转化率很高，首先是两种单体分子相互作用成二聚体。

$$aAa+bBb \rightleftharpoons aABb+ab$$

然后，二聚体同单体作用生成三聚体或二聚体之间相互作用生成四聚体。

$$aABb+aAa \rightleftharpoons aABAa+ab$$

$$aABb+aABb \rightleftharpoons aABABb+ab$$

随着反应的进行，三聚体和四聚体可以相互反应，也可以自身反应或与单体、二聚体反应，含羟基的任何聚体和含羧基的任何聚体都可以进行缩聚反应，逐步生成不同链长的低聚体，最后是低聚体与低聚体之间进一步反应生成高聚物。通式如下：

$$a\text{-}[AB]_m\text{-}b+a\text{-}[AB]_n\text{-}b \rightleftharpoons a\text{-}[AB]_{m+n}\text{-}b+ab$$

缩合反应就这样逐步进行下去，产物聚合度随时间或反应程度而增加。

如图 2-1 所示为已二醇与癸二酸的线型缩聚反应变化曲线。图 2-1 直观地描述了逐步缩聚反应的过程。反应开始时，单体消失很快（见曲线 4），并形成大量低聚体（见曲线 3）和极少量的高相对分子质量聚酯（见曲线 2）。经过 3h 后，反应体系中仅留下约 2％的单体和稍多于 10％的低聚体，而高相对分子质量的聚酯则占 80％左右（见曲线 2），缩聚物的相对分子质量随时间逐步增加（见曲线 5 的 *ab* 段）。经 10h 后，聚酯相对分子质量缓慢增加（见曲线 5 的 *bc* 段），缩聚反应趋向平衡。

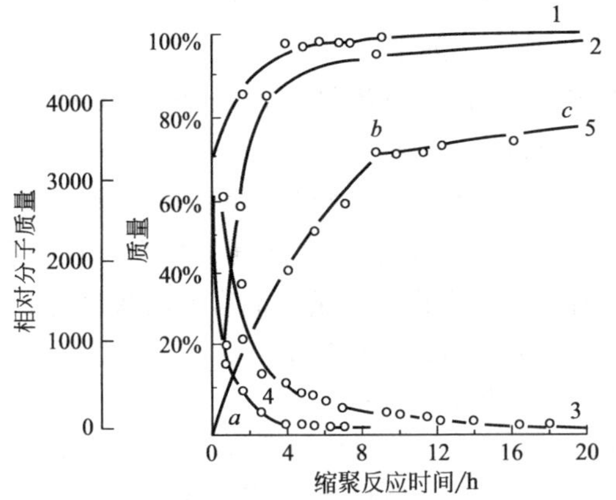

图 2-1 己二醇与癸二酸线型缩聚反应变化曲线

1—聚酯总含量；2—高相对分子质量聚酯含量；3—低聚体含量；4—癸二酸含量；5—聚酯相对分子质量（黏度法）

2.2.1.2 可逆特性（缩聚平衡）

缩聚反应后期，大分子链生长过程逐步停止，进入缩聚平衡阶段。由于缩聚平衡的建立，缩聚物的相对分子质量不再随反应时间的延长而增加。建立缩聚平衡包括物理因素与化学因素。

（1）物理因素

由于高分子链的生成，使体系黏度增大，致使低分子副产物排出十分困难；同时，由于官能团浓度降低，而体系黏度又大，致使高分子链官能团间反应困难。

（2）化学因素

主要有 4 个。①单体的非等摩尔比，反应至一定阶段后，使高分子链两端为相同官能团而失去继续反应的能力。②某种单体易挥发，破坏了单体的等摩尔比。③官能团发生化学变化，破坏了单体等摩尔比，如二元羧酸受热脱羧反应：失去继续反应的能力。④由于体系催化剂耗尽，致使缩聚反应停止。

$$HOOC(CH_2)_xCOOH \begin{cases} \rightarrow HOOC(CH_2)_xH + CO_2\uparrow \\ \rightarrow \underbrace{CH_2-(CH_2)_{x-1}-C}=O + H_2O + CO_2\uparrow \end{cases}$$

2.2.1.3 缩聚过程副反应

缩聚反应通常需要在较高温度和较长时间下完成，往往伴有一些副反应。如官能团消去、链交换及化学降解反应等。

（1）官能团消去反应

二元羧酸受热会发生脱羧反应，引起原料官能团比的变化（如上例）。羧酸酯的热稳定性比羧酸好，因此，常用羧酸酯代替易脱羧的二元酸来制备聚酯。

（2）长链的交换反应

在平衡缩聚反应中，除了有以上小分子参与的正逆反应之外，还存在着大分子链间的可逆反应，即长链大分子的交换反应。

$$\begin{matrix} \sim\sim(M)_{n1}-CO-NH-(M)_{n2}\sim\sim \\ + \\ \sim\sim(M)_{u1}-CO-NH-(M)_{u2}\sim\sim \end{matrix} \rightleftharpoons \begin{matrix} \sim\sim(M)_{n1}-CO-NH-(M)_{u2}\sim\sim \\ + \\ \sim\sim(M)_{u1}-CO-NH-(M)_{n2}\sim\sim \end{matrix}$$

交换反应可以发生在高分子链之间，也可以是高分子链间与链端的反应。交换反应的规律是较长的链易从链中间断裂进行交换反应，较短的链易从链端处发生交换反应。反应的结果使长链变短，短链变长，最终导致缩聚物的分子链长短趋于平均化（图 2-2)。故缩聚反应中的交换反应造成缩聚产物相对分子质量分布较窄。

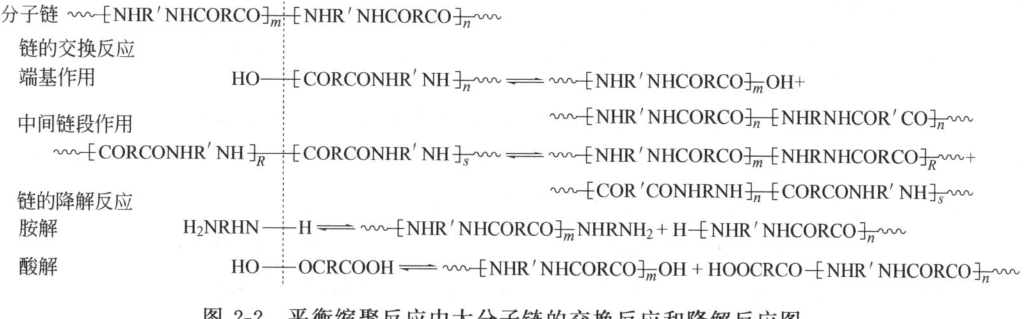

图 2-2　平衡缩聚反应中大分子链的交换反应和降解反应图

(3) 链的降解反应

缩聚反应中，高分子链在增长的同时也发生单体原料与高分子链间的降解反应。例如聚酯反应中，可以发生酸解、醇解（图 2-2)。链的降解反应造成缩聚反应产物相对分子质量较低。

缩聚反应中的副反应带给缩聚产物两大特点，一是由于长链易降解及反应平衡的影响，产物相对分子质量较低；二是由于链的交换反应，使产物的相对分子质量分布较均一。

2.2.2　线型缩聚反应平衡及其影响因素

2.2.2.1　线型缩聚反应平衡

(1) 官能团等活性假设及平衡常数

在一定温度下，可逆反应正逆反应进行的程度，可以用平衡常数 K 来表示。

$$K=\frac{\text{生成物浓度的乘积}}{\text{反应物浓度的乘积}}=\frac{k_+}{k_-} \tag{2-2}$$

式中　k_+——正反应速率常数；

k_-——逆反应速率常数。

平衡缩聚反应的每一步反应都有可逆平衡的问题。若每步反应分别具有不同的平衡常数，对缩聚反应平衡及动力学问题进行分析就相当困难。

1939 年，弗洛里研究了十二碳醇与月桂酸（十二烷酸)、十碳醇与己酸的酯化反应，用同系列单官能团化合物模拟缩聚反应的不同反应阶段，对官能团的反应活性情况进行实验对比。实验数据证明，逐步聚合反应速率常数与聚合反应时间或高聚物的相对分子质量基本无关。证实了缩聚反应中不同链长的官能团，具有相同的反应能力及参与反应的机会，即“官能团等活性”的假设。

根据官能团等活性假设，缩聚反应中每一步反应的正、逆反应速率常数不变，即可以用一个平衡常数 K 代表整个反应特征，用官能团的浓度表示分子的浓度。如聚酯反应的平衡常数：

$$\sim\sim COOH + HO\sim\sim \underset{k_-}{\overset{k_+}{\rightleftharpoons}} \sim\sim COO\sim\sim + H_2O$$

$$K=\frac{k_+}{k_-}=\frac{[\sim\sim COO\sim\sim][H_2O]}{[\sim\sim COOH][\sim\sim OH]}$$

官能团等活性假设在某些情况下有很大的偏差，如产物相对分子质量极大，体系黏度过高使分子扩散困难；反应速率常数很大，但大分子扩散性很低，为维持反应系统中相邻反应物质间的浓度平衡，扩散则成为控制反应速率的重要因素。

(2) 缩聚平衡方程及应用

① 反应程度与平均聚合度　在缩聚反应中，将参加反应官能团的数目与初始官能团数目的比值称为反应程度，以 P 表示：

$$P=\frac{\text{已参加反应的官能团数目}}{\text{初始官能团数目}}=\frac{\text{初始官能团数目}-\text{未参加反应的官能团数目}}{\text{初始官能团数目}} \tag{2-3}$$

反应程度 P 为已反应官能团分数，它很容易由实验测出。把平均进入每个大分子链的单体数目称为平均聚合度$\overline{DP}$。反应程度与平均聚合度之间的关系可以由下面的分析得出。

设：某聚酯反应，起始—COOH 数目为 N_0，反应方程式如下：

$$n\text{HOOC—R—OH} \longrightarrow \text{HO[CO—R—O]}_n\text{H}+(n-1)\text{H}_2\text{O}$$

反应后，如由实验测得残余—COOH 的数量为 N，此时反应程度为：

$$P=\frac{2(N_0-N)}{2N_0}=\frac{N_0-N}{N_0} \tag{2-4}$$

根据平均聚合度的定义：

$$\overline{DP}=\frac{\text{初始单体总数}}{\text{大分子链数}} \tag{2-5}$$

每个单体均带一个—COOH，起始—COOH 数目 N_0 在数值上等于初始单体总数；每个大分子链端带有一个残留—COOH，N 在数值上等于大分子链数。所以得到：

$$\overline{DP}=\frac{N_0}{N} \tag{2-6}$$

将式 (2-4) 与式 (2-6) 合并得到：

$$\overline{DP}=\frac{1}{1-P}\text{或}P=\frac{\overline{DP}-1}{\overline{DP}} \tag{2-7}$$

式 (2-7) 是平均聚合度与反应程度的定量关系式。

例如欲制聚合度为 100 的高聚物，计算得出反应程度应达到 99%以上：

$$P=\frac{\overline{DP}-1}{\overline{DP}}=\frac{100-1}{100}=0.99=99\%$$

反应程度与平均聚合度的这种关系，不论对均缩聚还是混缩聚都适用。计算时要注意$\overline{DP}$是以结构单元为基准的数均聚合度。对于混缩聚，其平均聚合度$\overline{DP}$应当是重复单元数的 2 倍。

② 平衡常数与平均聚合度　根据官能团等活性假设，可以简单地用官能团反应来描述缩聚反应，用一个平常数表示整个缩聚反应特征。例如形成聚酯的可逆平衡反应：

$$\sim\sim\text{COOH}+\sim\sim\text{HO}\underset{k_-}{\overset{k_+}{\rightleftharpoons}}\sim\sim\text{COO}\sim\sim+\text{H}_2\text{O}$$

$t=0$ 时	N_0	N_0	0	0
$t=t_平$ 时	N	N	N_0-N	N_w

设：$t=0$ 时，起始官能团—COOH（等物的质量反应）的总数为 N_0；$t=t_平$ 时，反应达到平衡所余官能团—COOH 的数目为 N。

则：N_0-N 为官能团参加反应生成酯键的数目。反应中析出水，达平衡时的数目用 N_w 表示。若反应是均相体系，物料体积变化可以忽略不计时，可以用官能团数目代表官能团的浓度。从平衡常数的定义出发，推导出平衡常数与平均聚合度的关系式。

$$K=\frac{[\sim\sim COO\sim\sim][H_2O]}{[\sim\sim COOH][\sim\sim OH]}$$

$$K=\frac{(N_0-N)N_w}{N\times N}=\frac{(N_0-N)N_w}{N^2}$$

将上式分子分母同除以 N_0^2，得到：

$$K=\frac{\frac{N_0-N}{N_0}\times\frac{N_w}{N_0}}{\left(\frac{N}{N_0}\right)^2} \tag{2-8}$$

已知：

$$\frac{N_0-N}{N_0}=P_{平}, \quad \left(\frac{N}{N_0}\right)^2=\left(\frac{1}{\overline{DP}}\right)^2$$

令：

$$\frac{N_w}{N_0}=n_w$$

式中 $P_{平}$——缩聚反应达平衡时的反应程度；

n_w——反应达平衡时析出低分子物的分子分数；

$\left(\frac{1}{\overline{DP}}\right)^2$——缩聚物平均聚合度倒数的平方。

将以上三项带入式（2-8）：

$$K=\frac{Pn_w}{\left(\frac{1}{\overline{DP}}\right)^2} \tag{2-9}$$

整理后得到平衡常数与平均聚合度的关系式：

$$\overline{DP}=\sqrt{\frac{K}{Pn_w}} \tag{2-10}$$

如反应在密闭体系中进行，小分子在聚合过程中不失散，反应程度（已反应官能团分数）就等于反应中析出的小分子分数，即 $P=n_w$。

$$\overline{DP}=\frac{1}{n_w}\sqrt{K}=\frac{1}{P}\sqrt{K} \tag{2-11}$$

式（2-11）说明在密闭体系中，平衡常数一定时，缩聚反应产物的平均聚合度与小分子副产物浓度成反比。除非对平衡常数特别大的反应（可以认为是不平衡反应）能得到聚合度较大的产物外，否则将不能得到高聚物。

若反应在敞开体系下进行，即从反应体系中不断地把小分子移走，此时，正常缩聚产物高聚物相对分子质量将很大（$M>10^4$），可认为反应程度 p 趋近于 1，式（2-10）可转化为：

$$\overline{DP}=\sqrt{\frac{K}{n_w}} \tag{2-12}$$

式（2-12）称为缩聚平衡方程。它表明缩聚物的平均聚合度与平衡常数的平方根成正比，与反应平衡时析出的低分子副产物的分子分数的平方根成反比。

由式（2-12）可知，通过生产工艺控制来改变 K/n_w 值，即可获得所需 $\overline{DP}$ 的缩聚物。对于 K 值很小的聚酯反应，要得到 $\overline{DP}>100$ 的缩聚物，则要求水分残余量很低（$<4\times10^{-4}$ mol/L），这就需要高真空（如<66.66Pa）脱水，而聚合后期体系黏度很大，水的扩散困

难，故要求聚合设备应有较大的扩散界面和气密性。对于聚酰胺化反应，$K=400$，可以允许稍高的含水量（如 4×10^{-2}mol/L）和稍低的真空度，也能达到同一聚合度。至于 K 值很大，而对聚合度要求不高（几至几十），例如可溶性酚醛树脂预聚物，则完全可在水介质中反应。

2.2.2.2 影响缩聚反应平衡的因素

缩聚反应平衡是动态平衡。当条件改变后，平衡即被破坏，然后在新的条件下又建立新的平衡。为了寻求向形成缩聚物方向转化的条件，现对以下影响缩聚反应平衡的因素进行讨论。

（1）温度

温度是影响缩聚反应平衡的重要因素，从实际应用考虑，主要有如下三方面影响。

① 对反应速率的影响　大多数缩聚反应在室温或较高温度下的速率常数都不大，通常为 10^{-3}L/(mol·s) 数量级，比自由基型聚合反应链增长速率常数 $10^2\sim10^4$L/(mol·s) 小得多。故缩聚反应需在高温（如 150～200℃或更高）下进行，以加速达到平衡状态，缩短缩聚反应时间。但提高温度后，可能导致单体挥发、官能团化学变化、缩聚物降解等，故生产上常必须通 N_2、CO_2 等惰性气体加以防止。

② 对反应方向的影响　升高温度可降低反应体系黏度，有利于低分子副产物的排除，则平衡向形成缩聚物的方向移动，这在缩聚反应后期反应体系黏度较大时，是很有实际意义的。

③ 对平衡常数的影响　温度对平衡常数的影响可用等压方程式表示为：

$$\ln\frac{K_{T_1}}{K_{T_2}}=-\frac{\Delta H}{R}\times\left(\frac{1}{T_1}-\frac{1}{T_2}\right) \tag{2-13}$$

式中　T_1，T_2——热力学温度；

K_{T_1}、K_{T_2}——T_1、T_2 时的缩聚反应平衡常数；

ΔH——缩聚反应等压热效应；

R——气体常数。

一般说来，缩聚反应的 ΔH 为负值（表 2-3），由式（2-13）和式（2-11）可知，温度 T 升高，K 值下降，$\overline{DP}$值也下降。但缩聚反应聚合热远比自由基型聚合反应的聚合热小（表 2-3），故温度变化对 K 和$\overline{DP}$的影响不大。不过，在较低温度下结束缩聚反应，可得到较大的 K 和$\overline{DP}$，这在生产实际中却是一种重要的工艺控制方法，如图 2-3 所示。

表 2-3　典型缩聚反应参数

单体或原料		催化剂	T/℃	k /[×10⁻³L/(mol·s)]	活化能(E) /(kJ/mol)	聚合热(ΔH) /(kJ/mol)
聚酯化	癸二醇＋己二酸	无	151	7.5×10^{-2}	59.4	
	癸二醇＋己二酸	酸	151	1.6		
	乙二醇＋对苯二酸	无	150			−10.5
	对苯二酸二乙二醇酯	无	275	0.5	188	
	对苯二酸二乙二醇酯	Sb_2O_3	275	10	58.6	
聚酰胺化	己二胺＋癸二酸	无	185	1.0	100.4	
	ω-氨基己酸	无	235			−24
酚醛反应	苯酚＋甲醛	酸	75	1.1	77.4	
	苯酚＋甲醛	碱	75	0.048	76.6	

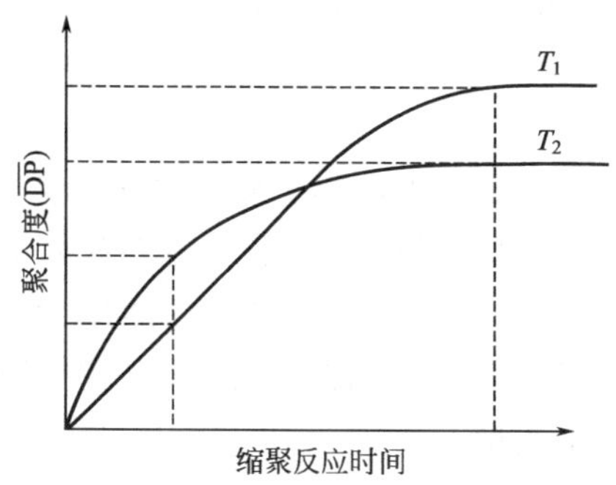

图 2-3　缩聚物的聚合度与温度的关系（$T_2 > T_1$）

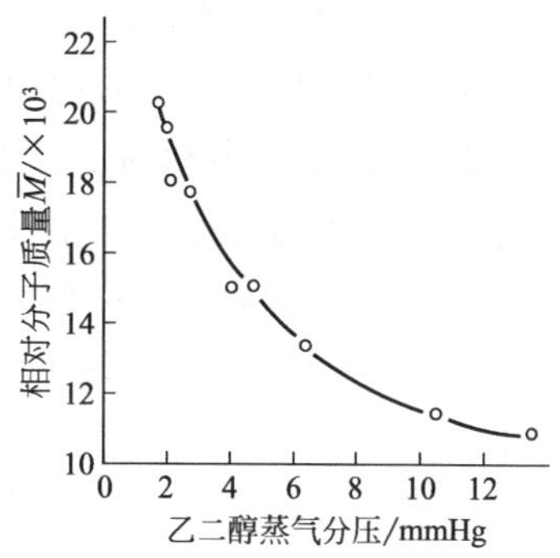

图 2-4　真空减压对聚对苯二甲酸乙二醇酯相对分子质量的影响

1mmHg＝133.32Pa

（2）压力

压力不影响液相缩聚反应的平衡常数，但对缩聚反应过程有两方面的影响。

① 真空减压的影响　对缩聚反应体系进行真空减压，有利于低分子副产物的排除，使平衡向形成缩聚物的方向移动。特别是对平衡常数较小的反应，如聚酯化反应，在反应后期采取真空减压操作，既可在较低温度下脱除低分子副产物，使平衡加速向形成缩聚物的方向移动，又可在较低温度下建立平衡，以提高缩聚物的相对分子质量，如图 2-4 所示。

② 充入惰气的影响　对缩聚反应体系充入惰性气体，也有重要意义。既可起着降低分压，带走低分子副产物的作用，使平衡向形成缩聚物的方向移动，又可起着保护缩聚物不受氧化的作用，特别适用于高温缩聚反应。

（3）催化剂

催化剂对缩聚反应有如下影响。

① 对反应速率的影响　加入催化剂不影响平衡常数，但能降低反应活化能，提高反应速率（表 2-3），加速平衡的建立，缩短缩聚反应时间。如外加酸催化聚酯化反应速率常数要比自催化反应速率常数大 2 个数量级，故工业上聚酯化反应总是采用加酸催化。

② 对反应机理的影响　原料相同，加入不同的催化剂将影响其缩聚反应机理。例如尿素与甲醛形成脲醛树脂的缩聚反应，在酸催化时反应机理如下：

$$\mathrm{HCHO + H^+ \longrightarrow {}^+CH_2OH}$$

$$\mathrm{H_2N{-}CO{-}NH_2 + {}^+CH_2OH \longrightarrow H_2N{-}CO{-}{}^+NH_2CH_2OH}$$

$$\mathrm{H_2N{-}CO{-}{}^+NH_2CH_2OH \longrightarrow H_2N{-}CO{-}NH{-}CH_2OH + H^+}$$

而在碱催化下，反应机理为：

$$\mathrm{H_2N{-}CO{-}NH_2 + {}^-OH \longrightarrow H_2N{-}CO{-}{}^-NH + H_2O}$$

$$\mathrm{H_2N{-}CO{-}{}^-NH + CH_2O \longrightarrow H_2N{-}CO{-}NH{-}CH_2O^-}$$

$$\mathrm{H_2N{-}CO{-}NH{-}CH_2O^- + H_2O \longrightarrow H_2N{-}CO{-}NH{-}CH_2OH + {}^-OH}$$

由于碱催化反应较慢，故工业生产脲醛树脂采用酸性催化剂。

③ 对缩聚副反应的影响　如用对甲苯磺酸催化聚酯化反应，若催化剂过量，将发生副反应封住增长链部分羟基，致使产物相对分子质量降低。故凡能自身维持一定反应速率的缩聚反应，如二元胺与二元酸的缩聚反应等，为了避免副反应，往往不加催化剂。

（4）反应程度

缩聚反应初期，单体转化率就很高，而相对分子质量却很低。因此在缩聚反应中，转化率的概念无重要意义，常改用反应程度 P 描述缩聚反应进行的程度。根据式（2-7）可知，缩聚物的聚合度随反应程度的增加而增加。

2.2.3 线型缩聚产物相对分子质量控制

高分子化合物的性能与其相对分子质量密切相关。在生产中，为了某种质量要求，必须合成指定相对分子质量范围的产品。如涤纶的相对分子质量达到 15000 以上才有较好的可纺性，聚 ω-羟基癸酸酯在相对分子质量为 16900 附近有最好的成纤性能与最高的纤维强度。相对分子质量过高或过低的聚酯均得不到性能优异的纤维材料。因此在合成高聚物过程中，必须根据使用目的及要求，严格控制缩聚产物相对分子质量。

缩聚物的相对分子质量应该是稳定的，在加工过程中不发生变化。有效控制相对分子质量的方法是使端基官能团失去再反应的条件或能力。生产中控制相对分子质量的有效方法有两种：一种是使参加反应的一种单体官能团稍过量；另一种是在反应体系中加入单官能度物质使大分子链端基封锁。

2.2.3.1 使参加反应的一种单体官能团稍过量

此法适用于混缩聚和共缩聚体系。以混缩聚为例，其控制原理为：调节两种单体（aAa 和 bBb）的浓度，使其中一种单体（bBb）稍过量，聚合反应终止时，所有的端基都成了过量的那种官能团 b，从而得到预定平均聚合度的稳定高聚物。

假定：N_a 为起始官能团 a 的总数；N_b 为起始官能团 b 的总数。定义摩尔系数为反应起始时两种官能团总数之比，用 γ 表示。一般将官能团数目少的作分子，故总有 $\gamma \leqslant 1$。

$$\gamma=\frac{N_a}{N_b}\leqslant 1 \tag{2-14}$$

由于每个单体带有两个官能团，因此，起始单体分子数 N_0 是起始官能团总数的一半：

$$N_0=\frac{N_a+N_b}{2}=\frac{N_a\left(1+\dfrac{1}{\gamma}\right)}{2} \tag{2-15}$$

当官能团 a 的反应程度为 P 时，官能团 b 相应的反应程度为 γP。剩余官能团 a 的总数目为 $N_a(1-P)$；剩余官能团 b 的总数目为 $N_b(1-\gamma P)$。

由于每个高分子链带有两个官能团，因此，高分子链的总数 N 应为 a、b 总剩余数的一半：

$$N=\frac{N_a(1-P)+N_b(1-\gamma P)}{2} \tag{2-16}$$

根据平均聚合度的概念，高聚物的平均聚合度应等于起始单体分子总数除以大分子链数：

$$\overline{DP}=\frac{N_0}{N}=\frac{N_a\left(1+\dfrac{1}{\gamma}\right)}{N_a(1-P)+N_b(1-\gamma P)} \tag{2-17}$$

经整理后得到平均聚合度 $\overline{DP}$ 与摩尔系数 γ 及反应程度 P 的关系式。

$$\overline{DP}=\frac{1+\gamma}{1+\gamma-2\gamma P}\quad \text{或}\quad \overline{DP}=\frac{1+\gamma}{2\gamma(1-P)+(1-\gamma)} \tag{2-18}$$

式（2-18）为平均聚合度与摩尔系数、反应程度三者之间的定量关系，如图 2-5 所示。有两种极限情况：

① 当 $\gamma=1$ 时，即两种单体为官能团等摩尔比反应，式（2-18）变为：

$$\overline{DP}=\frac{1}{1-P}$$

此式与式（2-7）相同。可见，式（2-18）包含有官能团等摩尔比这个前提条件。

② 当 $P=1$ 时，即官能团 a 全部反应，式（2-18）变为：

$$\overline{DP}=\frac{1+\gamma}{1-\gamma} \tag{2-19}$$

从理论上讲，当 $\gamma=1$ 时，参加反应的官能团在严格的等摩尔比情况下，缩聚反应的平均聚合度无穷大（$\overline{DP}\rightarrow\infty$）；当 $\gamma\rightarrow1$ 时，缩聚反应能形成高分子链；若官能团摩尔比差距较大时，如 $\gamma=1/2$ 时，仅能形成平均聚合度 $\overline{DP}=3$ 的低聚体。

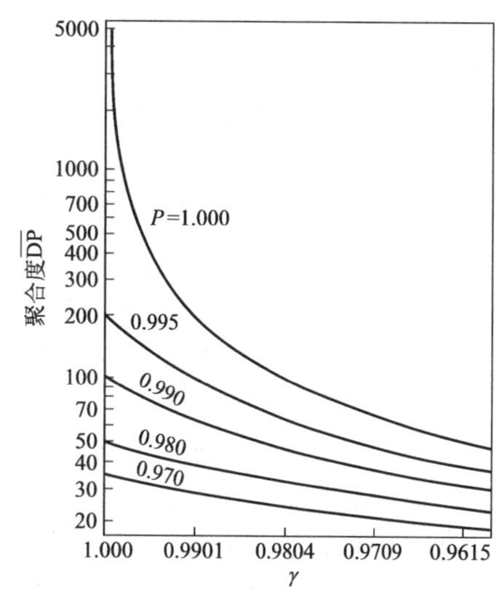

图 2-5　高分子平均聚合度与 γ、P 的关系

2.2.3.2　加入单官能团物质

此法对混缩聚和均缩聚体系都适用。在反应体系中加入少量单官能团物质，它与聚合物链末端反应后将链端封锁，使链端失去了再反应的活性。如在合成聚酰胺反应体系中，常加入少量乙酸或月桂酸来调节和控制高聚物的相对分子质量。人们常把这类单官能团物质称作相对分子质量调节剂。

以上推出的式（2-18）与式（2-19）仍适用，但摩尔系数为：

$$\gamma=\frac{N_a}{N_a+2N_c} \tag{2-20}$$

式中，系数 2 代表单官能团物质 C_b 相当于一个过量单体（两个官能团）的作用。

综上所述，只要线型缩聚反应体系中存在一种官能团的稍稍过量，对限制产物最终相对分子质量就有显著作用。因此，在工业生产中，要得到高相对分子质量的产物，反应单体必须保持严格的等摩尔比。为此，首先应保证原料有足够高的纯度，降低杂质含量；其次应尽量减少因原料挥发与分解而造成的损失，影响单体的摩尔比。如在聚酰胺生产中，采用己二酸和己二胺所形成的盐［$H_3^+N(CH_2)_6NH_3^+\,OOC(CH_2)_4COO^-$］（简称 66 盐）为原料，盐除了有利于单体的精制外，在合成聚酰胺时，可以保证原料严格的等摩尔比。同时为了控制聚合物的相对分子质量，往往在 50%～60%的盐水溶液中加入 0.5%～1%（摩尔分数）的乙酸作相对分子质量调节剂。在生产实施过程中，为了防止己二胺在加热时随水蒸气挥发，影响原料比，反应常在密闭带压的情况下进行，待己二胺大部分反应后，再逐步减压脱水，使缩聚反应向形成高聚物的方向进行。

2.2.4　不平衡缩聚反应

2.2.4.1　不平衡缩聚反应及其特点

不平衡缩聚反应一般需要很活泼的单体或特殊的反应条件，如能将缩聚反应生成的低分子副产物及时除去，即形成不平衡缩聚反应。

不平衡缩聚反应可分为活性化缩聚和直接缩聚反应两类。使用活泼单体进行的不可逆缩聚反应称为活性化缩聚。如用二元酰氯、双氯代甲酸酯等活泼单体进行的缩聚反应，都可以形成活性化缩聚反应。

在反应体系中由于缩合剂的作用，使反应单体的官能团被活化，促使缩聚反应不断进行，此类不平衡缩聚称直接缩聚反应。这是近年来缩聚反应研究的新成果。如二元胺与二元酸的缩聚反应是可逆平衡缩聚，但在反应体系中加入等物质的量的亚磷酸三苯酯与咪唑作为二元酸的活化剂，在室温下混合，几个小时后就可以得到相对分子质量很高的聚酰胺。

$$n\mathrm{NH_2{-}R{-}NH_2} + n\mathrm{HOOC{-}R{-}COOH} + n\left(\mathrm{C_6H_5{-}O}\right)_3\mathrm{P} \xrightarrow{\text{咪唑}} \mathrm{{-}\!\!\![NH{-}R{-}NHCO{-}R{-}CO]\!\!\!{-}}_n$$

不平衡缩聚反应具有如下特点。

① 缩聚反应只朝着生成高聚物的方向进行，即使不除去小分子，也不会将产物降解为低分子。

② 在单体活性很高的前提下，正反应速率远远大于逆反应速率，平衡常数通常大于 10^3，这时的缩聚反应可看作是不发生逆反应。有些反应还可以在低温下进行。

③ 反应能进行到底，单体官能团至少有一种能反应完全。

④ 由于反应物都转化为高聚物，因而聚合反应产率高，产物的平均聚合度也很高。

2.2.4.2 重要的不平衡缩聚反应

许多具有特殊结构和重要性能的高聚物如聚苯醚、聚酰亚胺、聚砜等都由不平衡缩聚反应制成。

(1) 形成聚碳酸酯的不平衡缩聚反应

聚碳酸酯是利用高活性单体光气作为酰化试剂，由双酚 A 钠盐与光气进行的缩聚反应。由于反应单体活性很高，反应速率常数很大，可视为不平衡缩聚反应。聚碳酸酯在工业生产中常采用界面缩聚法，将双酚 A 置于碱的水溶液中形成二酚盐，再通入光气，反应在 0～50℃搅拌下进行。

$$n\mathrm{NaO{-}C_6H_4{-}C(CH_3)_2{-}C_6H_4{-}ONa} + n\mathrm{Cl{-}CO{-}Cl} \longrightarrow \mathrm{{-}\!\!\![O{-}C_6H_4{-}C(CH_3)_2{-}C_6H_4{-}OCO]\!\!\!{-}}_n + 2n\mathrm{NaCl}$$

（双酚 A 钠盐） （光气） （聚碳酸酯）

聚碳酸酯在相当宽的温度范围（15～130℃）内都具有良好的力学性能。它的主链结构由柔性的—O—CO—基和刚性的 $-\mathrm{C_6H_4}-$ 基交替组成，是一种综合性能优良的热塑性透明工程塑料。具有很高的韧性、硬度和耐冲击、耐拉伸、耐压缩、耐弯曲强度等性能，同时具有高的透明性及耐蠕变性。可制作光学材料（交通灯透镜、挡风玻璃、安全头盔、防弹玻璃）；机械部件（电器连接杆、泵叶轮、齿轮）；食品容器（奶瓶、微波炉用具、食品贮存器）等。

(2) 形成聚酰亚胺的不平衡缩聚反应

聚酰亚胺的合成反应可以由二氨基二苯醚和均苯四甲酸二酐为单体进行成环缩聚反应。反应分两步进行，先进行酰胺化反应，在 30～70℃下，生成高相对分子质量的聚酰胺酸：

$$n\,\text{(均苯四甲酸二酐)} + n\mathrm{H_2N{-}C_6H_4{-}O{-}C_6H_4{-}NH_2} \longrightarrow \left[\mathrm{{-}CO{-}C_6H_2(COOH)_2{-}CONH{-}C_6H_4{-}O{-}C_6H_4{-}NH{-}}\right]_n$$

第二步将这种可溶可熔的中间产物成型，加热到 150℃以上，在固态下成环固化，生成不溶不熔的聚酰亚胺产品。

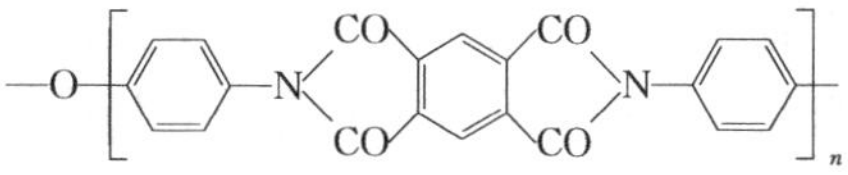

$$-O-\left[\!\!\!\begin{array}{c}\text{C}_6\text{H}_4-\text{N}(\text{CO})_2\text{C}_6\text{H}_2(\text{CO})_2\text{N}-\text{C}_6\text{H}_4\end{array}\!\!\!\right]_n$$

聚酰亚胺有极好的耐溶剂能力与耐热性，可以在 300～350℃下连续使用。作为一种新型的工程塑料，聚酰亚胺发展很快，广泛用于电器、电子、运输等方面。常作为耐高温绝缘材料，用于电动机、导弹和飞机的电缆绝缘。

(3) 形成聚苯醚的不平衡缩聚反应

合成聚苯醚的不平衡缩聚反应属于氧化偶联反应。由氧化作用脱除原料单体中的氢原子而形成高聚物的过程称氧化偶联聚合。这类反应常采用氯化铜、氯化亚铁作脱氢引发剂。由于反应生成了新的稳定小分子，因此反应不可逆。

聚苯、聚苯甲醛、聚苯二胺等高聚物也是由这种方法合成的。

聚苯醚的聚合反应是在亚铜盐-三级胺类引发作用下，将氧通入 2,6-二甲基苯酚反应液中，在室温下，脱氢缩聚反应即可发生。

$$n\,(CH_3)_2C_6H_3-OH + \frac{n}{2}O_2 \longrightarrow \left[C_6H_2(CH_3)_2-O \right]_n$$

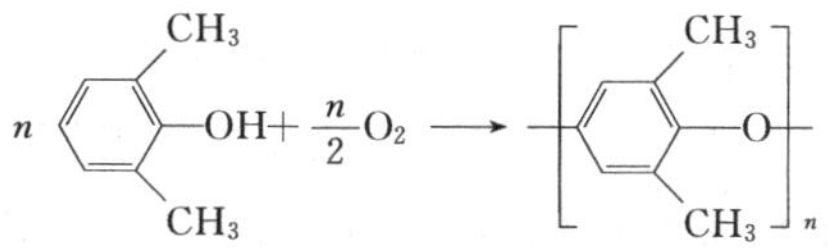

产物聚苯醚（PPO）熔点 T_m 为 262～267℃，由于熔体黏度太大加工困难，常与聚苯乙烯等共混改性后，作为工程塑料使用。它的吸水性在所有工程塑料中较低，并具有较好的耐热性、耐水性及机械强度。常用来制作电器、汽车及办公设备的部件。

2.3 体型缩聚反应

体型缩聚反应是由 2-3、2-4 等多官能度体系单体分子间相互反应，生成体型结构高分子的缩聚反应过程。

体型高聚物具有三维网状结构，既不能溶解，也不能熔融，加热后也不发生软化，材料具有很好的耐热性与尺寸稳定性，所以称为热固性高分子。体型高聚物作为结构材料有着重要的实用价值。

2.3.1 体型缩聚反应特点

体型缩聚反应最显著特征是，反应进行到一定程度，体系的黏度突然增加，出现不溶不熔、有弹性的凝胶，称为凝胶化现象。出现凝胶时，高分子链间发生了交联反应。在生产控制中，用在某一反应程度下出现的凝胶化现象来识别交联反应的发生。出现凝胶时的反应程度称为凝胶点，用 P_c 表示。

工业生产中，体型高聚物的制备常以凝胶点为界，分两个阶段进行：在聚合第一阶段，将反应程度控制在凝胶点 P_c 之前，制备相对分子质量 500～5000 的线型预聚体；第二阶段在成型加工过程中完成，经进一步缩聚反应达凝胶点后，形成体型结构的产物。根据预聚体的结构可分为两类。

(1) 无规预聚体

由某些双官能团单体与官能度大于 2 的单体之间进行第一阶段缩聚而得到的产物称为无规预聚体。由于有多官能度单体的存在，在反应过程中容易出现凝胶问题。这类反应要严格控制第一阶段反应在凝胶点前停止，否则将会在反应器内生成凝胶（称“结锅”），造成生产事故。形成无规预聚体的反应有邻苯二甲酸酐与甘油反应生成的聚酯树脂；苯酚与甲醛反应生成的酚醛树脂；尿素与甲醛反应生成的脲醛树脂等。它们的固化（交联反应）只需靠温度控制。

（2）已知结构预聚体

双官能团单体进行缩聚反应，缩聚物相对分子质量控制在较低范围时，由于产物分子结构清楚，常称这类预聚体为已知结构预聚体。这类缩聚物发展很快，如环氧树脂、不饱和聚酯树脂等各类端基具有活性的聚酯、聚醚型低聚物都属于这一类。已知结构预聚体要形成网状分子结构，必须在引发剂和其他交联剂作用下进一步反应。这类反应凝胶点的控制也很重要，达到凝胶点时间的长短即固化时间的长短，最终都反映到高聚物的性能上。

对任何热固型高聚物，凝胶点是工艺控制中的重要参数。在体型高聚物的聚合生产过程中，通常将凝胶点前后形成的高聚物分为三阶：在凝胶点以前终止的反应产物称为甲阶聚合物（线型聚合物）；在接近凝胶点而终止的反应产物称为乙阶聚合物（支链型聚合物）；在凝胶点之后的反应产物统称为丙阶高聚物（体型结构高聚物）。甲阶高聚物能溶解也能熔融；乙阶高聚物能软化但溶解性差；丙阶高聚物不能软化也不能溶解。预聚体通常属于甲阶或乙阶聚合物；预聚体经固化后形成交联结构时为丙阶高聚物。如酚醛树脂在不同条件下经过的两种聚合路线，形成高聚物的过程如图 2-6 所示。

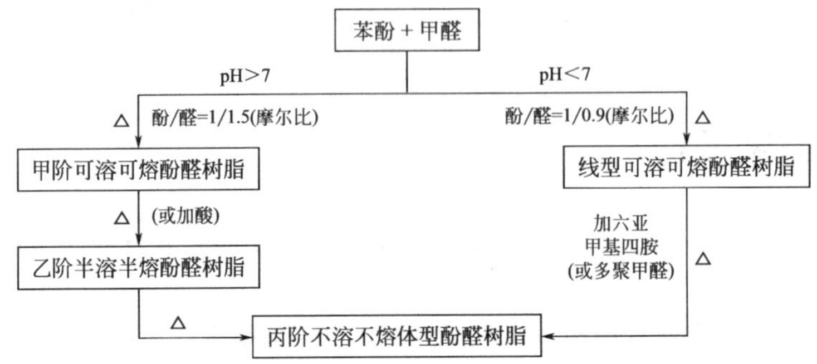

图 2-6 酚醛树脂在不同条件下形成高聚物的过程

2.3.2 凝胶点预测

凝胶点是控制体型缩聚反应的重要参数。在实际生产中，凝胶点的出现往往在几分钟内突然发生，因此，凝胶点的控制问题无论在理论上和应用上都有相当重要的意义。它可以通过实验进行测定，也可以进行理论估算。

设：N_0 为反应开始时的分子数；N 为反应后的分子数；$\overline{f}$ 为平均官能度。

则：$N_0\overline{f}$ 为反应初始官能团总数；$2(N_0-N)$ 为已参加反应的官能团数（每一步反应消耗两个官能团，所以前面乘系数 2）。

根据反应程度定义，有：

$$P=\frac{2(N_0-N)}{N_0\overline{f}}=\frac{2N_0-2N}{N_0\overline{f}}=\frac{2}{\overline{f}}-\frac{2N}{N_0\overline{f}} \tag{2-21}$$

因为 $\overline{DP}=\frac{N_0}{N}$

所以
$$P=\frac{2}{\overline{f}}-\frac{2}{\overline{f}\,\overline{DP}} \tag{2-22}$$

当反应将要出现凝胶的瞬间，高聚物的相对分子质量迅速增大，在数学上可以处理为 $\overline{DP}\to\infty$。此时的反应程度即为凝胶点 P_c，故式（2-22）可简化成：

$$P_c=\frac{2}{\overline{f}} \tag{2-23}$$

上式称为卡罗瑟斯方程。体型缩聚反应的凝胶点可按上式估算，式中 $\overline{f}$ 按式（2-1）计算。

例如反应物 A 的官能度为 2，B 的官能度为 3，以官能团等物质的量参加反应，体系凝胶点 P_c 为：

$$\overline{f}=\frac{2\times3+3\times2}{3+2}=2.4$$

$$P_c=\frac{2}{\overline{f}}=\frac{2}{2.4}=0.833$$

即反应程度为 83.3%时，缩聚反应出现凝胶现象。此值略大于实验值（75%～80%）。实际上凝胶前的聚合度 $\overline{DP}$ 并非无限大，由此产生误差。

丙三醇与邻苯二甲酸树脂在接近凝胶化时的平均聚合度 $\overline{DP}=24$，当 $\overline{f}=2.4$ 时，因 $\overline{DP}$ 不能按无限大处理，其实际凝胶点 P_c 的计算如下：

$$P_c=\frac{2}{\overline{f}}-\frac{2}{\overline{f}\,\overline{DP}}=\frac{2}{2.4}-\frac{2}{24\times2.4}=0.80$$

2.4 逐步加聚反应

单体分子间通过氢原子转移逐步加聚形成高聚物的化学反应称为逐步加聚反应。逐步加聚反应是一种不平衡缩聚反应，它最突出的特点是通过氢原子的转移逐步加聚形成高聚物，同时没有小分子析出，因此，高聚物的化学组成与单体的化学组成相同。

能进行逐步加聚反应的单体必须带有含活泼氢原子的官能团，如：$=CH_2$、$-NH_2$、$=NH$、$-OH$、$-SH$、$-SO_2H$、$-COOH$，以及能与活泼氢原子加成的官能团，如 $-N=C=O$、$>C=C=O$、$-N=C=S$、$-N=C=N-R$、$-C\equiv C-$、$-C\equiv N$、$-CH=CH-$。

利用逐步加聚反应合成的高聚物有聚氨酯、聚脲以及狄尔斯-阿尔德反应制成的梯形高聚物等。

2.4.1 形成聚氨酯的逐步加聚反应

聚氨酯是聚氨基甲酸酯的简称，它是由二异氰酸酯与二元醇经逐步加聚而生成的高聚物。其反应通式为：

$$nO=C=N-R-N=C=O+HO-R'-OH \longrightarrow \left[CO-NH-R-NH-CO-O-R'-O\right]_n$$

2.4.1.1 预聚体制备

常用的二异氰酸酯为 2,4-甲苯二异氰酸酯或 2,6-甲苯二异氰酸酯。所用的二元醇可以是小分子二元醇如 1,4-丁二醇；采用更多的是带羟端基的低分子聚醚或聚酯。

用适当过量的二异氰酸酯与低分子聚酯或聚醚反应制备分子链两端带有异氰酸酯基的预聚体。

$$(n+1)ONC-R-NCO+HO\sim\sim OH \longrightarrow OCN\left[R-NH-CO-O\sim\sim O-CO-NH\right]_nR-NCO$$

此预聚体与水反应，则在生成脲基的同时放出大量 CO_2，将整个反应物扩充出许多小孔，利用这个反应可以制备泡沫塑料。

$$\sim\sim NCO + H_2O + OCN\sim\sim \longrightarrow \sim\sim NH-CO-NH\sim\sim + CO_2\uparrow$$

2.4.1.2 扩链反应

线型聚氨酯预聚体与含活泼氢原子的二官能度化合物进行扩链反应，如与二元胺反应：

$$2OCN\!-\!\!\left[R-NH-CO-O\sim\sim OCO-NH\right]_n\!R-NCO + H_2N-R''-NH_2 \longrightarrow OCN\!-\!\!\left[R-NH-CO-O\sim\sim O-CO-NH\right]_n\!R-NH-CO-NH-R''-NH-CO-NH-R\!\left[NH-CO-O\sim\sim O-CO-NH-R\right]_n\!NCO$$

扩链反应后的线型聚氨酯为聚醚或聚酯的软链段与异氰酸酯（包括扩链后的脲基部分）的硬链段组成的嵌段共聚物。通过扩链反应可以调节软、硬链段的比例，得到可以满足各种需要的多品种聚氨酯。

2.4.1.3 交联反应

聚氨酯用作弹性材料时，必须进行交联反应。在适当的加热加压条件下，含异氰酸酯端基的预聚物可以与扩链后分子链中的—NH—CO—NH—基进行交联反应：

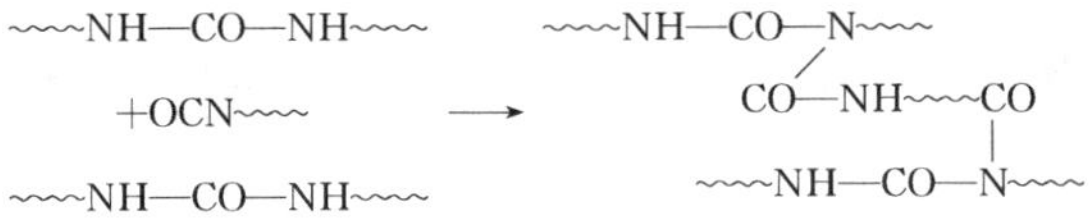

$$\begin{array}{c}\sim\sim NH-CO-NH\sim\sim \\ +OCN\sim\sim \\ \sim\sim NH-CO-NH\sim\sim\end{array} \longrightarrow \begin{array}{c}\sim\sim NH-CO-N\sim\sim \\ CO-NH\sim\sim CO \\ \sim\sim NH-CO-N\sim\sim\end{array}$$

2.4.2 狄尔斯-阿尔德反应

狄尔斯-阿尔德（Diels-Alder）反应是由一个共轭双烯与另一个烯类化合物发生的 1,4-加成反应，反应生成环状二聚体，然后继续生成三聚体、四聚体直至形成环状结构或梯形结构高聚物，这是典型的逐步加聚反应。如乙烯基丁二烯与苯醌聚合，能得到可溶性梯形高聚物。

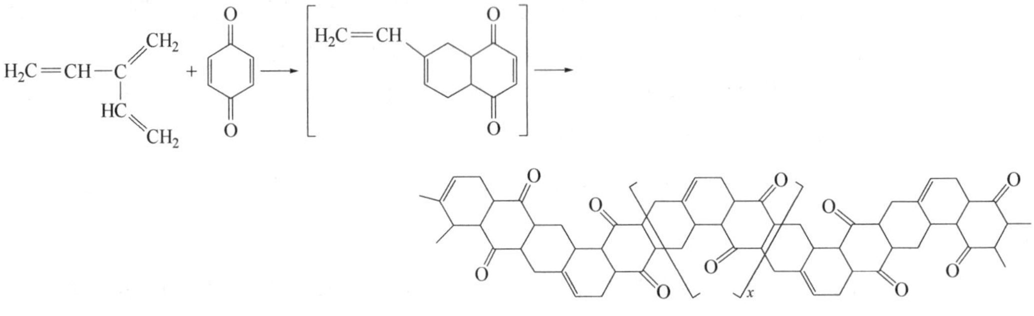

$$H_2C=CH-C(=CH_2)-CH=CH_2 + \text{苯醌} \longrightarrow [\ldots] \longrightarrow \ldots$$

该高聚物易结晶，能溶解但不熔化，加热可分解成石墨状物质，具有很高的耐热性，在 900℃加热时只失重 30%。

习题与思考题

1. 简述下列五组反应的关系与区别：①缩聚反应与逐步加聚反应；②缩聚反应与缩合反应；③线型缩聚与体型缩聚；④均缩聚、混缩聚与共缩聚；⑤平衡缩聚与不平衡缩聚。

2. 写出下列单体的聚合反应式及高聚物名称。

(1) $NH_2-(CH_2)_6NH_2 + HOOC-(CH_2)_4-COOH$

(2) $HO-(CH_2)_5-COOH$

(3) $HO-R-OH + OCN-R'-NCO$

(4) $HO-C_6H_4-C(CH_3)_2-C_6H_4-OH + Cl-CO-Cl$

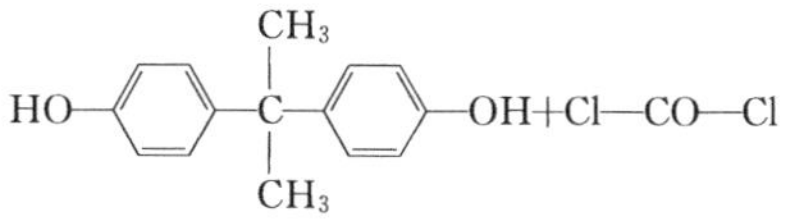

(5) C_6H_5OH（苯酚） $+CH_2O$（线型聚合物）

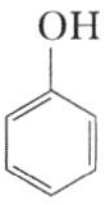

(6) $\overline{NH(CH_2)_5CO}$（环状）

3. 按下列缩聚反应单体情况给缩聚反应分类，并写出高聚物结构。

(1) HO—R—COOH

(2) HOOC—R—COOH+HO—R′—OH+HO—R″(OH)—OH

(3) HO—R′—OH+HOOC—R—COOH

(4) HO—R—COOH+HO—R′(OH)—OH

4. 线型缩聚反应中，单体的反应能力对聚合反应有何影响？

5. 简述线型缩聚反应机理特征，并指出缩聚反应过程中可能存在的副反应和对缩聚产物的影响。

6. 比较转化率与反应程度、官能团与官能度的异同。

7. 如何控制平衡缩聚反应的温度与压力？

8. 简述官能团等活性假设及应用。

9. 控制线型缩聚的相对分子质量有何意义？有效控制相对分子质量的方法有哪些？能否用控制反应程度的方法控制产物的相对分子质量？

10. 己二胺和己二酸生成聚酰胺的平衡常数 $K=432$（235℃），两单体以摩尔比 1∶1 加入，且羧基的起始浓度为 2mol/L。若在密闭容器中反应，不除去小分子，试求反应程度和聚合度；若要得到 $\overline{DP}=200$ 的高聚物，体系中水含量必须控制到多少？

11. 计算等物质的量的己二酸与己二胺，在下列反应程度时的平均聚合度及其相应的相对分子质量。

$P=0.8$，0.9，0.98，0.99，0.995

12. 以 $HO(CH_2)_xCOOH$ 为原料合成聚酯，若反应过程中羟基氢离子离解度一定，反应开始时，系统 pH=2，反应到一定时间后 pH=4，求反应程度为多少？聚合度是多少？

13. 由己二酸与己二胺缩聚成聚酰胺，若产物相对分子质量为 20000，反应程度为 0.998，试求两种单体的配料比，并分析产物端基是什么基团。

14. 多少苯甲酸加到等物质的量的己二酸与己二胺中，能使聚酰胺的相对分子质量为 10000，反应程度为 99.5%？

15. 对下列原料混合物计算凝胶点。

(1) 邻苯二甲酸和甘油，等物质的量。

(2) 邻苯二甲酸和甘油，摩尔比 1.5∶0.98。

(3) 邻苯二甲酸、甘油和乙二醇，摩尔比 1.5∶0.99∶0.02。

第3章　连锁聚合反应

本章学习目标

知识目标

1. 了解连锁聚合反应的反应机理、一般特征与分类，进行连锁聚合的单体结构及其聚合能力。

2. 掌握自由基聚合反应所用单体、引发剂和常见阻聚剂；反应机理特征。

3. 理解自由基聚合反应动力学方程、反应速率变化曲线及其应用，聚合影响因素及其工业应用。

4. 了解自由基聚合平均聚合度方程及其应用。

5. 掌握用于阳（阴）离子聚合、配位聚合反应的单体及引发剂，高聚物的立体异构和立构规整性高聚物。

6. 了解阳（阴）离子聚合、配位聚合机理，活性高聚物的形成条件、特征和应用。

7. 了解自由基共聚反应的特征、分类及机理，共聚物的特征、分类及命名方法。

8. 掌握自由基共聚组成方程与共聚组成曲线及其应用，共聚物组成的控制方法。

能力目标

1. 能初步利用单体分子中取代基的空间效应与电子效应，分析单体的聚合能力。

2. 能运用自由基聚合机理、自由基聚合速率方程和速率变化曲线、聚合影响因素等基本理论知识来合理选择实际聚合体系的引发剂、确定工艺条件，分析体系出现自加速效应的原因，并合理控制反应过程。

3. 能依据离子型聚合原理，合理选择进行阳（阴）离子聚合、配位聚合所用单体、引发剂及其他助剂。

4. 能运用立构规整性的概念正解判别立构规整性高聚物及其对性能的影响。

5. 能运用自由基共聚合反应基本理论，分析影响共聚物组成的因素并选用合理的控制方法。

素质目标

1. 培养学生能利用基本理论知识分析与解决实际问题，进而强化学生的专业意识和逻辑思维能力。

2. 培养学生如何通过分析与假设将复杂科学问题进行简化处理的能力，并养成用正确的理论指导实际工作的思维方式。

3. 通过了解各种连锁聚合类型在高分子合成工业中的应用，丰富学生的专业素养。

3.1　概述

前已述及，大多数烯类单体的加聚反应属于连锁反应，即一旦反应活性中心生成，单体就迅速加成到活性中心上去，瞬间生成高分子化合物。所以，加聚反应常被称作连锁加聚反应，总反应式可写成：

$$n\text{M} \longrightarrow (\text{M})_n$$

连锁聚合反应一般由链引发、链增长和链终止三个基本反应构成，示意如下：

链引发：$\text{R} \longrightarrow \text{R}^*$　　$\text{R}^* + \text{M} \longrightarrow \text{RM}^*$

链增长：$\text{RM}^* \xrightarrow{\text{M}} \text{RM}_2^* \xrightarrow{\text{M}} \text{RM}_3^* \xrightarrow{\text{M}} \xrightarrow{\text{M}} \cdots \xrightarrow{\text{M}} \text{RM}_n^*$

链终止：$\text{RM}_x^* + \text{RM}_y^* \longrightarrow \text{RM}_{x+y}R$ 或者 $\text{RM}_x + \text{RM}_y$

式中，R^* 代表活性中心；M 代表单体。

3.1.1　连锁聚合反应的分类

根据引发或催化时所产生的活性中心种类的不同，加聚反应又分为自由基聚合反应、阴离子聚合反应和阳离子聚合反应。后两者又统称为离子型加聚反应。下面以“:”代表引发剂或催化剂 AB 之间的一对共用电子，以“。”代表单体的 π 电子，图示这些反应。

自由基聚合反应：

$$\text{A}:\text{B} \rightarrow \text{A}\cdot + \text{B}\cdot \xrightarrow{\text{H}_2\text{C}=\text{CHR}} \text{A}:\underset{\text{H}}{\overset{\text{H}}{\text{C}}}-\underset{\text{H}}{\overset{\text{R}}{\text{C}}}\cdot + \text{B}\cdot \longrightarrow \text{A}:\underset{\text{H}}{\overset{\text{H}}{\text{C}}}-\underset{\text{H}}{\overset{\text{R}}{\text{C}}}:\text{B}$$

阴离子聚合反应：

$$\text{A}:\text{B} \rightarrow \text{A}^+ \cdots :\text{B}^- \xrightarrow{\text{H}_2\text{C}=\text{CHR}} \text{B}:\underset{\text{H}}{\overset{\text{H}}{\text{C}}}-\underset{\text{H}}{\overset{\text{R}}{\text{C}^-}}:\cdots\text{A}^+ \longrightarrow \text{B}:\underset{\text{H}}{\overset{\text{H}}{\text{C}}}-\underset{\text{H}}{\overset{\text{R}}{\text{C}}}:\text{A}$$

阳离子聚合反应：

$$\text{A}:\text{B} \rightarrow \text{A}^+ \cdots :\text{B}^- \xrightarrow{\text{H}_2\text{C}=\text{CHR}} \text{A}:\underset{\text{H}}{\overset{\text{H}}{\text{C}}}-\underset{\text{H}}{\overset{\text{R}}{\text{C}^+}}\cdots\cdots:\text{B}^- \longrightarrow \text{A}:\underset{\text{H}}{\overset{\text{H}}{\text{C}}}-\underset{\text{H}}{\overset{\text{R}}{\text{C}}}:\text{B}$$

此外，配位聚合也属于离子聚合的范畴。

在聚合物工业化生产中，自由基聚合所占比例最大，约占聚合物总产量的 60%。其重要品种有：高压聚乙烯、聚氯乙烯、聚苯乙烯、聚甲基丙烯酸甲酯、ABS 树脂、聚四氟乙烯、聚丙烯腈、聚醋酸乙烯酯、丁苯橡胶、丁腈橡胶、氯丁橡胶等。

3.1.2　连锁聚合反应的一般特征

（1）整个反应过程由链引发、链增长、链终止等几步基元反应组成，且反应瞬间完成

连锁聚合反应的基本特征是整个聚合过程由链引发、链增长、链终止等几步基元反应组成，各步的反应速率与活化能差别很大。反应一旦开始，即一旦形成反应活性中心，便在极短的时间（以秒计）内，许多单体加成上去，生成高相对分子质量的聚合物。延长反应时间只能提高单体转化率，却不能增加聚合物的相对分子质量。体系中就只有单体和聚合物，而无各种低聚物，如图 3-1 所示。

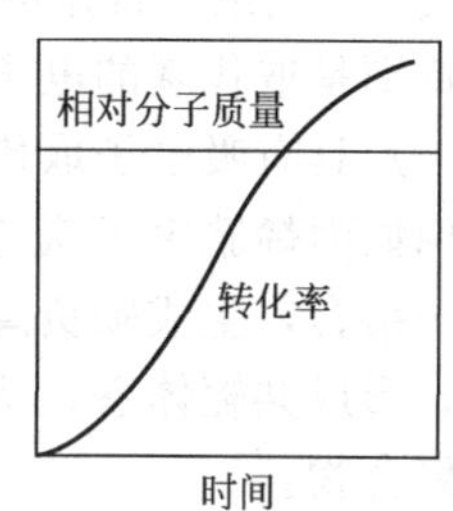

图 3-1　连锁加聚反应中产物相对分子质量和反应转化率与反应时间的关系

（2）一般都是放热反应，且反应不可逆

烯类单体的加聚反应中，从键能变化看，每一次加成都是打开一个双键的 π 键，同时形成两个 σ 单键。打开 π 键需要供给 264kJ/mol 的能量，而形成两个 σ 单键放出 348kJ/mol 的能量，因而是放热反应。由于其他因素的影响，不同聚合物的聚合热有所不同，但一般都是放出 84kJ/mol 左右的热量。

虽然是放热反应，但首先要给予单体打开 π 键的活化能，否则反应无法启动。因此，通常都采用加引发剂或催化剂，它们能在较低活化能下生成反应活性中心，引发单体顺利聚合。

一般温度条件下，连锁聚合反应为不可逆反应。

3.1.3 连锁加聚反应的单体

含有不饱和键的单体，如单烯类、共轭双烯类、炔类、羰基化合物以及一些环状化合物容易按连锁反应机理进行加聚反应而生成聚合物，其中前两类最为重要。但不是所有烯类和共轭双烯类小分子都能进行聚合反应的，而且即使能进行，也对加聚类型有所选择。

3.1.3.1 单体结构对聚合能力的影响

烯类小分子上取代基的大小、数量和分布情况决定了它们能否进行加聚反应。

（1）不对称的单体比较容易聚合

例如乙烯，由于分子结构对称，没有偶极矩，只有在高压、高温下，或者高活性催化剂存在下，才能进行连锁加聚反应；但是氯乙烯，因其分子上有一个氯原子而不对称，具有偶极矩，很容易进行聚合反应。又如丁烯-2（$CH_3CH=CH-CH_3$）、1,2-二氯乙烯（$ClCH=CHCl$）等1,2-双取代的烯烃，因结构对称，极化度低，不能聚合。而异丁烯［$CH_2=C(CH_3)_2$］、偏二氯乙烯（$H_2C=CCl_2$）等1,1-双取代的烯类单体却易聚合。因为它们的双键两侧取代基大小和极性均不同，结构不对称，极化程度高。

（2）取代基的位阻太大不易聚合

例如1,1-二苯乙烯［$H_2C=C(C_6H_5)_2$］，虽然结构不对称，具有偶极矩，但因两个苯环体积太大，阻碍活性中心接近它而无法进行聚合反应：凡是含三个以上取代基的单烯烃，除三氟乙烯和四氟乙烯因氟原子小而可以聚合外，其他的都因空间位阻太大而无法聚合。但必须强调上述这些规律不能绝对化，聚合条件常常影响单体的聚合性能。例如烯丙基单体在聚合中以转移反应为主，其共振稳定的自由基活性低，所以不能生成聚合物，但是通过采用特殊的引发体系又能聚合成高分子。

3.1.3.2 单体对加聚反应类型的选择性

许多实验事实表明，烯类单体对加聚类型具有选择性，有的能进行自由基聚合，有的能进行阳离子聚合，有的能进行阴离子聚合，也有的既可进行自由基聚合，又可进行离子型聚合。表 3-1 归纳了常用的烯类单体对聚合反应类型的选择性。这种选择性主要由单体的结构，特别是取代基的电子效应决定。

（1）具有吸电子取代基的单体易进行阴离子聚合

例如丙烯腈由于氰基具有强烈的吸电子性，使碳-碳双键的 π 电子云密度降低而容易与阴离子结合，生成碳负离子。同时还因氰基的吸电子性，使生成的碳负离子上的电子云相对分散，形成共轭体系，从而降低体系能量，使碳负离子具有一定稳定性，可与单体继续反应形成聚合物。

$$\sim R^{\ominus} + H_2\overset{\oplus}{C}=\overset{\ominus}{\underset{\underset{CN}{\downarrow}}{C}H} \longrightarrow \sim R-CH_2-\overset{\ominus}{\underset{\underset{CN}{\downarrow}}{C}H}$$

表 3-1　常用烯类单体对聚合类型的选择

单体		聚合类型			
		自由基	阴离子	阳离子	配位
乙烯	$H_2C{=}CH_2$	⊕	−	−	⊕
丙烯	$H_2C{=}CH{-}CH_3$	−	−	−	⊕
丁烯	$H_2C{=}CH{-}CH_2{-}CH_3$	−	−	−	⊕
异丁烯	$H_2C{=}C(CH_3)_2$	−	−	⊕	+
3-甲基-1-丁烯	$H_2C{=}CHCH(CH_3)_2$	−	−	+	+
1,3-丁二烯	$H_2C{=}CH{-}CH{=}CH_2$	⊕	⊕	+	⊕
4-甲基-1-戊烯	$H_2C{=}CHCH_2CH(CH_3)_2$	−	−	+	+
异戊二烯	$H_2C{=}C(CH_3){-}CH{=}CH_2$	+	⊕	+	⊕
氯丁二烯	$H_2C{=}CCl{-}CH{=}CH_2$	⊕	−	−	−
苯乙烯	$H_2C{=}CHC_6H_5$	⊕	+	+	+
α-甲基苯乙烯	$H_2C{=}C(CH_3)C_6H_5$	+	+	+	
氯乙烯	$H_2C{=}CHCl$	⊕	−	−	+
偏氯乙烯	$H_2C{=}CCl_2$	⊕	+	−	−
四氟乙烯	$F_2C{=}CF_2$	⊕	−	−	−
乙烯基醚	$H_2C{=}CHOR$	−	−	+	+
醋酸乙烯酯	$H_2C{=}CH(OC)OR$	⊕	−	−	+
丙烯酸酯	$H_2C{=}CHCOOR$	⊕	+	−	+
α-氰基丙烯酸酯	$H_2C{=}C(CN)COOR$	+	+	−	
甲基丙烯酸酯	$H_2C{=}C(CH_3)COOR$	⊕	+	−	+
亚甲基丙二酸酯	$H_2C{=}C(COOR)_2$	+	+	−	
丙烯腈	$H_2C{=}CHCN$	⊕	+	−	+

注：“+”表示能聚合；“⊕”表示已工业化；“−”表示不能聚合或只能得到低聚物。

(2) 具有推电子取代基的烯类单体易于进行阳离子聚合

例如异丁烯分子上的两个甲基推电子，使碳-碳双键的 π 电子云密度增加，因而容易与阳离子结合，生成碳正离子。又由于推电子基团的存在，使生成的碳正离子正电性不那么强，从而体系能量下降，使碳正离子有一定的稳定性，可以继续与单体反应生成聚合物。

$$\sim R^{\oplus} + H_2\overset{\ominus}{C}{=}\overset{\oplus}{C}(CH_3)_2 \longrightarrow \sim R{-}CH_2{-}C^{\oplus}(CH_3)_2$$

(3) 具有一定吸电子性取代基的烯类单体易于进行自由基聚合

自由基聚合的活性中心是一个孤独电子，可以将其看做介于阴离子和阳离子之间，但更接近阴离子状态。具有吸电子性取代基的单体，碳-碳双键的 π 电子云密度较低，易与含孤独电子的自由基结合形成碳自由基。同时，由于吸电子性取代基可以与孤独电子形成共轭体系而使能量降低，使得碳自由基有一定稳定性，可以继续与单体反应生成聚合物。

除少数具有强推电子性取代基的单体，如异丁烯、乙烯基醚和具有吸电子能力特强取代基的单体，例如偏腈乙烯［$H_2C{=}C(CN)_2$］，不能进行自由基聚合外，大多数取代烯烃可以进行自由基聚合。

苯乙烯、丁二烯等共轭烯烃，由于共轭体系中 π 电子流动性大，极易极化，所以既能进行离子型聚合，也能进行自由基聚合。带卤素取代基的单体有些特殊，例如氯乙烯，氯原子的诱导效应是吸电子，而共轭效应则是推电子，两种效应都很弱。因此，氯乙烯既不能进行阴离子聚合，也不能进行阳离子聚合，只能进行自由基聚合，特殊条件下可以进行配位聚合。

3.2 自由基聚合反应

在光、热、辐射或引发剂的作用下，单体分子被活化变为活性自由基（或称游离基），并以自由基型聚合机理进行的聚合反应，称为自由基型聚合反应。在高分子化合物的合成工业中，自由基聚合应用最为广泛，研究得也最多，是典型的连锁聚合反应。

3.2.1 自由基型聚合反应历程

自由基型聚合反应主要包括链引发、链增长、链终止和链转移等基元反应。

3.2.1.1 链引发

链引发反应是形成自由基活性中心的反应。可以采用引发剂、热、光、高能辐射引发聚合。以引发剂引发为最普遍。

(1) 引发剂引发机理

引发剂是容易分解成自由基，并能引发单体使之聚合的化合物。其分子结构上具有弱键。采用引发剂引发时，反应由两步组成：

① 引发剂 I 分解，形成初级自由基 R·。

$$I \longrightarrow 2R\cdot$$

② 初级自由基与单体加成，形成单体自由基。

$$R\cdot + H_2C{=}\underset{\substack{|\\X}}{CH} \longrightarrow RCH_2{-}\underset{\substack{|\\X}}{\dot{C}H}$$

比较上述两步反应，引发剂分解是吸热反应，活化能高，为 105～150kJ/mol，分解速率常数 k_d 小（为 10^{-6}～$10^{-4}s^{-1}$），反应速率慢。

初级自由基与单体结合成单体自由基这一步是放热反应，活化能低，为 20～34kJ/mol，反应速率常数 k_i 大，因此引发剂的分解是控制整个自由基反应的关键步骤。

(2) 引发剂类型

在一般聚合温度（40～100℃）下，要求引发剂分子结构上发生均裂的弱键离解能达 100～170kJ/mol。离解能过高或过低，则分解太慢或太快。根据这一要求，常用的引发剂主要分为热分解型引发剂和氧化还原引发体系两大类。热分解型引发剂主要是偶氮化合物和过氧化物。

① 偶氮化合物类　偶氮二异丁腈（AIBN）是最常用的偶氮类引发剂。一般在 40～65℃ 下使用，也可用作光聚合的光敏剂。其分解反应式如下：

$$H_3C{-}\overset{\substack{CH_3\\|}}{\underset{\substack{|\\CN}}{C}}{-}N{=}N{-}\overset{\substack{CH_3\\|}}{\underset{\substack{|\\CN}}{C}}{-}CH_3 \longrightarrow 2H_3C{-}\overset{\substack{CH_3\\|}}{\underset{\substack{|\\CN}}{C}}\cdot + N_2\uparrow$$

偶氮二异庚腈（ABVN）是在 AIBN 基础上发展起来的活性较高的偶氮类引发剂。

$$(CH_3)_2CHCH_2-\underset{CN}{\overset{CH_2}{\underset{|}{\overset{|}{C}}}}-N=N-\underset{CN}{\overset{CH_3}{\underset{|}{\overset{|}{C}}}}-CH_2CH(CH_3)_2 \longrightarrow (2CH_3)_2CHCH_2-\underset{CN}{\overset{CH_3}{\underset{|}{\overset{|}{C}}}}\cdot + N_2\uparrow$$

偶氮类引发剂分解时有氮气逸出，工业上可用作泡沫塑料的发泡剂，科学研究上可利用氮气放出速率来研究其分解速率。

② 过氧化物类 过氧化二苯甲酰（BPO）是最常用的有机过氧化合物类引发剂。BPO 中的 O—O 键部分的电子云密度大而相互排斥，容易断裂，通常在 60～80℃分解。BPO 按两步分解。第一步均裂成苯甲酸自由基，有单体存在时，即引发聚合；无单体存在时，进一步分解成苯基自由基，并析出 CO_2，但分解并不完全。

$$C_6H_5\underset{O}{\underset{\|}{C}}-O-O-\underset{O}{\underset{\|}{C}}C_6H_5 \longrightarrow 2C_6H_5\underset{O}{\underset{\|}{C}}-O\cdot \longrightarrow 2C_6H_5\cdot + 2CO_2$$

过硫酸盐，如过硫酸钾 $K_2S_2O_8$ 和过硫酸铵 $(NH_4)_2S_2O_8$，是无机过氧化合物类引发剂的代表，能溶于水，多用于乳液聚合和水溶液聚合的场合。这种引发剂的分解速率受体系 pH 和温度影响较大。其中 $K_2S_2O_8$ 的分解反应如下：

$$KO-\underset{O}{\underset{\downarrow}{\overset{O}{\overset{\uparrow}{S}}}}-O-O-\underset{O}{\underset{\downarrow}{\overset{O}{\overset{\uparrow}{S}}}}-OK \longrightarrow 2KO-\underset{O}{\underset{\downarrow}{\overset{O}{\overset{\uparrow}{S}}}}-O\cdot$$

③ 氧化还原引发体系 该体系的氧化剂组分为过氧化物，如过氧化氢、过硫酸盐、有机过氧化物等，还原剂组分为 Fe^{2+}、Cu^{+}、$NaHSO_3$、Na_2SO_3、$Na_2S_2O_3$ 和有机还原剂等。如：$H_2O_2+Fe^{2+}$、$K_2S_2O_8+Fe^{2+}$ 等。引发反应如下：

$$H_2O_2+Fe^{2+} \longrightarrow HO\cdot + OH^- + Fe^{3+}$$

$$HO\cdot + M \longrightarrow HOM\cdot$$

上述过氧化物与还原剂反应生成一个自由基，反应活化能低（约 42kJ/mol），在室温或更低温度下即可引发聚合。

根据氧化还原引发体系的氧化剂与还原剂的性质，可以是水溶性和油溶性两类。水溶性氧化还原引发体系（如 $K_2S_2O_8+Fe^{2+}$ 等）主要用于水溶液聚合和乳液聚合，油溶性氧化还原引发体系（如 BPO+*N*,*N*-二甲基苯胺等）则用于本体聚合等。

(3) 引发剂的引发效率与半衰期

① 引发剂的引发效率 初级自由基用于引发单体的分率称为引发效率，用 f 表示。引发剂产生的初级自由基一般不能 100%用于引发单体，一部分会被各种副反应消耗掉。一般引发剂的 f 在 0.5～0.8 之间，数值的大小与引发剂种类、反应条件和单体活性有关，造成引发效率降低的主要原因有诱导分解与笼蔽效应。

a. 诱导分解 诱导分解是指在自由基聚合反应中，链自由基向引发剂发生链转移反应。反应的结果使原来的自由基终止形成稳定分子，另产生一个新自由基。体系中自由基数并无增减，但陡然消耗了一引发剂分子，从而使引发效率降低。此类反应主要发生在过氧化物引发剂体系中，而偶氮类引发剂则无此反应。其反应如下：

$$R\cdot + R-R' \longrightarrow R-R + R'\cdot$$

b. 笼蔽效应 对于溶液聚合，引发剂分子被溶剂分子所包围，如同在一个“笼子”里，引发剂分解产生的 R·要形成 RM·就必须扩散出溶剂分子所构成的“笼子”，没有扩散出的 R·很可能发生诱导分解、偶合终止和向溶剂转移反应，从而消耗了引发剂，使 f 下降。反应如下：

诱导分解：R·+R—R′⟶R—R+R′·

终止反应：R·+R′·⟶R—R′

向溶剂转移反应：R·+HS⟶RH+S·

此外，单体的种类对引发剂的引发效率也有较大影响。丙烯腈、苯乙烯等高活性单体，能迅速与引发剂作用，引发增长，因此 f 较高；相反，乙酸乙烯酯类低活性单体，对自由基的捕捉能力较弱，为诱导分解创造了条件，因此 f 较低。

② 引发剂的半衰期　它是指引发剂分解一半所需要的时间，用 $t_{1/2}$ 表示。工业生产上常用半衰期来衡量引发剂的分解速率。初级自由基应具有适当的活性，以保证聚合反应正常平稳地进行。引发剂的半衰期越短，其活性越高。半衰期过长或过短都不利于聚合反应正常进行，否则造成聚合时间过长或反应过于剧烈发生爆聚事故。

目前，常采用引发剂在 60℃测得的半衰期来区分引发剂活性高低。$t_{1/2}>6$h，为低活性引发剂；$t_{1/2}<1$h，为高活性引发剂；$1\text{h}<t_{1/2}<6$h，为中等活性引发剂。表 3-2 列出了部分重要引发剂的半衰期。实际上，引发剂的分解速率受环境（温度、溶剂、单体等）的影响很大，因此在其他条件下只能作为粗略的估算值。

表 3-2　常见引发剂的半衰期

引发剂	分解温度/℃			$t_{1/2}$/h	
	$t_{1/2}=1$h	$t_{1/2}=5$h	$t_{1/2}=10$h	50℃	60℃
偶氮二异丁腈(AIBN)	82	70	64	74	15
偶氮二异庚腈(ABVN)	64	53～55	47	9	2～3
过氧化二苯甲酰(BPO)	91	80	72	73	17
过氧化十二酰(LPO)	79	67	61	88	12～13
过氧化二碳酸二异丙酯(IPP)	61	50	45	5	1.3
过氧化叔戊酸叔丁酯(BPP)	73	60	55	20	5
过氧化二碳酸二环己酯(OCPO)	60	49	44	4.8	1
过氧化二碳酸双(对叔丁基环己基)酯(TBCP)	59	48	43	4.7	～1
过氧化乙酰基环己酸磺酰(ACSP)	52	42～45	37	1.3	0.3

3.2.1.2　链增长

(1) 链增长反应机理

链增长是自由基反复与烯烃单体加成使聚合度增大的过程。链引发阶段形成的单体自由基，仍具有活性，能打开第二个烯类分子的 π 键，形成新的自由基。新的自由基活性并不衰减，继续和其他单体分子结合形成单元更多的链自由基（即长链自由基）。链增长反应是一种加成反应。例如：

$$\mathrm{RCH_2{-}\dot{C}H(X)} \xrightarrow{\mathrm{H_2C{=}CH(X)}} \mathrm{RCH_2{-}CH(X){-}CH_3{-}\dot{C}H(X)} \xrightarrow{\mathrm{H_2C{=}CH(X)}} \mathrm{RCH_2{-}CH(X){-}CH_2{-}CH(X){-}CH_2{-}\dot{C}H(X)}$$

$$\xrightarrow{\mathrm{H_2C{=}CH(X)}} \cdots \xrightarrow{\mathrm{CH_2{=}CH(X)}} \mathrm{R{-}\!\!\left[CH_2{-}CH(X)\right]_n CH_2{-}\dot{C}H(X)}$$

为了书写方便，上述链自由基可以简写成 $\sim\sim CH_2\underset{|}{\overset{}{C}}H\cdot$（下连 X），其中锯齿形代表由许多单元组成的碳链骨架，基团所带的孤独电子处在碳原子上。

链增长反应有两个特征：一是放热反应，烯类单体聚合热为 55～95kJ/mol，因此，必须考虑体系的散热问题；二是增长活化能较低，为 20～34kJ/mol，链增长速率常数［10^2～10^4 L/(mol·s)］极高，在 0.01s 至几秒钟内，就可以使聚合度达到数千，甚至上万。因此，聚合体系内往往由单体和聚合物两部分组成，不存在聚合度递增的一系列中间产物。

（2）链增长反应与链结构

① 单烯类的链增长与链结构　在链增长反应中，结构单元间的连接顺序可能存在下列两种连接方式：

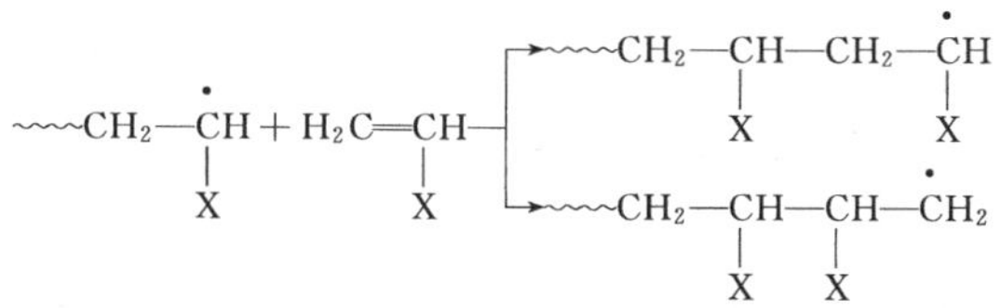

$$\sim\sim CH_2-\dot{C}H(X) + H_2C=CH(X) \rightarrow \begin{cases} \sim\sim CH_2-CH(X)-CH_2-\dot{C}H(X) & \text{头-尾连接} \\ \sim\sim CH_2-CH(X)-CH(X)-\dot{C}H_2 & \text{头-头连接（尾-尾连接）} \end{cases}$$

实验证明，链增长反应主要是按头-尾方式连接，原因有两个。一是电子效应所决定。按照头-尾方式连接时取代基与孤独电子在同一碳原子上，能与相邻亚甲基的超共轭效应形成共轭稳定体系，能量较低。若按头-头（或尾-尾）方式连接，由于无共轭效应，能量高，则不稳定。二是空间位阻效应。因为亚甲基一端的空间位阻较小，所以大多数单烯类的链增长为头-尾方式连接。

当单烯类取代基很小、空间位阻不大时，以及取代基对独电子自由基没有多大共轭稳定效应时，就可能得到相当数量的头-头连接（或尾-尾连接）。例如聚氟乙烯的头-头连接（或尾-尾连接）可达 30%。

聚合温度升高，头-头连接（或尾-尾连接）的比例将略有增加。例如聚合温度从 30℃升高到 90℃时，聚醋酸乙烯酯中的头-头连接（或尾-尾连接）的含量从 1.30%增加到 1.98%。

此外，自由基型高聚物分子链上的取代基在空间的排布是无规则的，所以该类高聚物往往是无定型的，这是自由基型聚合产物的特征之一。

② 二烯类的链增长与顺反异构　共轭二烯类单体（如丁二烯）的链增长反应，由于 1,2 结构链增长的空间位阻较大，故高聚物中 1,4 结构总是多于 1,2 结构。在 1,4 结构中又有顺式和反式两种异构体。

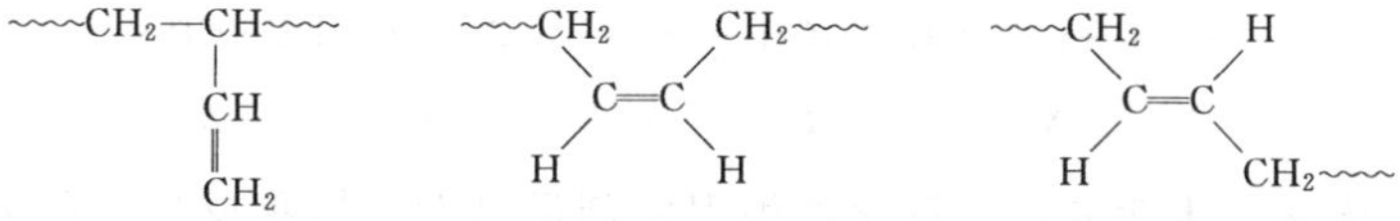

$\sim\sim CH_2-CH(-CH=CH_2)\sim\sim$（1,2 结构）　　$\sim\sim CH_2(H)C=C(H)CH_2\sim\sim$（1,4 顺式结构）　　$\sim\sim CH_2(H)C=C(H)CH_2\sim\sim$（1,4 反式结构）

聚丁二烯的结构

实验证明，二烯烃类高聚物中 1,2 结构的含量几乎不随聚合温度的改变而改变，但顺式 1,4 结构则随聚合温度的升高而增加。

3.2.1.3　链终止

链终止是链自由基相互作用而形成稳定大分子的过程。主要有偶合终止和歧化终止两种方式。

$$\sim\!\sim CH_2-\underset{X}{\underset{|}{\dot{C}H}}+\underset{X}{\underset{|}{\dot{C}H}}-CH_2\sim\!\sim \rightarrow \begin{cases} \sim\!\sim CH_2-\underset{X}{\underset{|}{CH}}-\underset{X}{\underset{|}{CH}}-CH_2\sim\!\sim \text{（偶合终止产物）} \\ \sim\!\sim CH_2-\underset{X}{\underset{|}{CH_2}}+\underset{X}{\underset{|}{HC}}=CH\sim\!\sim \text{（歧化终止产物）} \end{cases}$$

两链自由基的独电子相互结合成共价键的终止反应称为偶合终止。偶合终止结果，大分子的聚合度是两个链自由基链节数之和；大分子两端各带一个引发剂残基；大分子链中间形成头-头结构。

某链自由基夺取另一自由基的氢原子或其他原子的终止反应，称为歧化终止。歧化终止的结果，聚合度与链自由基中的链节数相同，大分子一端带引发剂残基，另一端为饱和或不饱和结构，两者各半。

链终止方式与单体种类和聚合条件有关。由实验证明，50℃下聚苯乙烯以偶合终止为主。甲基丙烯酸甲酯在60℃以上聚合，以歧化终止为主；在60℃以下聚合两种终止方式均有。

链终止反应活化能很低，只有8～21kJ/mol，甚至为零。因此终止速率常数极高［10^6～10^8 L/(mol·s)］，但双基终止受扩散控制。

链终止和链增长是一对竞争反应。从一对活性基的双基终止和活性链-单体的增长反应比较，终止速率常数显然远大于增长速率常数。但从整个聚合体系宏观来看，因为反应速率还与反应物质浓度成正比，而单体浓度（1～10mol/L）远远大于自由基浓度（10^{-9}～10^{-7} mol/L），所以增长速率［10^{-6}～10^{-4} mol/(L·s)］要比终止速率［10^{-10}～10^{-8} mol/(L·s)］大得多。否则，将不可能得到长链自由基和聚合物。

由此可知，大分子的形成过程是：单体分子一经引发形成单体自由基，就迅速与周围的单体分子进行链增长反应形成长链自由基，当两个长链自由基相遇时，就以更快的速度进行终止反应形成稳定的高分子。

3.2.1.4 链转移

在自由基聚合过程中，链自由基有可能从单体、引发剂、溶剂等低分子或大分子上夺取一个原子而终止形成稳定大分子，而使这些失去原子的分子成为自由基，继续新链的增长，使聚合反应继续进行下去。这一反应称为链转移反应。

（1）向低分子转移

① 向单体转移　氯乙烯悬浮聚合时，最易发生向单体转移。

$$\sim\!\sim CH_2-\underset{X}{\underset{|}{CH}}\cdot+H_2C=\underset{X}{\underset{|}{CH}} \longrightarrow \sim\!\sim H_2C=\underset{X}{\underset{|}{CH}}+H_3C-\underset{X}{\underset{|}{CH}}\cdot$$

② 向引发剂转移　活性链与过氧化物类引发剂最易发生转移反应（称为诱导分解）。

$$\sim\!\sim CH_2-\underset{X}{\underset{|}{CH}}\cdot+C_6H_5\underset{O}{\underset{\|}{C}}-O-O-\underset{O}{\underset{\|}{C}}C_6H_5 \longrightarrow \sim\!\sim CH_2-\underset{X}{\underset{|}{CH}}-C_6H_5+C_6H_5\cdot+2CO_2$$

③ 向溶剂或链转移剂转移　对于具有活泼氢或卤原子的溶剂，很容易发生链转移。

$$\sim\!\sim CH_2-\underset{X}{\underset{|}{CH}}\cdot+CCl_4 \longrightarrow \sim\!\sim CH_2-\underset{X}{\underset{|}{CHCl}}+\cdot CCl_3$$

上述链转移反应使聚合物的相对分子质量降低，聚合速率变化与否取决于新自由基的活性，若新自由基活性基本不变，则聚合速率并不受影响。有时为了避免产物相对分子质量过高，特地加入某种链转移剂对相对分子质量进行调节。例如在丁苯橡胶生产中，加入十二硫醇来调节相对分子质量。这种链转移剂称为相对分子质量调节剂。

（2）向大分子转移

① 向稳定大分子转移　此类转移一般发生在叔 C—H 或 C—Cl 键上。

$$M_x\cdot + \sim\sim CH_2\underset{\displaystyle X}{\underset{|}{CH}}\sim\sim \longrightarrow M_xH + \sim\sim CH_2\underset{\displaystyle X}{\underset{|}{\dot{C}}}\sim\sim \xrightarrow{nM} \sim\sim CH_2\overset{\displaystyle M_n\sim\sim}{\overset{|}{\underset{\displaystyle X}{\underset{|}{C}}}}\sim\sim$$

向大分子转移的结果，在大分子链上形成活性点，引发单体增长，形成支链。

② 向活性链内转移　高压聚乙烯除含少量长支链外，还有乙基、丁基等短支链，是分子内转移的结果。丁基支链是自由基端基夺取第 5 个亚甲基上的氢，“回咬”转移形成。乙基侧基是加上一个单体分子后作第二次转移而产生的。

$$\sim\sim CH(H)-CH_2-CH_2-CH_2-\dot{C}H_2 \longrightarrow \sim\sim\dot{C}H-CH_2-CH_2-CH_2-CH_3 \xrightarrow{nH_2C=CH_2} \sim\sim CH(CH_2-CH_2-CH_2-CH_3)-(CH_2-CH_2)_{n-1}-CH_2-\dot{C}H_2$$

$$\sim\sim\dot{C}H-CH_2-CH_2-CH_2-CH_3 \xrightarrow{H_2C=CH_2} \sim\sim CH(CH_2-CH_2-CH_2-CH_3)(CH_2-\dot{C}H_2)\ \text{(H 转移)} \longrightarrow \sim\sim CH(CH_2-CH_3)-CH_2-\dot{C}H-CH_2-CH_3$$

3.2.1.5　阻聚与缓聚

添加某些易与自由基反应的化合物到聚合体系中，可使聚合反应完全中止或者使聚合速率下降，这种对聚合反应的影响过程称为阻聚或缓阻作用。起阻聚作用的化合物叫做阻聚剂，起缓阻作用的化合物叫做缓聚剂。

阻聚（缓聚）的本质是阻聚剂（或缓聚剂）与自由基发生链转移反应，若生成的新自由基活性很低，不足以进行链增长，而使反应终止，即为阻聚。当体系中阻聚剂耗尽，聚合反应又能重起，这段不发生聚合的时间称为诱导期或阻聚期。若生成的新自由基活性较原自由

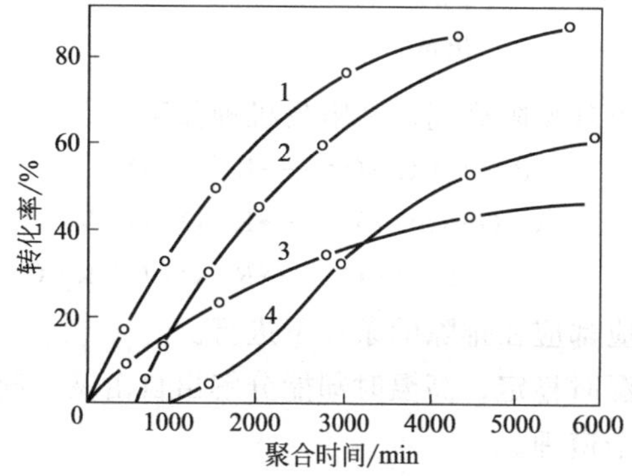

图 3-2　苯乙烯在 100℃时的热聚合

1—纯苯乙烯；2—加入 0.1%苯醌，有诱导期，待苯醌作用完后出现正常的聚合速率；3—加入 0.5%硝基苯，无诱导期，但聚合速率减慢；4—加入 0.2%亚硝苯，有诱导期，其后聚合速率减慢

基低，使链增长速率减缓，即为缓聚，但不产生诱导期。由此可见，阻聚与缓聚并无本质区别，只是程度不同而已。如图 3-2 所示是苯醌、硝基苯和亚硝基苯对苯乙烯热聚合的影响。由图可知，苯醌是阻聚剂，硝基苯是缓聚剂，亚硝基苯则兼有阻聚和缓聚作用。实际上，大多数试剂既具阻聚又具缓聚作用。

（1）阻聚剂与阻聚机理

① 分子型阻聚剂　阻聚剂大多数是分子型的，常见的有：苯醌、硝基化合物、芳胺、阻碍酚类、含硫化合物、变价金属盐等。其中，苯醌是最重要的常用阻聚剂，用量为单体物质量的 0.1%～0.001%。苯醌的阻聚机理比较复杂，现简单表示如下。

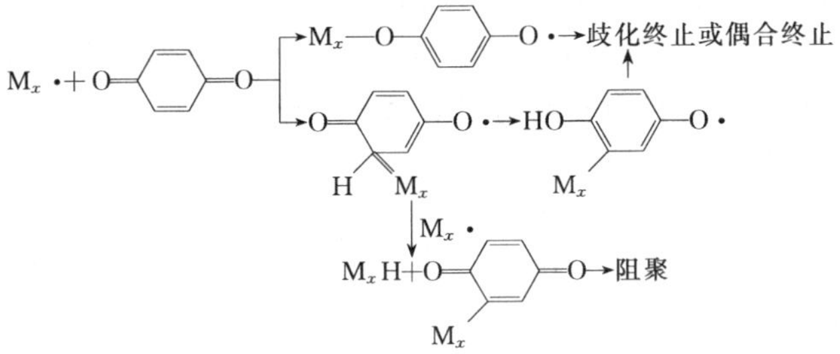

苯醌是苯乙烯、醋酸乙烯酯的有效阻聚剂，但对甲基丙烯酸甲酯、丙烯酸甲酯、丙烯腈等单体却只有缓阻作用。应用时，通常使用对苯二酚，因为对苯二酚容易氧化成苯醌。

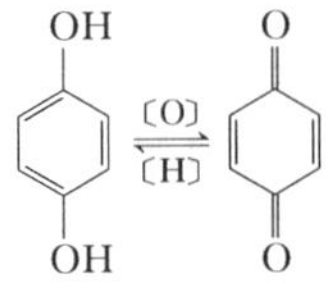

② 自由基型阻聚剂　常用的有：1,1-二苯基-2-三硝基苯肼自由基（DPPH）、三苯甲基自由基、氧双自由基等。DPPH 是高效的理想阻聚剂，浓度在 10^{-4} mol/L 以下，就可使醋酸乙烯酯、苯乙烯、甲基丙烯酸甲酯等单体完全阻聚，故有自由基捕捉剂之称。一个 DPPH 能消灭一个自由基，其阻聚机理如下。

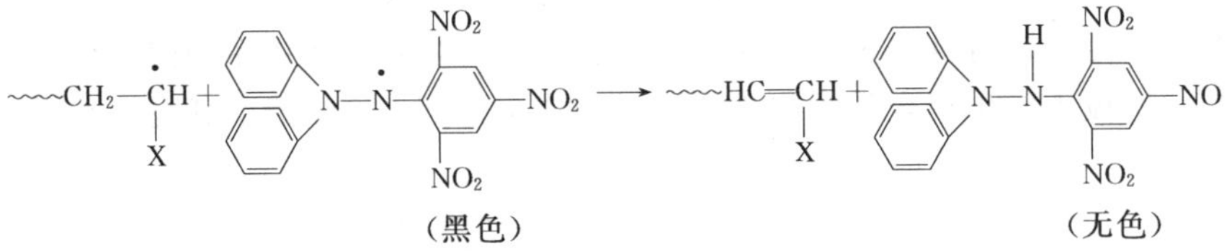

（黑色）　　　　　　　　（无色）

氧分子可看作是双自由基型阻聚剂，其阻聚机理如下。

$$R\cdot + \cdot O{-}O\cdot \longrightarrow R{-}O{-}O\cdot$$

$$R{-}O{-}O\cdot + R\cdot \longrightarrow R{-}O{-}O{-}R$$

$$2R{-}O{-}O\cdot \longrightarrow R{-}O{-}O{-}R + O_2$$

因此，大部分聚合反应都应在排除的条件下进行。

高聚物过氧化物在低温时稳定，高温时却能分解出自由基，起引发作用，乙烯高温高压聚合用氧作引发剂就是这个道理。

$$R{-}O{-}O{-}R \longrightarrow 2RO\cdot$$

（2）阻聚剂的选用与脱除

阻聚剂在实际生产中有多种用途：防止单体精制与贮运时发生自聚；使聚合在某一转化

率下停止；抑制爆聚；防止高分子材料老化等。因此，阻聚剂的重要性不亚于引发剂。

对阻聚剂的选用，除要求用量小、效率高、无毒、无污染、容易从单体中脱除、易制造、成本低外，还应考虑单体类型、副反应、复合使用与温度影响等。

初选时，一般可根据单体类型选择。当所用烯类单体的单取代基（X）为推电子基（如—C_6H_5、—$OCOCH_3$ 等）时，则优先选用醌类、芳硝基化合物、变价金属盐类等亲电子物质，其次选用酚或芳胺类物质；若 X 为吸电子基（如—CN、—COOH、—$COOCH_3$ 等），则优先选用酚类、芳胺类供电性物质，其次选用醌类和芳硝基化合物。若聚合体系中含有氧气时，则形成的自由基链除～$\dot{C}$HX 外，还有过氧自由基～CHXOO·，则优先考虑酚类、胺类，或酚、胺合用，其次考虑选用醌类、芳硝基化合物、变价金属盐类等。

加了阻聚剂的单体在聚合前必须脱除阻聚剂。可以采用的方法主要有物理方法（精馏、蒸馏、置换等）和化学方法。工业生产上常用的是物理方法，其中置换法是用于清除氧气和其他有害气体时使用的，一般还要先减压处理。实验室制备时，两种方法都可以使用，其中化学法是向加有阻聚剂的单体中加入某种化学物质，使阻聚剂变成可溶于水的物质，再用蒸馏水洗涤单体，并干燥。

3.2.1.6　自由基型聚合反应的特征

根据上述机理分析，可将自由基聚合的特征概括如下。

① 自由基反应在微观上可以明显地区分成链的引发、增长、终止、转移等基元反应。其中引发速率最小，是控制总聚合速率的关键。可以概括为慢引发、快增长、速终止。

② 只有链增长反应才能使聚合度增加。一个单体分子从引发，经增长和终止，转变成大分子，时间极短，不能停留在中间聚合度阶段，反应混合物仅由单体和聚合物组成。在聚合全过程中，聚合度变化较小。

③ 在聚合过程中，单体浓度逐步降低，聚合物浓度相应提高，延长聚合时间主要是提高转化率，对相对分子质量影响较小。

④ 少量（0.01%～0.1%）阻聚剂足以使自由基型聚合反应终止。

3.2.2　聚合速率及产物相对分子质量

聚合速率是控制聚合反应过程最重要的指标之一，高聚物的相对分子质量是产物最基本的特征。因此，研究聚合速率与产物相对分子质量有重要的理论与实用价值。

3.2.2.1　聚合反应过程速率

（1）自由基聚合反应微观速率方程

① 基本假设　为简化问题的处理，先作以下三个基本假设。

a. 自由基等活性假设　假设自由基的活性只与其末端端基的结构有关，而与分子链长无关。这样，不同链长自由基对单体的链增长反应速率常数可用同一个 k_p 来表示。即

$$k_{p1}=k_{p2}=k_{p3}=\cdots=k_p$$

b. 稳态假设　假设在聚合反应初期，体系中自由基浓度保持不变，$d[M\cdot]/dt=0$。或者说链引发速率等于链终止速率（生成的自由基数等于终止的自由基数），构成动态平衡，即：

$$R_i=R_t$$

c. 聚合度很大假设　一个单体自由基在很短时间内可以加上成千上万个单体，链引发消耗的单体远小于链增长消耗的单体，即：$R_i \ll R_p$，由此，聚合总速率可以近似以增长速

率表示，即：

$$R_{总}=-\frac{d[M]}{dt}=-\left(\frac{d[M]_i}{dt}+\frac{d[M]_p}{dt}\right)=R_i+R_p\approx R_p$$

② 方程推导　对于聚合反应初期，转化率较低，链转移一般不影响 R_p。

a. 链引发（引发剂引发）速率方程

第一步：$I\xrightarrow{k_d（慢）}2R\cdot$

第二步：$R\cdot+M\xrightarrow{k_i（快）}RM\cdot$

第二步的反应速率远大于第一步的反应速率，故引发速率一般与单体浓度无关，仅取决于初级自由基的生成速率。因一分子引发剂可分解成两个初级自由基，即初期自由基生成速率：

$$\frac{d[R\cdot]}{dt}=2k_d[I] \tag{3-1}$$

由于存在引发效率，则引发剂引发速率方程为：

$$R_i=2fk_d[I] \tag{3-2}$$

式中　R_i——链引发速率，mol/(L·s)；

f——引发效率，通常为 0.5～0.8；

k_d——引发剂分解速率常数，s^{-1}；

[I]——引发剂浓度，mol/L。

b. 链增长速率方程　链增长速率可用在增长反应中单体消耗速率 $-d[M]/dt$ 表示。

链增长：$RM\cdot\xrightarrow{M,\ k_{p_1}}RMM\cdot\xrightarrow{M,\ k_{p_2}}\cdots\xrightarrow{M,\ k_{p_n}}RM\cdots M\cdot$

链增长总速率方程为：

$$R_p=R_1+R_2+R_3+\cdots+R_n$$

$$R_p=k_{p_1}[M][M_1\cdot]+k_{p_2}[M][M_2\cdot]+k_{p_3}[M][M_3\cdot]+\cdots+k_{p_n}[M][M_n\cdot]$$

根据等活性假设，上式可写成：

$$R_p=k_p[M]\{[M_1\cdot]+[M_2\cdot]+[M_3\cdot]+\cdots+[M_n\cdot]\} \tag{3-3}$$

用［M·］表示体系自由基总浓度，则式（3-3）可写成：

$$R_p=k_p[M][M\cdot] \tag{3-4}$$

式中　R_p——链增长速率，mol/(L·s)；

k_p——链增长速率常数，L/(mol·s)；

[M]，[M·]——单体和自由基总浓度，mol/L。

c. 链终止速率方程　链终止为双基终止，终止速率以自由基消失速率表示。

偶合终止：$M_n\cdot+M_m\cdot\xrightarrow{k_{tc}}M_{n+m}$

歧化终止：$M_n\cdot+M_m\cdot\xrightarrow{k_{td}}M_n+M_m$

链终止速率为：

$$R_t=-\frac{d[M\cdot]}{dt}=R_{tc}+R_{td}=2k_{tc}[M\cdot]^2+2k_{td}[M\cdot]^2$$

$$=2(k_{tc}+k_{td})[M\cdot]^2=2k_t[M\cdot]^2 \tag{3-5}$$

式中　R_t——链终止速率，mol/(L·s)；

R_{tc}，R_{td}——偶合终止速率与歧化终止速率，mol/(L·s)；

k_t——链终止速率常数，L/(mol·s)；

k_{tc}，k_{td}——偶合终止速率常数与歧化终止速率常数，mol/(L·s)；

[M·]——自由基总浓度，mol/L。

式（3-5）中的系数 2 表示每次链终止同时消失 2 个自由基，这是美国习惯，欧洲习惯不加 2。我国的教科书常采用美国习惯，读者应加以注意。

d. 聚合总速率　常用单体消耗总速率表示聚合总速率，即：$R_总 = R_i + R_p$。

根据稳态假设：

$$[M\cdot] = \left(\frac{R_i}{2k_t}\right)^{\frac{1}{2}} \tag{3-6}$$

根据大分子假设，聚合总速率可近似用链增长速率表示，即：$R_总 = R_i + R_p \approx R_p$。

将式（3-6）代入式（3-4），即得：

$$R_p = k_p[M]\left(\frac{R_i}{2k_t}\right)^{\frac{1}{2}} \tag{3-7}$$

引发剂引发时，将式（3-2）代入式（3-7）得到：

$$R_p = k_p\left(\frac{fk_d}{k_t}\right)^{\frac{1}{2}}[M][I]^{\frac{1}{2}} \tag{3-8}$$

许多在低转化率下的聚合实验结果表明，上述关系正确，说明所作假设可信，自由基聚合机理可靠。聚合速率方程成为指导高聚物工业生产的理论基础。

③ 聚合速率方程的局限性

a. $R_p \propto [I]^{1/2}$ 是双基终止的结果。但实际情况是，如在高黏度或沉淀聚合中，有时还存在单基终止，即往往是单基终止与双基终止并存。因此，实际可能是：$R_p \propto [I]^{0.5\sim1}$。

b. $R_p \propto [M]$ 是基于单体自由基形成速率远大于引发分解速率的结果。如果初级自由基与单体的引发反应较慢，或引发反应与单体浓度有关（例如成正比），则实际可能是：$R_p \propto [M]^{1\sim1.5}$。

c. 式（3-7）和式（3-8）是在等活性、稳态、大分子三个基本假设以及在反应初期不发生链转移反应的基础上推导得到的。在聚合反应的中期，由于出现了自加速作用，稳态假设便不起作用，聚合速率将发生变化。因此，上述表达式只适用于反应初期。

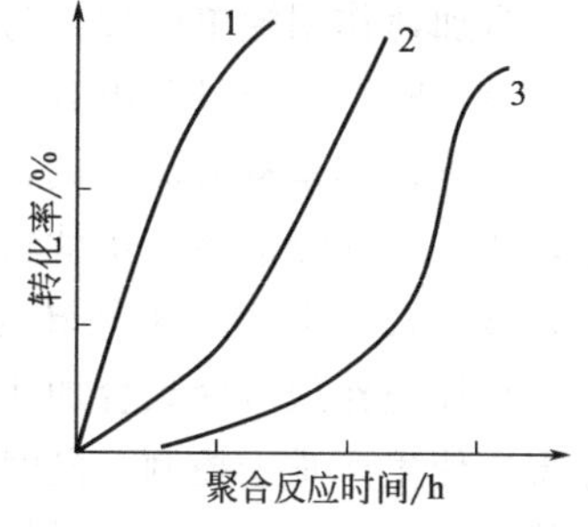

图 3-3　聚合过程速率变化类型

（2）聚合反应过程的速率变化特征

聚合过程的速率变化常用转化率-时间曲线表示。其速率变化类型如图 3-3 所示。

① 先快后慢的聚合　如曲线 1，通常选用活性特高的引发剂，初期自由基大量产生，速率很大，中期以后，速率降低。工业上不愿意出现这样的局面。

② 匀速聚合　如曲线 2，通常选用半衰期适当的引发剂，使正常的衰减和凝胶效应的自动加速过程互相抵消，可以达到匀速聚合。这是一种比较稳定的状态，工业上希望能控制到这种水平，例如 PVC 生产时，选用半衰期 1.5～2.0h 的引发剂，几乎可以达到这种局面，也可以用复合引发剂。

③ S 形聚合，如曲线 3，这种 S 形的反应曲线是最常见的，采用低活性引发剂的效果往往如此。在聚合初期，聚合速率慢，转化率到 10%～20%以后，聚合速率逐渐增加，出现自动加速现象，一直延续到 50%～80%的转化率，随后聚合速率减慢。

如图 3-4 所示是 MMA 聚合转化率-时间曲线。为了说明问题，将聚合曲线典型化，如

图 3-5 所示。曲线呈 S 形，可将聚合反应分为诱导期、初期、中期和后期等几个阶段。

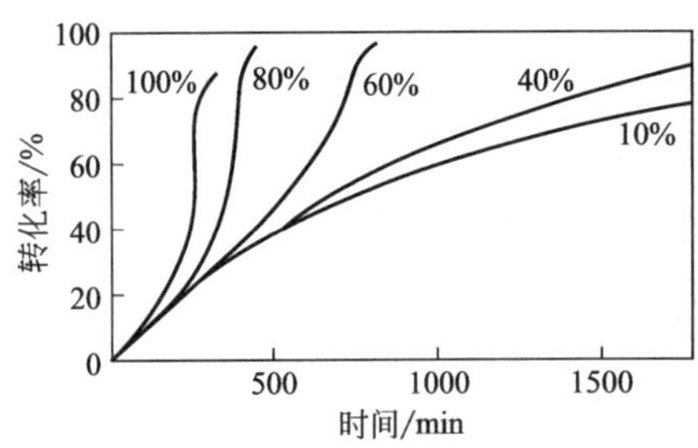

图 3-4 MMA 聚合转化率-时间曲线

引发剂：BPO。溶液：苯。

温度：50℃。曲线上数字为 MMA 质量分数

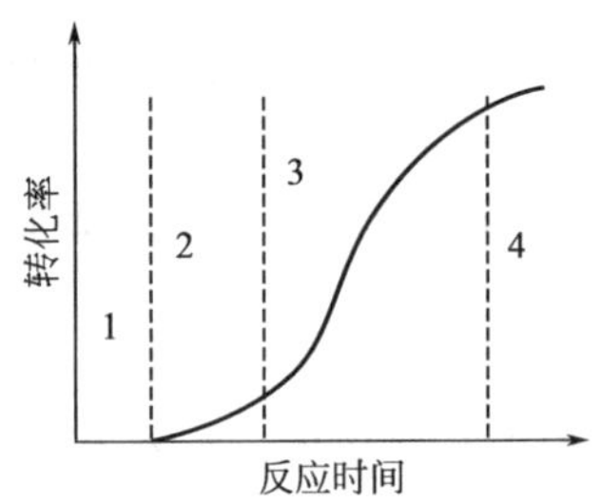

图 3-5 典型的聚合转化率-时间曲线

a. 诱导期　此阶段引发剂分解产生的初级自由基被阻聚杂质所终止，无聚合物生成，聚合速率为零。工业上，聚合反应的诱导期有时长达数小时。缩短或消除诱导期的途径是除尽单体中的杂质，使其浓度控制在一个很低的限度内，诸如 10^{-2}mg/g 以下。

b. 聚合初期　又称稳态期或等速期。一般单体转化率在 20%以下时，聚合速率平稳，基本不随时间而变。主要是因为此阶段体系中阻聚杂质已耗尽，聚合正常进行，且体系中的大分子数量较少，黏度较低，大分子和单体均能自由运动，体系处于稳态阶段。

c. 聚合中期　又称自动加速期。经等速阶段后，转化率进一步提高，体系出现自动加速现象，并一直延续至转化率达 50%～70%。此阶段由于形成的高分子数量增多，体系黏度不断增大，使长链自由基运动受阻，甚至活性自由基被包裹，双基终止发生困难，而低分子单体活动受阻较小，仍可以自由地与长链自由基碰撞，继续发生链增长反应，由此产生自动加速。这种由于体系黏度增加所引起的自动加速现象称为自加速作用或凝胶效应。

自加速作用随单体种类与聚合条件的变化有所不同，如图 3-4 所示。40%浓度下 MMA 溶液聚合时，尚未显现出自动加速现象，60%以上才出现加速。MMA 本体聚合时，10%转化率以下，体系从易流动的液体渐变成黏滞糖浆状，加速现象尚不明显；10%～50%转化率，体系从黏滞液体很快就转化成半固体状，加速显著。以后，仍以较高的速率聚合，但逐渐转慢，直至 70%～80%转化率。最后，速率慢到近于终止。

自加速作用可使聚合加快，缩短反应周期和提高产物聚合度，但也容易造成放热集中、爆聚，使生产难于控制；同时高温易使单体气化并在产物中产生气泡，影响产品质量。工业上控制自加速作用的关键是控制体系的黏度。有时为了利用自加速现象，在聚合开始时，就向单体中加入一定的高聚物粉末，使体系黏度增大，促进自加速作用提前出现。而推迟或尽量避免自加速作用的方法经常有四种：一是采用溶液聚合，利用溶剂来传热和稀释聚合物，减小体系的黏度；二是适当提高温度，减小体系的黏度；三是采用低温引发剂实现低温乳液聚合；四是加入链转移剂，降低聚合物的聚合度，降低体系黏度。

d. 聚合后期　又称减速期。在单体转化率达 50%～70%以后，聚合速率变慢，达 90%～95%转化率时，聚合速率会变得很小。这是由于此阶段单体浓度下降，同时体系的黏度增大，单体的自由碰撞也开始受阻，使增长速率下降。需特别注意的是，在聚合后期，由于体系黏度很大，长链自由基容易向大分子发生链转移反应，包括回咬转移，使聚合物出现支链、分枝或交联结构。这往往是人们不希望出现的。

工业上某些聚合反应，尤其是某些合成橡胶，不希望出现分枝、支链或交联，常常将反应控制在某一转化率后即停止。例如丁苯橡胶合成中转化率达60%～70%即行停止，分离聚合物，回收未反应单体。

3.2.2.2 自由基聚合反应产物的平均分子质量

聚合物的平均相对分子质量和相对分子质量分布具有很重要的意义。聚合物的强度、力学性质、热稳定性、加工性及溶液性质等都与之有密切的关系，所以控制平均相对分子质量和相对分子质量分布是控制聚合物生产和产品质量的重要环节。

(1) 动力学链长

一个长链自由基是由一个活性中心连有 n 个单体链节组成的，因此可把每个活性中心从产生到终止所连接的单体链节数定义为动力学链长，以 ν 表示。

根据动力学链长的定义，无链转移并处于稳态时，动力学链长可按下式计算。

$$\nu=\frac{R_p}{R_t}=\frac{R_p}{R_i} \tag{3-9}$$

将式（3-7）代入式（3-9），得：

$$\nu=\frac{k_p}{(2k_t)^{\frac{1}{2}}}\times\frac{[M]}{R_i^{\frac{1}{2}}} \tag{3-10}$$

用引发剂引发时：将 $R_i=2fk_d[I]$ 代入式（3-10），得：

$$\nu=\frac{k_p}{2(fk_dk_t)^{\frac{1}{2}}}\times\frac{[M]}{[I]^{\frac{1}{2}}} \tag{3-11}$$

(2) 动力学链长与平均聚合度的关系

平均聚合度是指平均每个聚合物分子中所含单体单元数，它与动力学链长有关。

偶合终止时：

$$\overline{X}_n=2\nu=\frac{k_p}{(fk_dk_t)^{\frac{1}{2}}}\times\frac{[M]}{[I]^{\frac{1}{2}}} \tag{3-12}$$

歧化终止时：

$$\overline{X}_n=\nu=\frac{k_p}{2(fk_dk_t)^{\frac{1}{2}}}\times\frac{[M]}{[I]^{\frac{1}{2}}} \tag{3-13}$$

兼有两种终止方式时，$\nu<\overline{X}_n<2\nu$，可按比例计算：

$$\overline{X}_n=\frac{\nu}{\frac{C}{2}+D} \tag{3-14}$$

式中 C，D——偶合终止与歧化终止的分率。

由此可以得出如下结论：在正常双基终止、无链转移且采用引发剂引发时，$\overline{X}_n \propto [M][I]^{-1/2}$。

(3) 有链转移时的聚合度方程

在自由基聚合反应中，当有链转移反应发生时，会对产物聚合度产生影响。此时产物的平均聚合度应作如下计算。

$$\overline{X}_n=\frac{\dfrac{\text{进入高聚物链的单体数}}{t}}{\dfrac{\text{高分子的生成数}}{t}}=\frac{R_p}{\sum R_t}=\frac{R_p}{R_t+\sum R_{tr}}=\frac{R_p}{\frac{1}{2}R_{tc}+R_{td}+\sum R_{tr}} \tag{3-15}$$

因此：

$$\frac{1}{\overline{X}_n}=\frac{\frac{1}{2}R_{tc}+R_{td}+R_{trI}+R_{trM}+R_{trS}+R_{trP}}{R_p}$$

$$=\frac{\frac{1}{2}R_{tc}+R_d}{R_p}+C_M+C_I\frac{[I]}{[M]}+C_S\frac{[S]}{[M]}+C_P\frac{[P]}{[M]} \tag{3-16}$$

式（3-16）可写成：

$$\frac{1}{\overline{X}_n}=\frac{k_{tc}+2k_{td}}{k_p^2}\times\frac{R_p}{[M]^2}+C_M+C_I\frac{[I]}{[M]}+C_S\frac{[S]}{[M]}+C_P\frac{[P]}{[M]} \tag{3-17}$$

式中，C_M、C_I、C_S、C_P 分别称为对单体、引发剂、溶剂、大分子的转移常数。[M]、[I]、[S]、[P] 分别为体系中单体、引发剂、溶剂、大分子的浓度。

上式表明：正常聚合时双基终止、向单体转移、向引发剂转移、向溶剂转移和向大分子转移等项对产物平均聚合度均有贡献。各类链转移常数，可以从聚合物手册中查取，选用时，必须注意指定单体、溶剂和温度条件。

由此可见，由于自由基聚合情况复杂，影响因素多，故聚合物有较大的相对分子质量多分散性。

3.2.3 影响自由基聚合反应的因素

在自由基型聚合反应过程中，影响聚合物质量的因素很多，如温度、压力、引发剂的类型及用量（浓度）、单体的纯度及浓度、缓聚剂及杂质等。引发剂种类与浓度、单体浓度、阻聚剂与缓聚剂对聚合反应的影响前已述及，这里仅对温度、压力、单体纯度与杂质对聚合反应的影响加以讨论。

3.2.3.1 反应温度

温度对聚合反应的影响较大，尤其是对热引发和引发剂引发聚合最为明显。总体来说，温度对自由基型聚合反应及其产物质量的影响包括三方面：聚合速率、高聚物的相对分子质量及高聚物的微观结构。

（1）对聚合速率的影响

提高温度能加速反应，缩短生产周期。实际上温度影响基元反应的速率常数。根据阿累尼乌斯（Arrhenius）方程，温度与反应速率常数有如下关系：

$$k=A\mathrm{e}^{-\frac{E}{RT}} \tag{3-18}$$

式中 k——速率常数；

A——频率因子；

E——反应活化能；

R——普适气体常数；

T——反应温度。

采用引发剂引发时，其速率方程如式（3-8）。

将式（3-8）与式（3-18）相比较，得到聚合总速率常数为：

$$k=k_p\left(\frac{k_d}{k_t}\right)^{\frac{1}{2}} \tag{3-19}$$

将式（3-18）代入式（3-19）得到以阿累尼乌斯方程式表达的聚合总速率常数式：

$$k=A_p\left(\frac{A_d}{A_t}\right)^{\frac{1}{2}}e^{-\frac{\left(\frac{E_p-E_t}{2}\right)+\frac{E_d}{2}}{RT}} \tag{3-20}$$

根据式（3-18）得：$E_{总}=E_p-E_t/2+E_d/2$，一般聚合反应的活化能总为正值（即 $E_{总}>0$），由此可知：聚合速率随温度的升高而增大。

采用热引发剂引发时，由于 $E_d\approx125$kJ/mol，$E_p\approx30$kJ/mol，$E_t\approx16$kJ/mol，则：$E_{总}=E_p-E_t/2+E_d/2\approx84$kJ/mol。按此计算：在室温附近，反应温度每升高 10℃，k 值将提高 2～3 倍。

采用氧化还原型引发剂体系时，$E_d\approx50$kJ/mol，则 $E_{总}\approx42$kJ/mol。因此，氧化还原引发聚合速率较快，并可在较低温度下进行聚合。

由此可知：选择较低 E_d 的引发剂引发聚合，可显著加速聚合反应，所以引发剂种类的选择和用量是控制聚合速率的重要因素。

必须注意，当反应体系的温度达到一定程度时，继续提高温度，链增长将不能继续，反而会发生解聚反应。这个温度即为聚合临界温度 T_c。表 3-3 为一些烯类单体的 T_c 值。

表 3-3　烯类单体的聚合临界温度

单　体	标准态①	T_c/℃	平衡时的压力/MPa	单　体	标准态①	T_c/℃	平衡时的压力/MPa
乙烯	gg	407	0.1	甲基丙烯酸甲酯	gc	164	0.1
苯乙烯	gc	275	0.1	α-甲基苯乙烯	ls	61	0.1

① g 表示气态；l 表示液态；s 表示单体溶液；c 表示无定形固态。

（2）对高聚物平均聚合度的影响

采用引发剂引发时，一般温度升高，产物平均聚合度下降。

对于正常终止，无链转移时，由式（3-14）与式（3-11）可知：

$$\overline{X}_n=\frac{1}{\frac{C}{2}+D}\nu=\frac{1}{\frac{C}{2}+D}\times\frac{k_p}{2(fk_tk_d)^{\frac{1}{2}}}[M][I]^{\frac{1}{2}} \tag{3-21}$$

令
$$k'=\frac{k_p}{(k_tk_d)^{\frac{1}{2}}}$$

将式（3-18）代入式（3-21），得到以阿累尼乌斯方程式表达的聚合总速率常数式：

$$k'=\frac{A_p}{(A_dA_t)^{\frac{1}{2}}}e^{-\frac{\frac{E_p-E_t}{2}-\frac{E_d}{2}}{RT}} \tag{3-22}$$

设：$E'=[E_p-E_t/2-E_d/2]$，与上述对聚合反应速率的分析方法相同，当 $E'>0$ 时，温度升高，k'则增大，产物的平均聚合度亦随之增大；当 $E'<0$ 时，温度升高，k'则下降，产物的平均聚合度亦随之下降。

当采用热引发剂引发时，$E'=E_p-E_t/2-E_d/2\approx30-16/2-125/2=-41kJ/mol<0$，所以，温度升高，产物平均聚合度亦随之下降。

当采用光引发时，由于不用引发剂，$E_d=0$，则 $E'=E_p-E_t/2-E_d/2\approx21kJ/mol>0$，所以，温度升高，产物平均聚合度亦随之增大。这是光引发的重要特征。

必须特别指出的是：由于 $E_{歧化终止}>E_{偶合终止}$，故随着温度升高，歧化终止比例增加，产物平均聚合度亦随之下降；亦由于 $E_{链转移}>E_{链增长}$，故随着温度升高，链转移反应加剧，导致产物平均聚合度亦随之下降。例如，乙烯和氯乙烯在较高的温度下聚合时，产物的相对分子质量和密度较低，这就是由于活性链向大分子链转移的结果。

(3) 对产物结构的影响

提高反应温度有利于链转移反应，易生成支链多的高聚物。这是由于向高分子转移反应的活化能大于链增长反应的活化能（即 $E_{trp}>E_p$）的缘故。

反应温度对高聚物连接方式和构型有影响。升高温度将使产物分子中头-头（或尾-尾）连接的比例增加，其也是头-头（或尾-尾）增长反应活化能大于头-尾增长反应活化能的缘故。同样的原因，在二烯类单体聚合时，升高温度将有利于顺式 1,4 结构产物增加。

3.2.3.2 聚合压力

一般来说，压力对液相聚合或固相聚合影响较小，但对气态单体的聚合速率和相对分子质量的影响较显著。一般压力增高，能使聚合速率加快，产物的相对分子质量增大和支化程度降低。这是因为压力增高能促使活性链与单体之间的碰撞次数增多，并使反应活化能降低，从而使反应加速和增加高聚物的相对分子质量。

如乙烯在低压下（0.5MPa）聚合时，相对分子质量只有 2000，要得到高相对分子质量商品聚乙烯（相对分子质量 $10^5 \sim 5\times10^5$），反应压力就必须达到 150～200MPa。如图 3-6 所示为压力对乙烯聚合速率的影响，从图中可看出，乙烯聚合速率随压力的增大而迅速上升。图 3-7 表明乙烯聚合物相对分子质量随压力的增高而增大。图 3-8 表明随压力的增高产物支链程度降低。表 3-4 列出了压力对异戊二烯活化能的影响。

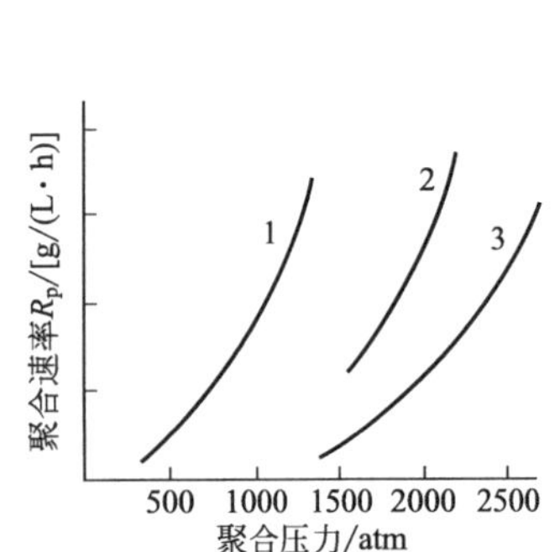

图 3-6 压力对乙烯聚合速率的影响
1—反应温度 140℃，引发剂为叔丁基过氧化氢；
2—反应温度 200℃，引发剂为丙酮肟；
3—反应温度 230℃，无引发剂
1atm＝101.325kPa

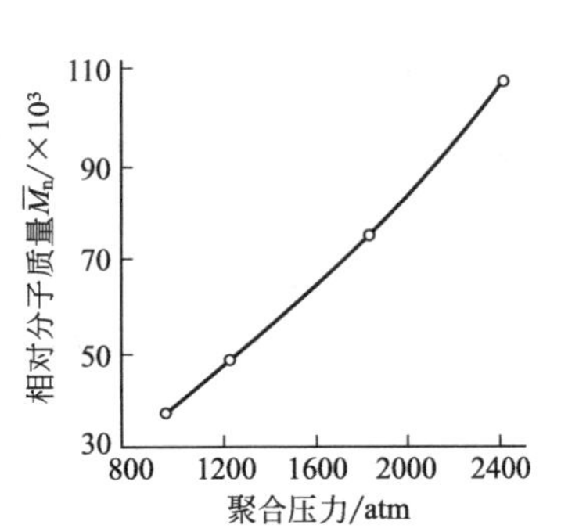

图 3-7 聚合压力对聚乙烯相对分子质量的影响
反应温度，25℃；本体聚合
1atm＝101.325kPa

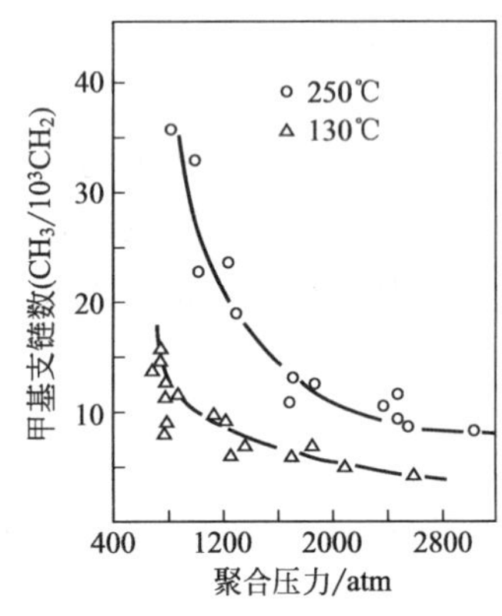

图 3-8 一定温度下乙烯高压聚合时压力对产物支链数的影响
1atm＝101.325kPa

表 3-4 压力对异戊二烯活化能的影响

压力/atm	2000	9000	12000
活化能/(kJ/mol)	100.8	92.4	67.2

注：1atm＝101.325kPa。

应用高压可以成功地进行某些难以聚合的单体的聚合反应，如乙烯与一氧化碳的共聚合：反应在 200～250MPa 的压力下进行，得到新的聚合物——聚酮，它是一种光分解材料。

3.2.3.3 单体纯度与杂质

单体纯度对聚合和产物都有很大的影响，杂质的作用与调聚剂、阻聚剂、缓聚剂相似，因此必须严格控制单体的纯度。一般要求聚合级的单体纯度控制在 99.9%～99.99%，杂质含量控制在 0.01%～0.1%。例如，聚合级的氯乙烯要求纯度＞99.9%，乙炔＜0.001%，铁＜0.001%，乙醛＜0.001%。因为乙炔含量增加会导致聚合诱导期明显延长，同时聚合度降低（表 3-5）。又如，在苯乙烯单体中，若二乙烯基含量超过 0.002%时，聚合反应会剧烈进行，难以控制，而聚合产品的流动性能差，加工性能也不好。

表 3-5　乙炔对氯乙烯聚合的影响

乙炔含量/%	诱导期/h	转化率达 85%所需时间/h	聚合度	乙炔含量/%	诱导期/h	转化率达 85%所需时间/h	聚合度
0.0009	3	11	2300	0.07	0	21	500
0.03	4	11.5	1000	0.13	8	24	300

总之，杂质的影响是多方面的，对高聚物性能的影响以本体聚合最为显著，如有微量杂质存在就不能获得高相对分子质量的聚合物。

3.3　离子型聚合反应

在引发剂的作用下，单体活化为带正电荷或负电荷的活性离子，然后按离子型反应机理进行聚合反应，称为离子型聚合反应。离子型聚合反应为连锁反应，根据活性中心离子的电荷性质，又可分为阳离子聚合、阴离子聚合和配位聚合。

离子型聚合具有一般连锁聚合反应的基本特点，也是由链引发、链增长、链终止三个基元反应组成。但离子型聚合反应具有如下五个特征。

① 活性中心主离子。阳离子型聚合反应活性中心是碳阳离子，阴离子型聚合反应活性中心是碳阴离子。

② 链引发反应活化能低，聚合速率快。离子型聚合反应一般在低温和溶液中进行。低温聚合有利于减慢聚合速率，为防止链转移反应，离子型聚合一般在 0℃以下引发聚合反应。如苯乙烯阴离子型聚合反应在－70℃于四氢呋喃中进行。

③ 链增长反应活性链端总带有反离子，并以紧密离子对、松离子对及自由离子形式存在，彼此处于平衡之中。以阳离子型聚合反应为例，链增长离子与反离子存在如下平衡：

$$\sim\!\sim\!\sim C^+B^- \rightleftharpoons \sim\!\sim\!\sim C^+//B^- \rightleftharpoons \sim\!\sim\!\sim C^+ + B^-$$

紧离子对（Ⅰ）　溶剂化的松离子对（Ⅱ）　自由离子（Ⅲ）

不同离子对对聚合速率与产物的立构规整性影响不同，其中聚合速率的顺序为：(Ⅰ)＜(Ⅱ)＜(Ⅲ)；产物的立构规整性与以上顺序正好相反，以（Ⅰ）、（Ⅱ）方式进行增长反应时，常可得到立构规整性产物，以（Ⅲ）方式增长时，常得到无规立构高聚物。

④ 不能发生活性链的偶合终止，常需加终止剂进行转移终止，产物一般为电中性或没有离子活性。

⑤ 对单体有高度的选择性。离子型聚合的引发剂大都带有部分电荷，因而对单体也有相应的电荷要求。当烯类单体的双键上带有吸电子基时可以进行阴离子聚合，而带有推电子基时才能进行阳离子聚合，带有共轭基团或共轭二烯类单体则既能进行阴离子聚合，又能进行阳离子聚合。能进行离子型聚合的烯类单体见表 3-1。

3.3.1 阳离子型聚合反应

以碳阳离子为反应活性中心进行的离子型聚合反应为阳离子型聚合反应。阳离子型聚合反应通式为：

$$A^+B^- + M \longrightarrow AM^+B^- \xrightarrow{M} \cdots \xrightarrow{M} AM_n^+B^-$$

3.3.1.1 阳离子型聚合反应的单体

能用于阳离子聚合反应的单体有三类：①具有强推电子取代基的单烯类单体（如异丁烯、乙烯基醚等）和具有共轭效应的烯类单体（如苯乙烯、α-甲基苯乙烯、丁二烯、异戊二烯等）；②羰基类化合物（如甲醛）；③含有氧、氮、硫等杂原子的环状化合物（如四氢呋喃、3,3-双氯甲基丁氧环、环氧乙烷、环硫乙烷及环酰胺、环硅氧烷等）。

阳离子聚合的单体大多带有推电子基，由于推电子基的存在，一方面它们可使双键电子云密度增加，有利于质子或阳离子的进攻和结合；另一方面可使生成的碳阳离子所带的正电荷易于分散，稳定性增强。例如：

$$[BF_3OH]^- H^+ + H_2\overset{\delta^-}{C}{=}\overset{\delta^+}{C}(CH_3)_2 \longrightarrow H-CH_2-\overset{CH_3}{\underset{CH_3}{C^+}}(BF_3OH)$$

α-烯烃带有的烷基由于推电子性较弱，且生成的二级碳阳离子易发生重排，形成更稳定的三级碳阳离子。因此，丙烯、丁烯经阳离子聚合只能得到低分子油状物；更高级的α-烯烃，如2,4,4-三甲基-1-戊烯，则由于空间位阻太大，聚合时只能得到二聚体。

异丁烯是唯一能阳离子聚合的α-烯烃。其不对称的两个α-甲基使碳-碳双键电子云密度增加较多，易受质子进攻，生成的三级碳阳离子比较稳定，聚合物大分子链中—CH_2—上的氢受到两端四个甲基的保护，不易被夺取，减少了重排、支化等副反应，因此能得到线型高聚物。

乙烯基醚 $H_2C{=}CH{-}OR$ 是另一类能阳离子聚合的单体。烷氧基中的氧原子带有未共用电子对，能与碳-碳双键形成 p-π 共轭，使双键电子云密度增加，有利于质子进攻；同时烷氧基共振结构使生成的碳阳离子上的正电荷分散而稳定，因此烷基乙烯醚只适宜阳离子聚合。

一些具有 π-π 共轭的单体，如苯乙烯、α-甲基苯乙烯、丁二烯、异戊二烯等，其 π 电子的活动性强，容易诱导极化，因而既可以阳离子聚合，又可以阴离子聚合。但这类单体活性较低，工业上很少通过阳离子聚合生产聚合物。

虽然理论上可以进行阳离子聚合的单体达300多种，但已工业化的只有异丁烯、乙烯基醚、甲醛、异戊二烯等少数几种。

3.3.1.2 阳离子聚合反应的引发剂与引发反应

阳离子聚合反应的引发剂均为亲电试剂，即电子接受体。常用的引发剂可分为如下两类。

（1）质子酸

常用的质子酸有：H_2SO_4、H_3PO_4、$HClO_4$、Cl_3CCOOH 等（常用HB表示）。质子酸在溶液中离解产生质子 H^+，来引发阳离子聚合，可用下式表示：

$$H^{+-}B + H_2C{=}\underset{X}{\underset{|}{CH}} \longrightarrow H{-}CH_2{-}\underset{X}{\underset{|}{CH}}{}^{+-}B$$

作为阳离子引发剂的质子酸，要有足够的强度以产生 H^+，同时酸根阴离子（反离子）的亲核性不能过强。否则，易与阳离子活性中心结合形成共价键，导致链终止。例如，采用氢卤酸等强质子酸在非极性溶剂中引发烯烃聚合时，只能得到低聚物，作汽油、柴油或润滑油使用。

含氧酸 H_2SO_4、H_3PO_4、$HClO_4$ 等在极性有机溶剂中酸根离子被溶剂化，不易使活性链终止，因而可以得到较高相对分子质量的聚合物。

（2）路易斯酸

路易斯酸是最常见的阳离子聚合引发剂，常用的有：$AlCl_3$、BF_3、$SnCl_4$、$ZnCl_2$、$TiBr_4$ 等。除少数能单独引发外，绝大多数路易斯酸需要共引发剂才能引发。常用的共引发剂有两类，一类是能提供质子的物质，如 H_2O、ROH、RCOOH 等，引发过程如下：

$$BF_3+H_2O \rightleftharpoons [H_2O\cdot BF_3] \rightleftharpoons H^{\oplus}(BF_3OH)^{\ominus}$$

$$H_2C{=}\underset{CH_3}{\overset{CH_3}{C}} + H^{\oplus}(BF_3OH)^{\ominus} \longrightarrow [H_2C{=}\underset{CH_3}{\overset{CH_3}{C}}\cdot H^{\oplus}(BH_3OH)^{\ominus}] \longrightarrow CH_3\underset{CH_3}{\overset{CH_3}{C^{\oplus}}}(BF_3OH)^{\ominus}$$

另一类是能提供 C^+ 的物质，如 RX、RCOX、$(RCO)_2O$ 等，引发过程如下：

$$SnCl_4+RCl \rightleftharpoons R^{\oplus}(SnCl_5)^{\ominus}$$

$$R^{\oplus}(SnCl_5)^{\ominus}+H_2C{=}\underset{CH_3}{\overset{CH_3}{C}} \longrightarrow RCH_2\underset{CH_3}{\overset{CH_3}{C^{\oplus}}}(SnCl_5)^{\ominus}$$

这类引发体系的引发活性取决于引发剂接受电子的能力、酸性及向单体提供 H^+ 或 C^+ 的能力。引发剂与共引发剂的不同组合，得到不同的引发活性。

大多数情况下，引发剂和共引发剂的用量有一个最佳配比，在此配比下，聚合速率最快、产物相对分子质量最高。例如，$SnCl_4$-H_2O 引发苯乙烯聚合，在 CCl_4 溶剂中，最大速率出现在 $[H_2O]/[SnCl_4]\approx 0.002$ 时；当改用 30%硝基苯－70% CCl_4 为溶剂时，则 $[H_2O]/[SnCl_4]\approx 1.0$，聚合速率最大，如图 3-9 所示。

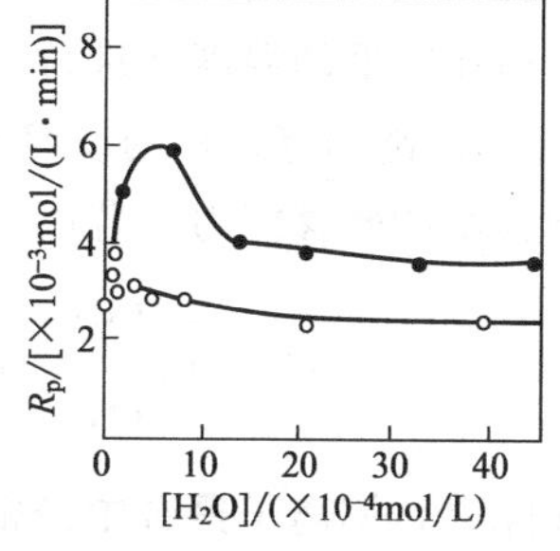

图 3-9 水的浓度对 $SnCl_4$ 引发苯乙烯聚合的影响（CCl_4 中，25℃）

○ $SnCl_4=0.08mol/L$；● $SnCl_4=0.12mol/L$

（3）其他引发剂

其他能产生阳离子的物质有碘、氧、高氯酸盐（如 $CH_3CO^{\oplus}ClO_4^{\ominus}$）、$C_7H_7^{\oplus}SbCl_4^{\ominus}$ 等。这类引发剂的活性较低，只能引发高活性单体聚合。另外，高辐射也能产生阳离子引发聚合，并且没有反离子。

3.3.1.3 阳离子聚合反应机理

阳离子聚合机理与自由基聚合机理类似，包括链引发、链增长、链终止和链转移等。

（1）链引发

链引发反应由连续两步反应构成，引发剂首先生成质子或碳阳离子，然后与单体双键加成形成单体碳阳离子。碳阳离子活性中心与反离子形成离子对。以 BF_3-H_2O 引发异丁烯为例，引发反应如下：

$$BF_3+H_2O \rightleftharpoons H^+(BF_3OH)^-$$

$$H^+(BF_3OH)^- + H_2C{=}C(CH_3)_2 \longrightarrow H_3C{-}C^+(CH_3)_2 + (BF_3OH)^-$$

与自由基聚合引发相比，阳离子聚合引发速率相当快，其引发活化能 $E_i=8.4\sim21kJ/mol$。

(2) 链增长

单体分子连续不断地插入碳阳离子与反离子中间，与碳阳离子活性中心加成进行链增长，反应如下：

$$H_3C{-}C^+(CH_3)_2 + (BF_3OH)^- + nH_2C{=}C(CH_3)_2 \longrightarrow \sim\sim H_2C{-}C^+(CH_3)_2 + (BF_3OH)^-$$

链增长反应是离子与分子间的反应，活化能低，$E_p=8.4\sim24kJ/mol$，链增长速率快；单体按头-尾结构插入离子对，对链节构型有一定的控制能力；常伴有分子内重排反应，使碳阳离子更趋稳定。

(3) 链转移

① 向单体转移　活性链向单体转移生成含不饱和端基的稳定高分子，并使阳离子活性中心再生。

$$\sim\sim CH_2{-}C^+(CH_3)_2 + (BF_3OH)^- + H_2C{=}C(CH_3)_2 \longrightarrow \sim\sim CH_2{-}C({=}CH_2)CH_3 + H_3C{-}C^+(CH_3)_2 + (BF_3OH)^-$$

向单体转移是阳离子聚合中最主要的链终止方式之一。向单体转移常数 C_M（$10^{-2}\sim10^{-1}$）比自由基聚合的 C_M（$10^{-5}\sim10^{-3}$）大得多，因而阳离子聚合中的链转移更易发生，反应必须在很低的温度下进行。

② 活性链向链转移剂或终止剂转移　活性链向水、醇、酸、酸酐、醚、酯以及胺等都有不同程度的转移能力。若以 XB 代表链转移剂，则有：

$$\sim\sim CH_2{-}C^+(CH_3)_2 + (BF_3OH)^- + XB \longrightarrow \sim\sim CH_2{-}C(CH_3)_2{-}B + X^+(BF_3OH)^-$$

实际上，阳离子聚合中经常添加水、醇、酸等来人为地进行链转移终止，以调节产物的相对分子质量。

(4) 链终止

阳离子聚合的活性种带有正电荷，同种电荷相斥，不能双基终止，也无凝胶效应，这是与自由基聚合显著不同之处。但也可能有以下几种终止方式。

① 自发终止　增长离子对重排，终止成聚合物，同时再生出引发剂-共引发剂络合物。但自发终止比向单体转移或溶剂转移终止要慢得多。

$$\sim\sim CH_2{-}C^+(CH_3)_2 + (BF_3OH)^- \longrightarrow \sim\sim CH_2{-}C(CH_3){=}CH_2 + H^+(BF_3OH)^-$$

② 活性链与反离子中一部分阴离子碎片结合终止

$$\sim\sim CH_2{-}C^+(CH_3)_2 + (BF_3OH)^- \longrightarrow \sim\sim CH_2{-}C(CH_3)_2{-}OH + BF_3$$

③ 与反离子加成终止 当反离子的亲核性足够强时，将与碳阳离子共价结合而终止。如三氟乙酸引发苯乙烯聚合，就有这种情况发生。

以上众多阳离子聚合终止方式往往都难以顺利进行，真正的动力学链终止反应较少。因此有“难终止”之称，但未达到完全无终止的程度。由此可见，阳离子聚合的机理特征为：快引发、快增长、易转移、难终止。动力学特征为：低温高速、高相对分子质量。

3.3.2 阴离子聚合反应

以碳阴离子为反应活性中心进行的离子型聚合反应为阴离子型聚合反应。阴离子型聚合反应通式为：

$$A^+B^- + M \longrightarrow BM^-A^+ \xrightarrow{M} \cdots \xrightarrow{M} BM_n^-A^+$$

3.3.2.1 阴离子聚合反应的单体

能用于阴离子聚合反应的单体有三类：①烯类单体（如丙烯腈、硝基乙烯、苯乙烯、丁二烯、异戊二烯等）；②羰基类化合物（如甲醛）；③含有氧、氮、硫等杂原子的环状化合物（如 ε-己内酰胺、环氧乙烷、环硫乙烷、环氧烷烃等）。

这里着重讨论烯类单体的阴离子聚合。原则上，具有吸电子基的烯类单体都能进行阴离子聚合，吸电子基会降低双键上的电子云密度，以利于阴离子进攻，同时，加成后形成的碳阴离子，也因吸电子基的诱导和共轭效应使电子云密度分散，从而使碳阴离子稳定。

事实上，具有 π-π 共轭的单体才能进行阴离子聚合，如苯乙烯、丁二烯、异戊二烯、丙烯腈、硝基乙烯、甲基丙烯酸甲酯和丙烯酸类等。另外一些单体虽有吸电子基，如氯乙烯、醋酸乙烯酯等，但这类单体的 p-π 共轭效应与诱导效应相反，减弱了双键电子云密度下降的程度，不利于阴离子聚合。

3.3.2.2 阴离子聚合反应的引发剂与引发反应

阴离子聚合引发剂是提供电子的碱性物质，即为亲核试剂。按引发机理，可分为阴离子加成引发剂（有机金属化合物）和电子转移引发剂（碱金属与碱金属-芳烃复合引发剂）两类。

（1）有机金属化合物

这类化合物主要有金属氨基化合物、金属烷基化合物与格氏试剂、金属烷氧基化合物等。其引发活性与金属电负性有关，M—C 键极性愈强，则引发剂活性愈大，愈易引发阴离子聚合。其引发机理是引发剂阴离子对烯烃双键加成引发，可用下式表示。

$$R^{\ominus}\ Me^{\oplus} + H_2C{=}\underset{\displaystyle X}{\underset{|}{CH}} \longrightarrow R{-}CH_2{-}\underset{\displaystyle X}{\underset{|}{CH^{\ominus}}}\ Me^{\oplus}$$

① 金属氨基化合物 金属氨基类引发剂是将金属放入液氨中形成的。常用的品种有氨基钾和氨基钠，KNH_2-液氨构成了高活性的阴离子引发体系。

② 金属烷基化合物与格氏试剂 工业上最广泛使用的金属烷基化合物是烷基锂，丁基锂是最常用的阴离子引发剂，其次是格氏试剂 RMgX。能否用作引发剂，需从引发活性和溶解性能两方面综合考虑。

③ 金属烷氧基化合物 甲醇钠或甲醇钾是碱金属烷氧基化合物的代表，活性较低，无法引发共轭烯烃和丙烯酸酯类聚合，多用于高活性环氧烷烃的开环阴离子聚合。

（2）碱金属

碱金属引发剂主要有锂、钠、钾等。这类引发剂是通过电子转移引发的，分为电子直接转移引发和电子间接转移引发。

① 电子直接转移引发　碱金属 M 原子最外层电子直接转移给单体或其他物质，生成单体自由基-阴离子，其自由基末端很快偶合终止，生成双阴离子，而后引发聚合。如：

$$\mathrm{Na + H_2C{=}CH(C_6H_5) \longrightarrow \overset{+}{Na}\overset{-}{C}H(C_6H_5){-}\dot{C}H_2}$$

$$\mathrm{2\,\overset{+}{Na}\overset{-}{C}H(C_6H_5){-}\dot{C}H_2 \longrightarrow \overset{+}{Na}\overset{-}{C}H(C_6H_5){-}CH_2{-}CH_2{-}\overset{-}{C}H(C_6H_5)\overset{+}{Na}}$$

碱金属一般不溶于单体和溶剂，是非均相引发体系。聚合反应在碱金属表面进行，引发剂利用率不高。

② 电子间接转移引发　采用碱金属-芳烃复合引发剂在引发聚合时，碱金属先将电子转移给中间体芳烃，生成自由基-阴离子，然后再把活性转移给单体。如萘钠在四氢呋喃中引发苯乙烯聚合。

$$\mathrm{Na + C_{10}H_8 \longrightarrow [C_{10}H_8]^{\cdot -}\cdots Na^+}\qquad \text{深绿色}$$

$$\mathrm{[C_{10}H_8]^{\cdot -}\cdots Na^+ + H_2C{=}CH(C_6H_5) \longrightarrow C_{10}H_8 + \cdot CH_2{-}\overset{-}{C}H(C_6H_5)\cdots Na^+}$$

$$\mathrm{2\,\cdot CH_2{-}\overset{-}{C}H(C_6H_5)\cdots Na^+ \longrightarrow \overset{+}{Na}\cdots \overset{-}{C}H(C_6H_5){-}CH_2{-}CH_2{-}\overset{-}{C}H(C_6H_5)\cdots Na^+}\qquad \text{橙红色}$$

（3）其他引发剂

R_3P、R_3N、ROH、H_2O 等中性亲核试剂，都有未共用的电子对，引发和增长过程中生成电荷分离的两性离子，但其引发活性很弱，只有很活泼的单体才能用它引发聚合。

值得注意的是，阴离子聚合的引发剂和单体的活性可以差别很大，两者配合得当，才能聚合。表 3-6 为阴离子聚合引发剂与单体的反应活性匹配情况。a 组引发剂活性最高，它可以引发各种单体；b 组引发剂是中强性碱，能引发极性较强的 B、C、D 组单体；c 组为弱碱，只能引发 C、D 组单体；d 组是活性最弱的碱，它只能引发活性最强的 D 组单体。

表 3-6　阴离子聚合引发剂与单体的反应活性匹配情况

引发剂（活性↑）		单体（活性↓）	
碱金属(K、Na、Li) 碱金属有机化合物 (KR、HaR、LiR)	a	A	α-甲基苯乙烯、苯乙烯 异戊二烯、丁二烯
格利雅试剂 (RMgX、t-ROLi)	b	B	甲基丙烯酸甲酯 丙烯酸甲酯
醇盐 (ROK、RONa、ROLi)	c	C	丙烯腈、甲基丙烯腈 甲基丙烯酮
吡啶、NR_3 ROR、H_2O)	d	D	硝基乙烯、偏二氰乙烯 亚甲基丙二酸二甲酯 α-氰基丙烯酸乙酯

3.3.2.3 阴离子聚合反应机理

阴离子聚合反应机理与其他连锁聚合反应一样，也分为链引发、链增长、链终止等几个基元反应。所不同的是，阴离子的稳定性高于自由基，可进行链不终止反应。以苯乙烯在氨基钾引发下的阴离子聚合反应为例，说明其反应机理。

(1) 链引发

阴离子聚合体系中，阴离子引发剂几乎定量地迅速分解成具有引发活性的正、负离子，并引发单体转变为碳阴离子：

$$2K + NH_3 \longrightarrow 2KNH_2 + H_2$$

$$KNH_2 \longrightarrow K^+ + NH_2^-$$

$$K^+ + NH_2^- + H_2C{=}\underset{\displaystyle C_6H_5}{\underset{|}{CH}} \longrightarrow NH_2CH_2{-}\underset{\displaystyle C_6H_5}{\underset{|}{CH^-}}{}^+K$$

与阳离子聚合类似，阴离子聚合引发速率相当快，一般其活化能 E_i<10kJ/mol。

(2) 链增长

$$H_2CH_2C{=}\underset{\displaystyle C_6H_5}{\underset{|}{CH^-}}{}^+K + nH_2C{=}\underset{\displaystyle C_6H_5}{\underset{|}{CH}} \longrightarrow NH_2{+}CH_2{-}\underset{\displaystyle C_6H_5}{\underset{|}{CH}}{+}_nCH_2{-}\underset{\displaystyle C_6H_5}{\underset{|}{CH^-}}{}^+K$$

（碳阴离子活性链）

与阳离子聚合相同，阴离子链增长反应也是通过单体不断插入到离子对中间完成的。阴离子聚合链增长速率与链引发速率相比，相对较慢，但与自由基聚合链增长相比，要快得多。

(3) 链终止与链转移

阴离子聚合中增长链末端的碳阴离子比碳阳离子稳定，若体系中无终止剂存在（即充分净化），阴离子活性中心将以相同的模式进行链增长，不发生链终止和链转移反应。因此，称为“活性聚合”。这时的阴离子活性长链称为活性高聚物。

阴离子聚合难终止的原因有三个：①活性链末端带有相同电荷，不能进行双基终止；②与阴离子活性中心形成离子对的反离子是金属阳离子，不能与碳阴离子形成共价键导致链终止；③从活性链脱出氢负离子（H^-）需要较高的能量，难以向单体转移并且难以进行异构化自发终止。

要使阴离子聚合终止，只能外加终止剂进行转移终止。若在体系中存在或加入水、醇、酸等质子供体，它们与活性链反应，能终止聚合反应。反应体系采用极性溶剂，也能发生链转移而使聚合反应终止。

$$\sim\!\sim Mn^{-+}Me \longrightarrow \begin{cases} \xrightarrow{H_2O} \sim\!\sim MnH + MeOH \\ \xrightarrow{HX} \sim\!\sim MnH + MeX \\ \xrightarrow{CO_2} \sim\!\sim MnCOO^{-+}Me \xrightarrow{HX} \sim\!\sim MnCOOH + MeX \\ \xrightarrow{CH_2-CH_2\ (\text{环氧乙烷})} \sim\!\sim MnCH_2CH_2O^{-+}Me \xrightarrow{HX} \sim\!\sim MnCH_2CH_2OH + MeX \\ \xrightarrow{CH_3OH} \sim\!\sim MnH + MeOCH_3 \\ \xrightarrow{COCl_2} \sim\!\sim MnCOCl + MeCl \\ \xrightarrow{OCN-R-NCO} \sim\!\sim Mn{-}\underset{\displaystyle OMe}{\underset{|}{C}}{=}N{-}R{-}NCO \xrightarrow{2H_2O} \sim\!\sim Mn{-}CO{-}NH{-}R{-}NH_2 + MeOH + CO \end{cases}$$

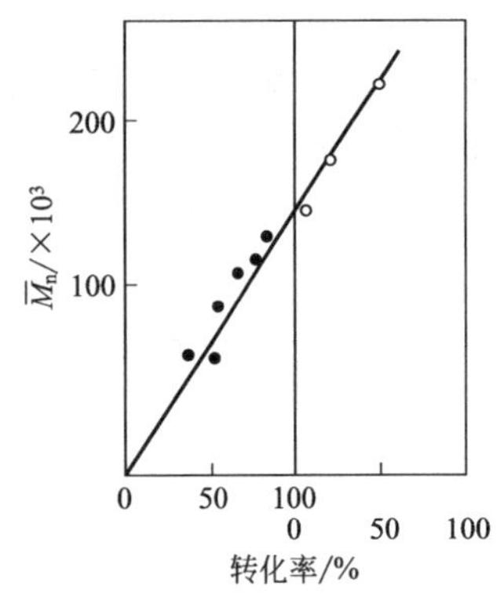

图 3-10 MMA 阴离子聚合时产物相对分子质量与转化率的影响（引发剂为 $C_4H_9[LiZn(C_2H_5)]$）

●加入的第一批单体；○加入的第二批单体

因此，阴离子聚合的机理特征是快引发、慢增长、无终止。

3.3.2.4 活性阴离子聚合的特征及其应用

（1）活性阴离子聚合的特征及其条件

活性阴离子聚合的一个重要特征就是能获得活性高聚物。即在体系中单体消耗完毕后，活性中心也不失活，若再加入新的单体，反应仍可继续，且聚合所形成的活性高聚物的相对分子质量与单体转化率呈线性关系，如图 3-10 所示。

活性阴离子聚合的另一个特征是形成的聚合物相对分子质量均一。原因是引发反应很快，当引发剂加入单体中时立即全部参加反应，然后以相同的速率进行增长，直至单体全部耗尽。

进行活性阴离子聚合必须满足如下条件：①选用的单体不易发生链转移；②反应体系中无杂质；③溶剂为惰性溶剂。

（2）活性阴离子聚合的应用

① 合成相对分子质量单一的聚合物　这是目前合成均一相对分子质量聚合物的唯一方法。其主要条件是：a. 体系中活性链不发生链终止和链转移；b. 引发剂全部同时转为活性中心；c. 反应体系内各组分浓度与温度均匀；d. 无明显链解聚反应发生。

② 制备嵌段聚合物　利用活性阴离子聚合，有计划地分批加入不同类型的单体，即可获得结构与组分明确的嵌段共聚物。如热塑性弹性体 SBS 的工业制备。其制备过程如下：

$$nS \xrightarrow{RLi} S_n^- \xrightarrow{mB} S_nB_m^- \xrightarrow{iS} S_nB_mS_i^-$$

然后，采用一定办法使 $S_nB_mS_i^-$ 失去活性即得到 SBS 嵌段共聚物。

③ 制备带有特殊官能团的遥爪聚合物　活性聚合结束，加入 CO_2、CH_2CH_2O 或 OCNRNCO 进行反应，形成带有羧基、羟基、氨基等端基的聚合物。如果是双阴离子引发，则大分子两端都有这些端基，就成为遥爪聚合物。

3.3.3 配位聚合反应

配位聚合是在络合物引发剂作用下进行的聚合反应，聚合时单体与带有非金属配位体的过渡金属活性中心先进行“配位化合”，构成配位体后使单体活化，进而按离子型聚合机理进行增长反应，最后得到反应产物。因此又称配位离子聚合。

配位聚合是在 1953～1954 年出现了齐格勒-纳塔（Ziegler-Natta）引发剂而开创的一个新的研究领域。近 60 年来，配位聚合理论研究取得了重大进展。如今使用齐格勒-纳塔引发体系可以随意控制聚合物的立构规整性，引发活性大大提高；人们发明了许多新的可得到高规整性产物的高效引发剂，还能使不少难以聚合的烯烃聚合成立构规整性高聚物，并实现了工业化。

3.3.3.1 高分子的立体异构与定向聚合

（1）高分子的立体异构与有规立构高聚物

高分子的立体异构是由高分子链中的原子或取代基的不同空间排布而产生的不同构型。高分子的构型分两种：由高分子链中手性中心碳原子（C*）上的原子或取代基的不同空间排布而产生的立体异构，称为光学异构；由高分子链中双键上的原子或取代基的空间排列不同而产生的顺反异构，称为几何异构。

① 高分子的光学异构　在烯烃聚合反应中，只要双键碳原子上有一个取代基，聚合产物分子中便存在多个不对称碳原子（或手性碳原子），产生光学异构。连接有 4 个不同原子或基团的碳原子称不对称碳原子或称手性碳原子，用 C* 表示。

在结晶聚丙烯高分子链中，含有多个 C*，每个 C* 都是一个立构中心，它与 4 个不同的基团相连，即 H、CH_3 和两个不同链长的高分子链。这类不对称碳原子常称为假手性中心碳原子（因无旋光性）。

如果假想有一个平面切割聚丙烯链，则 CH_3 和 H 可能有下列三种情况（图 3-11）。

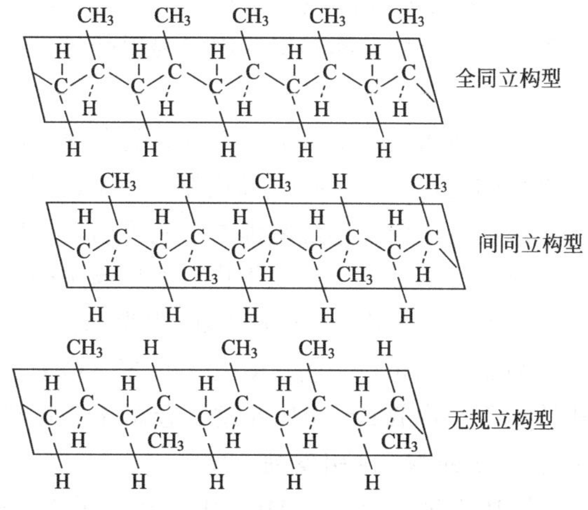

图 3-11　聚丙烯的三种立体异构示意图

a. 全同立构　甲基全在主链平面的一方，即具有—RRRRRR—或—SSSSSS—构型。含有全同立构的高聚物称全同立构高聚物或等规高聚物。

b. 间同立构　甲基交替出现在主链平面的上下方，即具有—RSRSRS—构型。含有间同立构的高聚物称间同立构高聚物或间规高聚物。

c. 无规立构　甲基与氢没有规律地出现在主链平面的上下方。含有无规立构的高聚物称无规高聚物。

② 高分子的几何异构　高聚物的几何异构是由高分子链中双键或环上的取代基在空间排布方式不同引起的立体异构现象。如丁二烯单体进行 1,4-聚合反应，可以产生顺式聚 1,4-丁二烯或反式聚 1,4-丁二烯。其构型如图 3-12 所示。

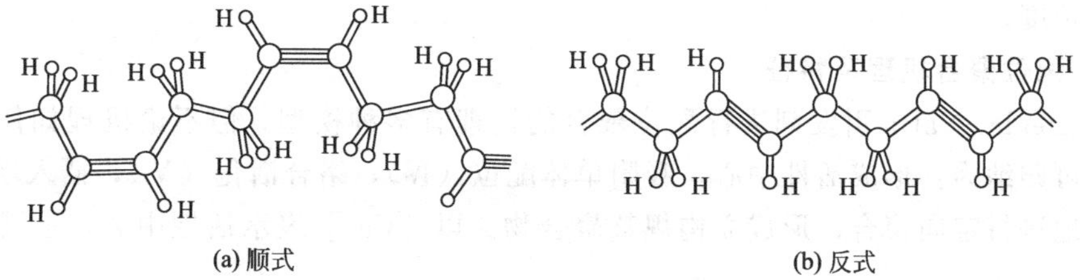

(a) 顺式　　(b) 反式

图 3-12　聚 1,4-丁二烯的两种构型

全同立构或间同立构高聚物、高顺式或高反式高聚物以及长段全 R 与长段全 S 构型组成的嵌段高聚物，统称为有规立构高聚物。

（2）定向聚合

凡能形成有规立构高聚物为主的聚合反应都称为定向聚合或有规立构聚合。

必须指出，配位聚合早先是用来合成那些立构规整性高分子的，故常称配位定向聚合。现在，通过不同聚合类型（包括自由基、离子型聚合）在适当条件下，也能获得立构规整性高聚物，因此“定向聚合”已有明确概念。当然，配位聚合仍是实现定向聚合的主要方法。

3.3.3.2 配位聚合反应单体与引发剂

（1）单体

可以进行配位聚合的单体有许多，包括非极性单体和极性单体。非极性单体有：乙烯、丙烯、1-丁烯、4-甲基-1-戊烯、乙烯基环己烷、苯乙烯、共轭双烯烃、炔烃、环烯烃等。极性单体有：醋酸乙烯酯、氯乙烯、丙烯酸酯和甲基丙烯酸甲酯等。具体参见表 3-1。

（2）引发剂

目前配位聚合的引发剂有下列四类。①Ziegler-Natta 引发剂。此类引发剂数量最多，可用于 α-烯烃、二烯烃、环烯烃的定向聚合。②π-烯丙基镍（π-C_3H_5NiX）。此类引发剂限用于共轭二烯烃聚合，不能使 α-烯烃聚合。③烷基锂类。它可引发共轭二烯烃和部分极性单体的定向聚合。④茂金属引发剂。这是 20 世纪 80 年代后发展起来的新型引发剂，可用于多种烯烃的聚合，包括氯乙烯。以下着重讨论 Ziegler-Natta 引发剂。

典型的 Ziegler-Natta 引发剂由 $TiCl_4$（或 $TiCl_3$）和 $Al(C_2H_5)_3$ 组成，后来发展为一大类引发剂的统称。一般情况下，由ⅣB～ⅧB 族过渡金属化合物和ⅠA～ⅢA 族金属烷基化合物组成的引发剂泛称为 Ziegler-Natta 引发剂。

① 主引发剂　为ⅣB～ⅧB 族过渡金属（Mt）化合物。用于 α-烯烃的配位聚合的主引发剂组分主要有 Ti、V、Mo、Zr、Cr 的卤化物 MtX_n（X＝Cl、Br、I）、氧氯化物 $MtOCl_n$、乙酰丙酮物 $Mt(acac)_n$、环戊二烯基（Cp）金属氯化物 Cp_2TiCl_2 等，其中最常用的是 $TiCl_3$（有 α、γ、δ 和 β 四种晶型，α、γ、δ 型对丙烯的等规聚合更有效）；$MoCl_5$ 和 WCl_6 组分专用于环烯烃的开环聚合；Co、Ni、Ru、Rh 等的卤化物或羧酸盐组分主要用于二烯烃的定向聚合。

② 共引发剂　为ⅠA～ⅢA 族金属烷基化合物。如 AlR_3、LiR、MgR_2、ZnR_2 等，式中 R 为烷基或环烷基。其中有机铝用得最多，如 $AlR_{3-n}Cl_n$、AlH_nR_{3-n}，一般 $n=0\sim1$，最常用的有 $Al(C_2H_5)_3$、$Al(C_2H_5)_2Cl$、倍半乙基铝［$Al(C_2H_5)_2Cl\cdot Al(C_2H_5)Cl_2$］、$Al(i\text{-}C_4H_9)_3$ 等。

在以上两组分的基础上，进一步添加给电子体（第三组分）和负载，可以提高引发活性和产物等规度。

3.3.3.3 配位聚合机理及特征

采用 Ziegler-Natta 引发剂进行配位聚合的机理有多种模型。但不论机理如何，配位聚合过程都可归纳为：形成活性中心，吸附单体配位（Ⅳ），络合活化（Ⅴ），插入增长（Ⅵ），类似模板地进行定向聚合，形成立构规整聚合物。以［Cat］表示活性中心，上述过程可示意如下。

单体与引发剂的配位化合能力和加成方向，取决于它们的电子效应和空间位阻效应等结构因素。极性单体配位能力较强，配位化合程度较高，只要它不破坏引发剂，就容易得到立构规整度高的聚合物。非极性的乙烯、丙烯及其他烯烃，配位程度较低，因此要采用立构规

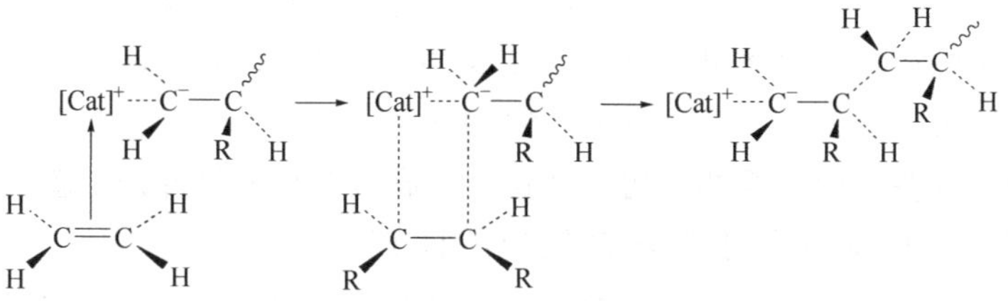

(Ⅳ) (Ⅴ) (Ⅵ)

整性效果极强的引发剂才能获得高立构规整性聚合物。

下面以合成聚丙烯用 $TiCl_3$-$Al(C_2H_5)_3$ 体系作引发剂的聚合反应为例，具体说明配位聚合机理特征，纳塔认为聚丙烯配位聚合是属于配位阴离子聚合反应。其配合聚合的特征可归纳为：①通常为非均相反应；②引发剂配位络合形成金属-碳键，单体定向插入金属-碳键中间；③活性链寿命很长，且无支链产生。其聚合过程包括链引发、链增长、链终止三个基本步骤（以［Cat］R 表示配位聚合的引发剂）。

（1）链引发

单体分子被配位络合引发剂吸附或配位，双键极化，单体分子插入金属-碳键之间。

$$[Cat]^{\oplus}—R^{\ominus}+H_2C=\underset{\displaystyle CH_3}{\underset{|}{CH}} \longrightarrow [Cat]^{\oplus}—^{\ominus}CH_2—\underset{\displaystyle CH_3}{\underset{|}{CH}}—R$$

（2）链增长

单体分子始终以相同方式不断插入金属-碳键之间。

$$[Cat]^{\oplus}—^{\ominus}CH_2—\underset{\displaystyle CH_3}{\underset{|}{CH}}—R+nH_2C=\underset{\displaystyle CH_3}{\underset{|}{CH}} \longrightarrow [Cat]^{\oplus}—^{\ominus}CH_2—\underset{\displaystyle CH_3}{\underset{|}{CH}}\!\left[CH_2—\underset{\displaystyle CH_3}{\underset{|}{CH}}\right]_n$$

（3）链终止

链终止按下列几种方式进行。

① 向共引发剂转移终止

$$[Cat]^{\oplus}—^{\ominus}CH_2—\underset{\displaystyle CH_3}{\underset{|}{CH}}\sim\sim\sim+AlR_3 \longrightarrow [Cat]—R+R_2Al—H_2C—\overset{\displaystyle H}{\overset{|}{\underset{\displaystyle CH_3}{\underset{|}{C}}}}\sim\sim\sim$$

② 向单体转移终止

$$[Cat]^{\oplus}—^{\ominus}CH_2—\underset{\displaystyle CH_3}{\underset{|}{CH}}\sim\sim\sim+H_2C=\underset{\displaystyle CH_3}{\underset{|}{CH}} \longrightarrow [Cat]^{\oplus}—^{\ominus}CH_2—\underset{\displaystyle CH_3}{\underset{|}{CH_2}}+H_2C=\underset{\displaystyle CH_3}{\underset{|}{C}}\sim\sim\sim$$

①、②中生成的络合物［Cat］R 和［Cat］$CH_2CH_2CH_3$ 可继续与单体反应。

③ 自发终止

$$[Cat]^{\oplus}—^{\ominus}CH_2—\underset{\displaystyle CH_3}{\underset{|}{CH}}\sim\sim\sim \longrightarrow [Cat]—H+H_2C=\underset{\displaystyle CH_3}{\underset{|}{C}}\sim\sim\sim$$

［Cat］H 再与单体反应生成络合物［Cat］$CH_2CH_2CH_3$ 后，可继续发生聚合反应。

④ 向氢气转移终止 上述三种终止方式均较难进行。工业上为了调节高聚物相对分子质量，常常在反应体系中加入 H_2，进行氢解终止。

$$[Cat]^{\oplus}—^{\ominus}CH_2—\underset{\displaystyle CH_3}{\underset{|}{CH}}\sim\sim\sim+H_2 \longrightarrow [Cat]—H+H_3C—\overset{\displaystyle H}{\overset{|}{\underset{\displaystyle CH_3}{\underset{|}{C}}}}\sim\sim\sim$$

由于配位聚合反应中没有向大分子转移，因而所得到的是密度大、结晶度高、基本无支链的高聚物。由于配位聚合链终止难以进行，故其活性链寿命很长，可长达几分钟到几小时，因此，一方面可得到相对分子质量很高的聚合物；另一方面可将此活性链看成是活性聚合物，由此可用来制备立构嵌段共聚物，这就为合成新型高聚物开辟了新的途径。

3.3.4 自由基聚合反应与离子型聚合反应的比较

自由基聚合和离子型聚合同属连锁聚合，但由于活性中心的不同，聚合过程具有不同特征，现比较如下（表 3-7）。

表 3-7 离子聚合反应与自由基聚合的比较

<table>
<tr><th>比较项目</th><th>阳离子聚合</th><th>阴离子聚合</th><th>配位聚合</th><th>自由基聚合</th></tr>
<tr><td rowspan="3">单体</td><td>$H_2C=CHX$,X 为推电子基</td><td>$H_2C=CHX$,X 为强吸电子基</td><td>极性及非极性的烯类单体</td><td>$H_2C=CHX$,X 为弱吸电子基</td></tr>
<tr><td colspan="4">共轭类烯烃</td></tr>
<tr><td colspan="2">含 C、O、N、S 等杂环化合物</td><td></td><td></td></tr>
<tr><td rowspan="3">引发剂</td><td>亲电试剂
含氢酸、路易斯酸(加助引发剂)</td><td>亲核试剂
碱金属、金属有机化合物、碱</td><td>Ziegler-Natta 引发剂、π-烯丙基镍、烷基锂类、茂金属引发剂</td><td>偶氮类、有机过氧化物类、无机过氧化物、氧化还原引发体系</td></tr>
<tr><td colspan="2">光、热、辐射也可以引发</td><td></td><td>光、热、辐射也可以引发</td></tr>
<tr><td colspan="3">从聚合反应开始到结束都有影响(R_p、X_n、产物结构规整性)</td><td>只影响链引发(R_i)</td></tr>
<tr><td>活性中心</td><td>碳正离子</td><td>碳负离子</td><td>金属配位离子</td><td>自由基</td></tr>
<tr><td>链增长方式</td><td colspan="2">严格按头尾连接</td><td>单体定向插入金属-碳键之间</td><td>以头尾连接为主,其他少量</td></tr>
<tr><td rowspan="2">主要链终止方式</td><td>向单体和溶剂转移终止</td><td>正常情况无链终止,活性聚合</td><td>外加链终止剂转移终止</td><td rowspan="2">双基终止,链转移终止</td></tr>
<tr><td colspan="3">无双基终止</td></tr>
<tr><td rowspan="2">机理特征</td><td colspan="4">均属于连锁聚合机理</td></tr>
<tr><td>快引发、快增长、难终止、易转移</td><td>快引发、慢增长、无终止</td><td></td><td>慢引发、快增长、有终止、易转移</td></tr>
<tr><td>聚合温度</td><td>0℃以下～－100℃</td><td>0℃以下或室温</td><td>低温～80℃</td><td>通常在 50～80℃</td></tr>
<tr><td rowspan="3">溶剂</td><td>弱极性溶剂,如氯甲烷、二氯甲烷等氯代烃</td><td>从非极性到极性有机溶剂</td><td>采用惰性烃类溶剂</td><td>有机溶剂、水均可以使用</td></tr>
<tr><td colspan="4">水及含质子的化合物不能用作溶剂</td></tr>
<tr><td colspan="3">溶剂的极性对 R_p、X_n、规整性影响极大</td><td>仅对引发剂的诱导分解与链转移产生影响</td></tr>
<tr><td>阻聚剂</td><td>亲核试剂,水、醇、酸、醚、酯、苯醌、胺类等</td><td>亲电试剂,水、醇、酸等含活泼氢物质及苯胺、氧、CO_2 等</td><td>H_2O、H_2、O_2、CO 等无机物和醇、亲电试剂等能使络合引发剂中毒的有机物</td><td>生成稳定自由基与化合物的试剂,对苯二酚、苯醌、芳胺、硝基苯、DPPH 等</td></tr>
<tr><td>聚合实施方法</td><td colspan="3">本体聚合、溶液聚合</td><td>本体、溶液、悬浮、乳液</td></tr>
</table>

3.4 共聚合反应

3.4.1 概述

由一种单体进行的聚合反应称为均聚合，得到的聚合物链只由一种单体单元组成，称为均聚物。由两种或两种以上单体共同参加的聚合反应称共聚合反应，得到的聚合物大分子链中包含不同的单体单元，称作共聚物。

根据参加共聚合反应的单体种类多少，可将共聚合反应分为：只有两种单体参与反应的二元共聚反应和由三种以上单体参与反应的多元共聚反应。也可按照增长活性中心的不同，将共聚合反应分为：自由基共聚合、离子共聚合和共缩聚反应。对于自由基共聚合，特别是二元共聚的理论研究比较成熟，以下将予以重点介绍。

3.4.1.1　研究共聚合反应的意义

首先，通过共聚合反应扩大了单体的使用范围，由此合成了许多新型聚合物，显著增加了聚合物的品种。均聚物的种类有限，例如几十种单体分别均聚，只能得到相同数目的均聚物；假如将这几十种单体相互之间进行共聚，则可以得到几百到几千种二元共聚物。有些单体自身难以聚合，却能和其他单体进行共聚合。如顺丁烯二酸酐和反二苯基乙烯，这两种单体都不能进行均聚形成聚合物，若将它们放在一起共聚合，可以得到组成比为 1∶1 的共聚物。

其次，通过共聚合可改变聚合物的组成与结构，进而改进聚合物的诸多性能，如力学性能、热性能、电性能、染色性能及表面性能等。例如，普通聚苯乙烯塑料性脆、耐冲击强度低，故实用意义不大；若采用丙烯腈与之共聚，形成的共聚物不仅具有较高的耐冲击强度，而且保持了聚苯乙烯透明和易加工的优点，是一种增韧塑料。又如聚甲基丙烯酸甲酯具有良好的透光度和光泽度，并且具有较高的耐冲击强度，但因其熔融时黏度大、流动性差，所以加工成型比较困难；当采用苯乙烯与之共聚时，则可以显著改善其流动性能和加工性能，成为用途广泛的塑料。另外，如果将苯乙烯-丙烯腈共聚物作支链接在丁二烯主链上，可以得到三元共聚物 ABS 树脂，它的综合性能好，具有良好的韧性和表面强度。若将 ABS 树脂中的苯乙烯部分地用 α-甲基苯乙烯代替，得到的四元共聚物还具有很高的耐高温性能。

理论上，通过共聚合反应研究，可以测定单体、自由基、碳阳离子和碳阴离子的相对活性，进而了解单体结构与反应能力的关系，控制共聚物组成和结构，预测合成新型聚合物的可能性。

3.4.1.2　共聚物的类型和命名

(1) 共聚物的类型

以二元共聚为例，根据两种单体单元在共聚物大分子链中的相对数量及排列方式，可将共聚物划分为以下四种类型。

① 无规共聚物　用 M_1 代表第一种单体单元，M_2 代表第二种单体单元，两种单体单元在共聚物大分子链中无规排列，各自连续的单元数从一到数十不等，并按一定的概率分布。其结构为：

$$\sim\sim\sim M_1M_2M_2M_1M_2M_1M_1M_2M_2M_2\sim\sim\sim$$

自由基共聚一般属于这种类型，例如，甲基丙烯酸甲酯-苯乙烯共聚物。

② 交替共聚物　两种单体单元在共聚物大分子链中有规则地交替排列。其结构为：

$$\sim\sim\sim M_1M_2M_1M_2M_1M_2M_1M_2M_1M_2\sim\sim\sim$$

例如，苯乙烯顺丁烯二酸酐共聚物就属于这种类型。

③ 嵌段共聚物　共聚物链由较长的 M_1 单元链段和另一个较长的 M_2 单元链段连接构成，且每种链段中单体单元数为几百到几千。其结构为：

$$\sim\sim\sim M_1M_1M_1\sim\sim\sim M_1M_1M_1M_1M_2M_2M_2M_2\sim\sim\sim M_2M_2M_2\sim\sim\sim$$

例如，丁二烯-苯乙烯嵌段共聚物，称作 AB 型嵌段共聚物；苯乙烯-丁二烯-苯乙烯三嵌段共聚物称作 ABA 型嵌段共聚物；另外还有 $(AB)_n$ 型嵌段共聚物。

④ 接枝共聚物　在共聚物大分子链中由 M_1 单元构成主链，将 M_2 单元组成的支链接在主链上，这样形成的共聚物称为接枝共聚物。其结构为：

$$
\begin{array}{c}
\qquad\qquad\qquad M_2M_2\sim\sim M_2M_2 \qquad\qquad\qquad M_2M_2\sim\sim M_2M_2 \\
\sim\sim M_1M_1M_1\sim\sim M_1M_1M_1\sim\sim M_1M_1M_1\sim\sim M_1M_1M_1\sim\sim \\
M_2M_2\sim\sim M_2 \qquad\qquad\qquad\qquad\qquad\qquad
\end{array}
$$

例如，聚丁二烯接枝苯乙烯共聚物（抗冲聚苯乙烯）。

在上述四种类型的共聚物中，嵌段和接枝共聚物需要采用特殊方法合成，无规和交替共聚物可以由自由基共聚合反应制备，本章将详细讨论这两类共聚物。

（2）共聚物的命名

共聚物的命名是将共聚单体名称之间以短划线相连，并在前冠以“聚”字。如聚苯乙烯-丁二烯，聚丙烯腈-丁二烯-苯乙烯等；或者在共聚单体名称后面加共聚物两字，如甲聚丙烯酸甲酯-苯乙烯共聚物，丙烯腈-丁二烯-苯乙烯共聚物等。为了表明共聚物的类型，国际命名法中在两单体名称之间插入符号-*co*-、-*alt*-、-*b*-、-*g*-，分别代表无规、交替、嵌段、接枝四种类型的共聚物。例如聚丙烯腈-*g*-醋酸乙烯酯，表示两种单体的接枝共聚物。另外，无规共聚物名称中前一单体为主单体，后面的单体为第二单体；嵌段共聚物名称中的前后单体表示单体共聚合时的先后次序；接枝共聚物名称中前一单体构成主链，后一单体为支链。

3.4.2 共聚物组成与竞聚率

在共聚反应中，共聚物组成及其分布是需要解决的核心问题。首先，两种单体共聚时，共聚物组成与单体配料组成常常不同。例如氯乙烯与醋酸乙烯酯共聚时，原料中氯乙烯单体的含量为 85%（质量分数），反应初期共聚物的瞬时组成氯乙烯的含量却高达 91%（质量分数）左右；其次，在共聚过程中，共聚物组成一般随转化率而变化，反应前后期共聚物组成并不相同。前例中，氯乙烯在共聚物中的瞬时含量随转化率增大而逐渐降低。因此，共聚合反应中特别要控制的指标是共聚物组成及其分布。

3.4.2.1 共聚物组成方程与竞聚率

（1）自由基共聚机理

自由基共聚机理和均聚反应机理基本相同，聚合过程也包括链引发、链增长和链终止等基元反应。对于自由基二元共聚合反应，其机理包括两种引发、四种增长和三种终止反应。以 M_1、M_2 分别代表两种单体，$\sim\sim M_1\cdot$、$\sim\sim M_2\cdot$ 代表两种链自由基，它们的末端单体单元分别为 M_1 和 M_2，反应机理及反应速率方程式如下。

① 链引发

$$R\cdot + M_1 \xrightarrow{k_{i_1}} RM_1\cdot$$

$$R\cdot + M_2 \xrightarrow{k_{i_2}} RM_2\cdot$$

式中，k_{i_1} 和 k_{i_2} 分别代表初级自由基引发单体 M_1、M_2 的速率常数。

② 链增长

$$\sim\sim M_1\cdot + M_1 \xrightarrow{k_{11}} \sim\sim M_1\cdot \qquad R_{11}=k_{11}[M_1\cdot][M_1] \tag{3-23}$$

$$\sim\sim M_1\cdot + M_2 \xrightarrow{k_{12}} \sim\sim M_2\cdot \qquad R_{12}=k_{12}[M_1\cdot][M_2] \tag{3-24}$$

$$\sim\sim\sim M_2\cdot + M_1 \xrightarrow{k_{21}} \sim\sim\sim M_1\cdot \qquad R_{21}=k_{21}[M_2\cdot][M_1] \tag{3-25}$$

$$\sim\sim\sim M_2\cdot + M_2 \xrightarrow{k_{22}} \sim\sim\sim M_2\cdot \qquad R_{22}=k_{22}[M_2\cdot][M_2] \tag{3-26}$$

式中，k_{ij}、R_{ij} 分别代表自由基 M_i 和单体 M_j 反应的增长速率常数及增长速率，$[M_i\cdot]$ 和 $[M_j]$ 分别代表自由基 $M_i\cdot$ 和单体 M_j 的物质的量的浓度。

③ 链终止

$$\sim\sim\sim M_1\cdot + \cdot M_1\sim\sim\sim \xrightarrow{k_{t11}} \sim\sim\sim M_1M_1\sim\sim\sim \qquad (\text{自终止})$$

$$\sim\sim\sim M_1\cdot + \cdot M_2\sim\sim\sim \xrightarrow{k_{t12}} \sim\sim\sim M_1M_2\sim\sim\sim \qquad (\text{交叉终止})$$

$$\sim\sim\sim M_2\cdot + \cdot M_2\sim\sim\sim \xrightarrow{k_{t22}} \sim\sim\sim M_2M_2\sim\sim\sim \qquad (\text{自终止})$$

式中，$k_{t_{ij}}$ 代表自由基 $M_i\cdot$ 和自由基 $M_j\cdot$ 的终止速率常数。

(2) 自由基共聚组成方程

共聚物组成方程是描述共聚物组成与单体混合物（原料）组成间的定量关系。采用动力学方法处理时，必须作出与均聚反应类似的四个基本假定。

① 等活性假定　即链自由基的反应活性与链长无关。

② 无前末端效应假定　即链自由基的反应活性只取决于末端单体单元的结构，与前末端单体单元结构无关。

③ 大分子假定　即共聚物聚合度很大，也就是说，共聚单体主要消耗在链增长反应中，引发和终止反应对共聚物组成的影响忽略不计。

④ 稳态假定　即链自由基活性中心的总浓度以及各类活性中心的浓度都不随反应时间而变化。

根据假定③，M_1 和 M_2 的消失速率或进入共聚物链的速率仅取决于链增长速率。

$$-\frac{d[M_1]}{dt}=R_{11}+R_{21}=k_{11}[M_1\cdot][M_1]+k_{21}[M_2\cdot][M_1] \tag{3-27}$$

$$-\frac{d[M_2]}{dt}=R_{12}+R_{22}=k_{12}[M_1\cdot][M_2]+k_{22}[M_2\cdot][M_2] \tag{3-28}$$

两单体消耗速率之比等于进入共聚物的摩尔比（n_1/n_2）。

$$\frac{n_1}{n_2}=\frac{d[M_1]}{d[M_2]}=\frac{k_{11}[M_1\cdot][M_1]+k_{21}[M_2\cdot][M_1]}{k_{12}[M_1\cdot][M_2]+k_{22}[M_2\cdot][M_2]} \tag{3-29}$$

由假定④可知：$M_1\cdot$、$M_2\cdot$ 的链引发速率分别等于各自的链终止速率，且 M_1 自由基转变为 M_2 的速率也相等，即

$$k_{12}[M_1\cdot][M_2]=k_{21}[M_2\cdot][M_1] \tag{3-30}$$

将式 (3-30) 代入式 (3-29)，消去自由基浓度项，令 $r_1=k_{11}/k_{12}$，$r_2=k_{22}/k_{21}$，表示均聚链增长速率常数和共聚链增长速率常数之比，称为竞聚率，以表征两单体的相对活性。经简化可得到最基本的共聚物组成微分方程。

$$\frac{d[M_1]}{d[M_2]}=\frac{[M_1]}{[M_2]}\times\frac{r_1[M_1]+[M_2]}{r_2[M_2]+[M_1]} \tag{3-31}$$

上式用摩尔比表示了共聚物瞬时组成与单体组成间的定量关系。为了应用方便起见，常用摩尔分数或质量浓度代替摩尔比来表示共聚物组成方程。

令 f_1 表示某瞬间单体 M_1 占单体混合物的摩尔分数，F_1 表示同一瞬间共聚物中 M_1 单体单元所占的摩尔分数，则有：

$$f_1=1-f_2=\frac{[M_1]}{[M_1]+[M_2]},\quad F_1=1-F_2=\frac{d[M_1]}{d[M_1]+d[M_2]}$$

式（3-31）可化为以摩尔分数表示的共聚物组成方程。

$$F_1=\frac{r_1 f_1^2+f_1 f_2}{r_1 f_1^2+2 f_1 f_2+r_2 f_2^2} \tag{3-32}$$

若以［W_1］和［W_2］代表某瞬间原料单体混合物中两种单体的质量浓度，$d[W_1]/d[W_2]$ 代表在此瞬间进入共聚物链的两种单体单元的质量比，则以质量浓度表示的共聚物组成方程为：

$$\frac{d[W_1]}{d[W_2]}=\frac{[W_1]}{[W_2]}\times\frac{r_1 K[W_1]+[W_2]}{r_2[W_2]+K[W_1]} \tag{3-33}$$

式中，K 为两种单体相对分子质量之比，$K=M_2'/M_1'$。

（3）竞聚率的意义

竞聚率 r_1 和 r_2 是表征单体 M_1 和 M_2 进入共聚物链的能力大小的参数。以 r_1 为例，具体讨论竞聚率的意义。

当 $r_1>1$，即 $k_{11}>k_{12}$，则表示链自由基 ～～M_1· 加上同种单体 M_1 的倾向大于加上异种单体 M_2 的倾向，即单体 M_1 自聚倾向大于共聚倾向；

当 $r_1<1$，即 $k_{12}>k_{11}$，则表示链自由基 ～～M_1· 更易于加上异种单体 M_2，即单体 M_1 共聚倾向大于自聚倾向；

当 $r_1=1$，即 $k_{11}=k_{12}$，则表示链自由基 ～～M_1· 加上两种单体 M_1、M_2 的难易程度相同，即单体 M_1 共聚能力与自聚能力相同。

当 $r_1=0$，即 $k_{11}=0$，而 $k_{12}\neq0$，则表示链自由基 ～～M_1· 只能与异种单体 M_2 加成，而不能与同种单体 M_1 加成，即单体 M_1 只能共聚而不能自聚。

当 $r_1=\infty$，即 $k_{11}\neq0$，而 $k_{12}=0$，则表示链自由基 ～～M_1· 只能与同种单体 M_1 加成，而不能与异种单体 M_2 加成，即单体 M_1 只能自聚而不能共聚。

由此可见，不仅可以根据竞聚率计算共聚物组成，还可以根据一对单体竞聚率值的大小来直观估计这对单体能否共聚或共聚倾向的大小，竞聚率是单体共聚反应的重要数据。常见单体的竞聚率可从有关手册中查到。表 3-8 列出了常见单体二元共聚的竞聚率。

3.4.2.2 共聚物组成曲线

共聚物组成方程是共聚物瞬时组成与单体组成之间的函数关系式，当以 f_1 为横坐标、F_1 为纵坐标作图时，所得到的 F_1-f_1 曲线称为共聚物组成曲线。通过共聚物组成曲线可以形象地显示瞬时共聚物中两种单体单元比随单体组成变化而变化的关系。根据竞聚率数值的不同，可将共聚物组成曲线分为几种不同类型。

（1）交替共聚（$r_1 r_2=0$）

$r_1 r_2=0$ 时，两种单体的共聚合为交替共聚。

① $r_1=r_2=0$　即为极端情况，表明两种链自由基只能加上异种单体，即两种单体只能共聚，不能均聚。在交替共聚物中两个单体单元交替排列严格相间，这时，共聚物组成方程变为：

$$\frac{d[M_1]}{d[M_2]}=1 \text{ 或 } F_1=0.5$$

说明不管单体组成怎样变化，共聚物中 M_1、M_2 单体单元各占 50%，并且不随反应进行而改变，形成交替共聚物。其 F_1-f_1 曲线为图 3-13 中的水平线 1。

表 3-8　常见单体二元共聚的竞聚率

单体 1	单体 2	r_1	r_2	r_1r_2	温度/℃	单体 1	单体 2	r_1	r_2	r_1r_2	温度/℃
丁二烯	异戊二烯	0.75	0.85	0.64	5	苯乙烯	异戊二烯	0.80	1.68	1.344	50
	苯乙烯	1.39	0.78	1.08	60		丙烯酸	0.15	0.25	0.0375	50
	丙烯腈	0.3	0.02	0.006	40		丙烯腈	0.40	0.04	0.016	60
	甲基丙烯酸甲酯	0.75	0.25	0.188	90		丙烯酸甲酯	0.75	0.20	0.15	60
	氯乙烯	8.8	0.035	0.308	50		甲基丙烯酸甲酯	0.52	0.46	0.239	60
丙烯腈	丙烯酸	0.35	1.15	0.4025	50		醋酸乙烯酯	55	0.01	0.55	60
	丙烯酸甲酯	1.40	0.95	1.33	60		氯乙烯	17	0.02	0.34	60
	甲基丙烯酸甲酯	0.15	1.20	0.18	60		偏二氯乙烯	1.85	0.085	0.157	60
	甲基乙烯基酮	0.61	1.78	1.086	60		二乙烯基醚	40	0.002	0.08	60
	醋酸乙烯酯	6	0.02	0.12	60	氯乙烯	丙烯酸甲酯	0.12	4.4	0.528	50
	氯乙烯	2.7	0.04	0.108	60		醋酸乙烯酯	1.68	0.23	0.386	60
	偏二氯乙烯	1.20	0.49	0.588	45		甲基乙烯酮	0.29	0.34	0.101	60
甲基丙烯酸甲酯	丙烯酸	1.86	0.24	0.446	50		偏二氯乙烯	0.3	3.2	0.96	60
	丙烯酸甲酯	1.99	0.33	0.657	65		乙烯基异丁基酮	2.0	0.2	0.4	50
	醋酸乙烯酯	26.0	0.03	0.78	60	醋酸乙烯酯	丙烯酸甲酯	0.1	9	0.9	60
	氯乙烯	12.5	0	0	60		偏二氯乙烯	0	3.6	0	60
	二乙烯基醚	10	0.006	0.06	60	顺丁烯二酸酐	苯乙烯	0	0.01	0	60
	偏二氯乙烯	2.53	0.2	0.506	60		丙烯腈	0	6	0	60
反丁烯二酸二乙酯	苯乙烯	0.7	0.3	0.21	60		甲基丙烯酸甲酯	0.03	3.5	0.105	60
	醋酸乙烯酯	0.444	0.011	0.0049	60		氯乙烯	0.008	0.296	0.002	60
	氯乙烯	0.47	0.12	0.0564	60		醋酸乙烯酯	0.003	0.055	0.00016	75
四氟乙烯	三氟氯乙烯	1.0	1.0	1	60						

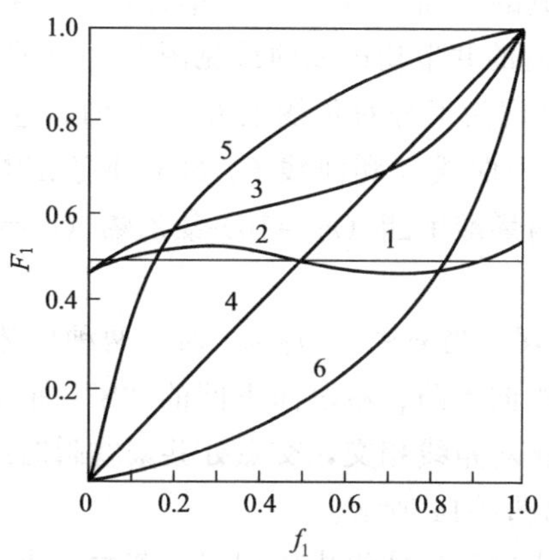

图 3-13　交替及理想共聚组成曲线

1—$r_1=r_2=0$；2—$r_1=0.01$，$r_2=0.01$；3—$r_1=0.5$，$r_2=0$；

4—$r_1=r_2=1$；5—$r_1=5$，$r_2=0.2$；6—$r_1=0.2$，$r_2=5$

② $r_1 \to 0$、$r_2 \to 0$（或 $r_1 \to 0$、$r_2 = 0$，$r_1 = 0$、$r_2 \to 0$） 此类情况类似于极端情况 $r_1 = r_2 = 0$，两种单体只能共聚，很难均聚。其共聚物组成方程变为：

$$\frac{d[M_1]}{d[M_2]} \approx 1 \text{ 或 } F_1 \approx 0.5$$

表明共聚合反应基本上形成交替共聚物，如 60℃下苯乙烯（$r_1 = 0.01$）-顺丁烯二酸酐（$r_2 = 0$）的共聚，其 F_1-f_1 曲线为图 3-13 中的 2。

③ $r_1 \neq 0$、$r_2 = 0$ 表明链自由基～～M_2·只能加上单体 M_1，而不能与单体 M_2 反应，这时，共聚物组成方程为：

$$\frac{d[M_1]}{d[M_2]} = 1 + r_1 \frac{[M_1]}{[M_2]} \text{ 或 } F_1 = \frac{r_1 f_1 + f_2}{r_1 f_1 + 2f_2}$$

当 M_2 过量很多，即 f_1 比较小，且 $r_1 < 1$ 时，则 $r_1 f_1$ 值很小，可忽略不计，上两式可简化成：$\frac{d[M_1]}{d[M_2]} \approx 1$ 或 $F_1 \approx 0.5$，即回归至②的情景，表明此时共聚合反应接近形成交替共聚物。若单体 M_1 和 M_2 的量相差不多时，则 $F_1 > 0.5$，如图 3-13 中曲线 3。60℃下甲基丙烯酸甲酯（$r_1 = 12.5$）-氯乙烯（$r_2 = 0$）的共聚就属于这种类型。

（2）理想共聚（$r_1 r_2 = 1$）

当 $r_1 r_2 = 1$ 时，两种单体的共聚合为理想共聚。

① 理想恒比共聚（$r_1 = r_2 = 1$） 即为极端情况，表明两种链自由基的均聚和共聚能力相同，这时，共聚物组成方程可简化为：

$$\frac{d[M_1]}{d[M_2]} = \frac{[M_1]}{[M_2]} \text{ 或 } F_1 = f_1$$

即共聚时，不论单体配比与转化率怎样变化，共聚物组成始终等于单体组成，相应地，共聚物组成曲线为恒比对角线，见图 3-13 中曲线 4，这种共聚称作理想恒比共聚。此类共聚所得共聚物结构是无规的。四氟乙烯（$r_1 = 1.0$）-三氟氯乙烯（$r_2 = 1.0$）的共聚属于这种情况。

② 无恒分点理想共聚（$r_1 r_2 = 1$ 且 $r_1 \neq 1$） 这时，共聚组成方程变为：

$$\frac{d[M_1]}{d[M_2]} = r_1 \frac{[M_1]}{[M_2]} \text{ 或 } F_1 = \frac{r_1 f_1}{r_1 f_1 + f_2}$$

即共聚物瞬时组成是单体组成的 r_1 倍，但两单体单元在共聚物链中排列是随机的，故共聚物结构是无规的。r_1 取不同值的共聚物组成曲线见图 3-13 中曲线 5、6。这类共聚物组成曲线不与恒比对角线相交，且呈现为恒分对角线上方（$r_1 > 1$，$r_2 < 1$）或下方（$r_1 < 1$，$r_2 > 1$）的对称弧形曲线，见图 3-13 中曲线 5 和曲线 6。60℃下丁二烯（$r_1 = 1.39$）-苯乙烯（$r_2 = 0.78$）的共聚，68℃下甲基丙烯酸甲酯（$r_1 = 10$）-氯乙烯（$r_2 = 0.1$）的共聚都属于这一类。

（3）非理想共聚

① 有恒比点的非理想共聚 当 $r_1 < 1$，$r_2 < 1$ 时，两种单体的均聚能力较小，共聚能力较大，其 F_1-f_1 曲线为呈左段向上凸、右段向下凹的"S"曲线特征，共聚物结构一般是无规的。这时 F_1-f_1 曲线与恒比对角线相交，交点处共聚物瞬时组成等于单体组成，这一点称作恒比点（或称恒分点），如图 3-14 所示。

在恒比点时，共聚物组成比与单体组成比相同，若恒比点单体组成用 f_A 表示，由此可推导得到恒比点处共聚物中单体单元组成比（亦即单体配比）：

$$\frac{d[M_1]}{d[M_2]} = \frac{[M_1]}{[M_2]} = \frac{1 - r_2}{1 - r_1} \text{ 或 } F_1 = f_A = \frac{1 - r_2}{2 - r_1 - r_2}$$

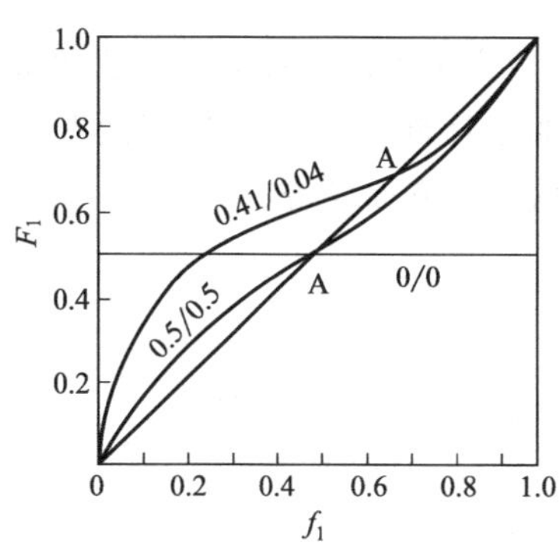

图 3-14　有恒比点的非理想共聚
（曲线上的数据为 r_1/r_2）

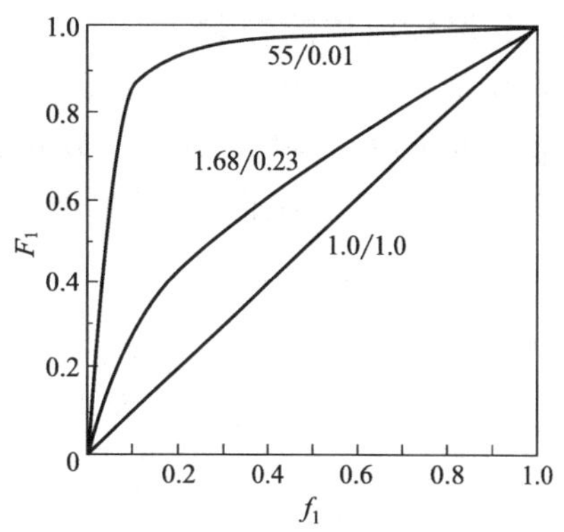

图 3-15　无恒比点的非理想共聚
（曲线上的数据为 r_1/r_2）

图中恒比点的位置随竞聚率值发生变化：当 $r_1<r_2$ 时，f_A 在大于 0.5 处；当 $r_1>r_2$ 时，f_A 在小于 0.5 处；当 $r_1=r_2$ 时，f_A 在等于 0.5 处。

② 无恒比点的非理想共聚　当 $r_1>1$，$r_2<1$，且 $r_1r_2\neq1$ 时，单体 M_1 的活性较 M_2 大，在共聚物中 M_1 单体单元含量相对较高，此时共聚物组成曲线也不与恒比对角线相交，呈现为该对角线的上方的不对称腹形曲线；若 $r_1<1$，$r_2>1$，且 $r_1r_2\neq1$ 时，情况恰好相反，如图 3-15 所示。属于这一类型的例子较多，如 60℃下丙烯腈（$r_1=2.7$）-氯乙烯（$r_2=0.04$）的共聚，50℃下氯乙烯（$r_1=0.12$）-丙烯酸甲酯（$r_2=4.4$）的共聚等。

r_1 与 r_2 值相差越大，弧形曲线凸凹越甚。若 $r_1\gg1$，$r_2\ll1$，说明两种单体活性相差很大，此时，实际上很难完成共聚。例如苯乙烯（$r_1=55$）-醋酸乙烯酯（$r_2=0.01$）共聚，由于两单体活性差很大，聚合前期，主要是含有少量醋酸乙烯酯单元的聚苯乙烯，聚合后期，产物则是纯聚醋酸乙烯酯，共聚的结果，几乎是两种均聚物的混合物。

（4）嵌段共聚

当 $r_1>1$，$r_2>1$ 时，表明两种链自由基都易与同种单体反应，有可能形成嵌段共聚物。但在自由基共聚中，这种情况较少，并且两种单元嵌段链长取决于 r_1 和 r_2 值的大小，但都不可能太长，所以较难制得商品嵌段共聚物。

这种类型的共聚物组成曲线与 $r_1<1$、$r_2<1$ 的类似，但位置和形状刚好相反，如图 3-16 所示。

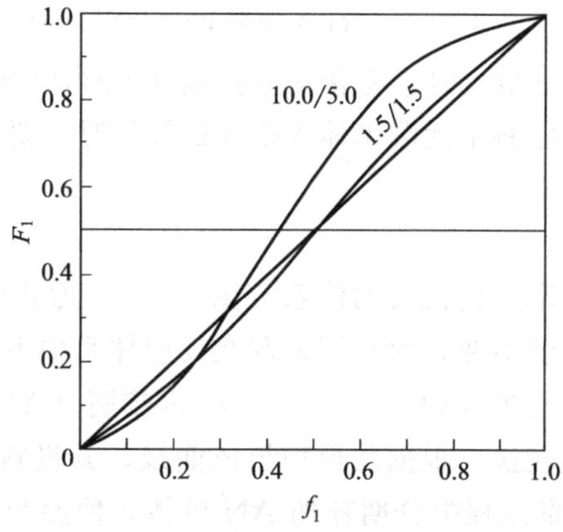

图 3-16　嵌段共聚（曲线上的数据为 r_1/r_2）

3.4.3 共聚物组成的控制

前已述及，共聚物组成直接影响其产品性能，工业生产中需严格控制共聚物组成。共聚时，除恒比共聚或交替共聚外，一般共聚物的组成将随单体配料比和转化率而改变，如图3-17和图3-18所示。因而对于共聚物组成的控制也需从这两方面考虑。

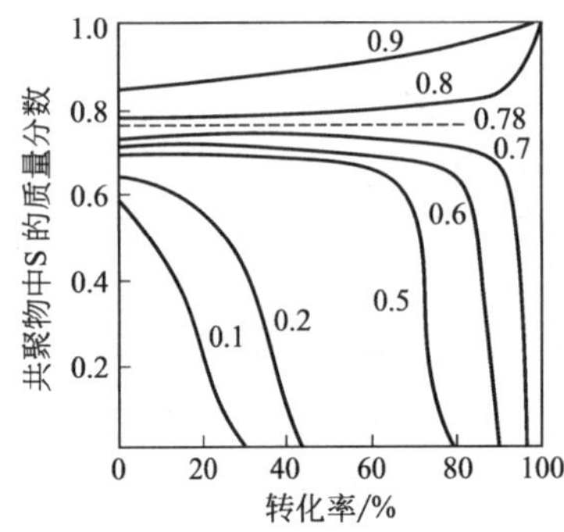

图 3-17 S-AN共聚物组成与转化率变化的关系曲线（图中数据为各曲线的起始单体质量分数）

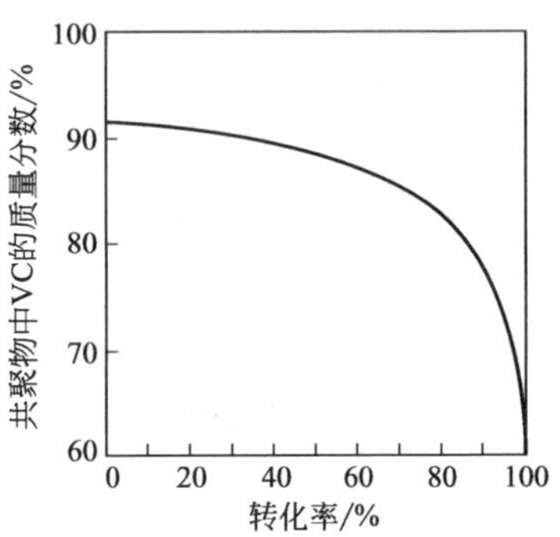

图 3-18 VC-VAc共聚物组成与转化率变化的关系曲线（图中曲线为85% VC起始质量配料比）

（1）严格控制单体配料比在恒比点附近的一次投料法

对于有恒比点的共聚体系，如苯乙烯（$r_1=0.53$）-甲基丙烯酸甲酯（$r_2=0.56$），苯乙烯（$r_1=0.4$）-反丁二烯二乙酯（$r_2=0.04$）等，若配料比在恒比点，组成不随转化率变化，可以得到组成均一的共聚物。或者，配料比在恒比点附近，若转化率不超过90%，共聚物组成也比较均一。因此，通过严格控制单体的配料比，可以得到理想的、组成均一的共聚物。

（2）严格控制转化率的一次投料法

对共聚物组成与转化率关系曲线比较平坦的体系，如苯乙烯（S）-丙烯腈（AN）、苯乙烯（S）-丁二烯（B）等共聚体系，共聚时一般选择一个合适的单体配比一次投入，并控制最终转化率，即可得到组成均一的共聚物。如要得到S/AN为70/30（质量分数）的S-AN共聚物，则聚合时采用S/AN=60/40（质量分数）左右的配比一次投料，并控制反应最终转化率不超过80%，则可得到组成比较均一的共聚物，如图3-17所示。

制备无恒比共聚物时，有时也常用一次投料法。如氯乙烯（VC，$r_1=1.68$）-醋酸乙烯酯（VAc，$r_2=0.23$）共聚，工业应用中对共聚物的要求是VC为主，VAc含量仅为3%～15%，当单体配料中VC含量很大时，将转化率控制在90%以下，即可达到产品组成要求。但当需进一步提高转化率或原料中活泼单体VC含量较低时，要得到组成均一的共聚物，则需采用下述方法。

（3）补加活泼单体法

对于共聚物组成随转化率变化较大的体系（图3-18），为获得组成相同的共聚物，则需保持共聚体系中原料单体浓度不变，此时可采取在反应体系中不断补加活泼单体的方法。对无恒比共聚体系，如制备氯乙烯（VC，$r_1=0.02$）-丙烯腈（AN，$r_2=3.28$）之比为60/40的共聚物，因单体AN反应较快，根据共聚物组成曲线，其投料比VC/AN应为88/12，而不是60/40。这时就要在共聚过程中分期补加AN单体，使原料单体的配比保持88/12，从而获得组成相同的共聚物。

习题与思考题

1. 下列烯类单体适于何种机理聚合：自由基聚合、阳离子聚合或阴离子聚合？并说明理由。

$H_2C{=}CHCl$ $H_2C{=}CCl_2$ $H_2C{=}CHCN$ $H_2C{=}C(CN)_2$ $H_2C{=}CHCH_3$

$H_2C{=}CH(CH_3)_2$ $H_2C{=}CHC_6H_5$ $F_2C{=}CF_2$ $H_2C{=}C(CN)COOR$

$H_2C{=}C(CH_3){-}CH{=}CH_2$

2. 试比较自由基聚合与逐步聚合反应的特征。

3. 判断下列烯类单体能否进行自由基聚合，并说明理由。

$H_2C{=}CH(C_6H_5)_2$ $ClCH{=}CHCl$ $H_2C{=}C(CH_3)C_2H_5$ $CH_3CH{=}CHCH_3$

$H_2C{=}CHOCOCH_3$ $H_2C{=}C(CH_3)COOCH_3$ $CH_3CH{=}CHCOOCH_3$ $F_2C{=}CFCl$

4. 写出下列常用引发剂的分子式和分解反应式：(1) 偶氮二异庚腈，(2) 过氧化二苯甲酰，(3) 过硫酸钾-亚硫酸氢钠，(4) 异丙苯过氧化氢，(5) 过氧化二碳酸二环己酯，(6) 过氧化氢-亚铁盐。其中，哪些是水溶性引发剂？哪些是油溶性引发剂？请说明这些引发剂的引发活性和使用场合。

5. 解释引发效率、诱导分解、笼蔽效应及半衰期。

6. 以偶氮二异庚腈为引发剂，写出氯乙烯、苯乙烯和甲基丙烯酸甲酯自由基聚合机理中各基元反应。

7. 自由基聚合反应中诱导期产生的原因如何？与阻聚剂的关系怎样？阻聚反应和缓聚反应的有何异同点？氧的存在对聚合物的生产过程（自由基聚合）有什么影响？

8. 链转移反应对支链的形成有何影响？聚乙烯的长支链和短支链、聚氯乙烯的支链是如何形成的？

9. 推导自由基聚合动力学方程时，作了哪些基本假定？聚合速率与引发剂浓度平方根成正比，是由哪一机理造成的？这一结论的局限性怎样？

10. 对于双基终止的自由基聚合，每一个分子含有 1.3 个引发剂残基，假定无链转移反应，试计算歧化和偶合终止的相对量。

11. 以过氧化二苯甲酰作引发剂，在 60℃下进行苯乙烯聚合动力学研究，数据如下：(1) 60℃苯乙烯的密度为 0.887g/mL；(2) 引发剂用量为单体质量的 0.109%；(3) $R_p=0.255\times10^{-4}$ mol/(L·s)；(4) 聚合度为 2450；(5) $f=0.80$；(6) 自由基寿命（$\tau=[M\cdot]/R_i$）$\tau=0.82$s。试求 k_d、k_p、k_t，建立三个常数的数量级概念。比较 [M] 和 [M] 的大小，并比较 R_i、R_p、R_t 的大小。

12. 在自由基聚合反应中，何种条件下会出现反应自动加速现象。试讨论其产生的原因，以及促使其产生和抑制的方法。

13. 试比较氯乙烯、苯乙烯、甲基丙烯酸甲酯分别进行自由基聚合和本体聚合时发生自动加速现象的早晚与程度？

14. 动力学链长的定义如何？其与数均聚合度的关系如何？链转移反应对两者有何影响？

15. 以过氧化二叔丁基作引发剂，在 60℃下研究苯乙烯聚合，苯乙烯溶液浓度为 1.0mol/L，引发剂浓度为 0.01mol/L，引发和聚合的初速率分别为 4.0×10^{-11} mol/（L·s）和 1.5×10^{-7} mol/(L·s)。试计算 fk_d、初期聚合度、初期动力学链长。计算时采用下列数据和条件：$C_M=8.0\times10^{-5}$，$C_I=3.2\times10^{-4}$，$C_S=2.3\times10^{-6}$；60℃下苯乙烯密度为 0.887g/mL；60℃下苯的密度为 0.839g/mL；设苯乙烯苯体系为理想溶液。

16. 用过氧化二苯甲酰作引发剂，苯乙烯在 60℃下进行本体聚合，试计算链引发、向引发剂转移、向单体转移三部分在聚合度倒数中所占的比例。对聚合度有何影响？计算时采用如下数据：[I]=0.04mol/L，$f=0.80$，$k_d=2.0\times10^{-6}\,s^{-1}$，$k_p=176$L/(mol·s)，$k_t=3.6\times10^{7}$L/(mol·s)，60℃苯乙烯的密度=0.887g/mL，$C_M=8.0\times10^{-5}$，$C_I=0.05$。

17. 试讨论温度与压力对自由基聚合反应的影响。

18. 下列单体选用哪一引发剂才能聚合？指出聚合机理类型。

单体	$H_2C=CHC_6H_5$	$H_2C=C(CN)_2$	$H_2C=C(CH_3)_2$	$H_2C=CH-O-n\text{-}C_4H_9$	$H_2C=C(CH_3)COOCH_3$
引发体系	$(C_6H_5CO)_2O_2$	Na+萘	BF_3+H_2O	$n\text{-}C_4H_9Li$	$SnCl_4+H_2O$

19. 下列引发剂可以引发哪些单体聚合？选择一种单体，写出引发反应式。

a. KNH_2　b. $AlCl_3+H_2O$　c. $SnCl_4+C_2H_5Cl$　d. CH_3ONa

20. 在离子聚合中，活性种离子和反离子之间的结合可能有几种形式？不同形式对单体的聚合机理、活性和定向能力有何影响？

21. 写出以 BF_3+H_2O 为引发剂引发异丁烯聚合的反应机理。

22. 写出以 $n\text{-}C_4H_9Li$ 为引发剂引发苯乙烯聚合的反应机理。

23. 形成活性高聚物的基本条件有哪些？活性高聚物有哪些特点与用途？

24. 解释和区别下列诸名词：光学异构和几何异构，无规高聚物与立构规整性高聚物，配位聚合与定向聚合。

25. 齐格勒-纳塔引发剂的主要组成是什么？简述齐格勒-纳塔引发剂两主要组分对 α-烯烃、共轭二烯烃、环烯烃配位聚合在组分选择上有何区别。

26. 乙烯和丙烯配位聚合所用齐格勒-纳塔引发剂两组分有何区别？写出丙烯配位聚合机理。

27. 为什么离子型聚合与配位聚合需要在反应前预先将原料和聚合容器净化、干燥、除去空气并在密封条件下进行聚合？

28. 试从单体、引发剂、反应机理、反应条件和工业实施方法等方面比较阳离子聚合、阴离子聚合、配位聚合、自由基聚合的主要差别。

29. 无规、交替、嵌段、接枝共聚物的结构有何差异？并举例说明这些共聚物名称中单体前后位置的规定。

30. 说明竞聚率 r_1、r_2 的定义，指明理想共聚、交替共聚、恒比共聚时竞聚率数值的特征。

31. 依据 $r_1=r_2=1$，$r_1=r_2=0$，$r_1>0$、$r_2=0$，$r_1r_2=1$ 等情况，说明 F_1-f_1 的函数关系和图像特征。

32. 为什么要控制共聚物的组成？在工业上有哪些控制方法？它们各针对何种聚合体系？

33. 苯乙烯（M_1）和丁二烯（M_2）在进行自由基乳液共聚时，其 $r_1=0.64$，$r_2=1.38$。已知苯乙烯和丁二烯的均聚链增长速率常数分别为 49L/(mol·s) 和 25.1L/(mol·s)。(1) 试计算共聚时的反应速率常数；(2) 比较两种单体和两种链自由基的反应活性大小；(3) 作出此共聚反应的 F_1-f_1 曲线；(4) 要制备组成均一的共聚物需要采取什么措施？

34. 已知丁二烯（M_1）与丙烯腈（M_2）共聚合成丁腈橡胶，其中最常用的牌号是丁腈-40（共聚物中丙烯腈单体单元含量为 40%，质量分数），其 $r_1=0.3$，$r_2=0.02$。(1) 作出此共聚反应的 F_1-f_1 曲线。(2) 为合成丁腈-40，则起始原料比为多少？(3) 为得到组成基本均一的共聚物，需采取怎样的投料方法？

第 4 章　聚合反应实施方法与聚合工艺

本章学习目标

知识目标

1. 了解各聚合反应工业实施方法的分类，了解聚合物合成基本工艺过程与特点。

2. 掌握熔融缩聚与溶液缩聚的特点、适用场合、工艺操作要点和工艺流程。

3. 了解界面缩聚与固相缩聚的特点、适用场合及影响因素。

4. 掌握本体聚合、溶液聚合、悬浮聚合和乳液聚合的特点、基本配方、适用场合、实施关键及操作要点与工艺流程。

5. 理解分散剂与乳化剂的作用、悬浮聚合和乳液聚合的聚合过程及影响因素。

6. 了解悬浮聚合和乳液聚合的技术进展。

能力目标

1. 能说出典型聚合物的聚合工业实施方法。

2. 能根据聚合物的特征及用途，正确选择合适的合成方法和实施条件。

素质目标

1. 培养学生的工程技术观念、独立思考、逻辑思维和运用聚合理论解决实际问题的能力，进而强化学生的专业意识和提高综合职业能力。

2. 通过了解典型聚合物的合成方法与工业应用，丰富学生的职业素养。

4.1　概述

单体的聚合过程需通过一定的工艺方法才能实施，并转化为人们所需的高聚物。不同的聚合反应所需的实施方法不尽相同。同种单体、同类型的聚合反应若选择不同的实施方法，其工艺过程、操作条件、聚合设备、车间布置、产品成本及产品外观、性能、使用价值等都会出现较大差异。因此，本章将简要介绍聚合反应主要的工业实施方法及工艺。

4.1.1　聚合反应实施方法简介

聚合反应方法按单体和聚合介质的溶解分散情况可划分为本体聚合、溶液聚合、悬浮聚合和乳液聚合四种。它们在工业上都有不同程度的应用价值。在高聚物生产发展史上，自由基型聚合长期占领先地位，四种聚合方式最早是针对自由基型聚合反应而划分的。缩聚与离子型聚合生产工艺也可以参照这四种实施方法分类。

离子型或配位络合引发剂的活性易被水破坏，只能选取适当的有机溶剂进行溶液聚合或本体聚合。

缩聚反应的实施方法通常可分为熔融缩聚、溶液缩聚、界面缩聚和固相缩聚等。其熔融缩聚本质上属于本体聚合，溶液缩聚即为溶液聚合，在两个互不相溶的溶剂界面处发生的界面缩聚可视为溶液聚合的特殊类型。

本体聚合是单体加有（或不加）少量引发剂的聚合。溶液聚合则是单体和引发剂溶于适当溶剂中的聚合，溶剂可以是有机溶剂或水。悬浮聚合一般是单体以液滴状悬浮在水中的聚合，体系主要由单体、水、油溶性引发剂、分散剂四部分组成，反应机理与本体聚合相同。乳液聚合则是单体在水中分散成乳液状的聚合，一般体系由单体、水、水溶性引发剂、水溶性乳化剂组成，机理独特。

根据单体与反应介质的互溶情况的不同，在四种聚合体系中，本体聚合和溶液聚合多属于均相体系，而悬浮聚合和乳液聚合则属于非均相体系。根据单体（或溶剂）与聚合物的互溶情况不同，又可将上述四种聚合分别分为均相聚合和非均相聚合（沉淀聚合或淤浆聚合）。若高聚物能溶于单体和溶剂中，聚合过程始终保持均相体系的称为均相聚合；高聚物从单体中沉析出来形成两相体系的则为非均相聚合（或称沉淀聚合、於浆聚合）。气相聚合也类似沉淀聚合。以上各种情况的相互关系简示见表 4-1。

表 4-1 聚合体系和实施方法示例（以自由基聚合为例）

<table>
<tr><th rowspan="2">单体介质体系</th><th rowspan="2" colspan="2">聚合方法</th><th colspan="2">聚合物单体(或溶剂)体系</th></tr>
<tr><th>均相</th><th>非均相</th></tr>
<tr><td rowspan="6">均相体系</td><td rowspan="3">本体聚合</td><td>气相</td><td></td><td>乙烯高压聚合</td></tr>
<tr><td>液相</td><td>苯乙烯,丙烯酸酯类</td><td>氯乙烯</td></tr>
<tr><td>固相</td><td></td><td></td></tr>
<tr><td rowspan="3" colspan="2">溶液聚合</td><td>苯乙烯-苯</td><td>苯乙烯-甲醇</td></tr>
<tr><td>丙烯酸-水</td><td>丙烯酸-己烷</td></tr>
<tr><td>丙烯腈-二甲基甲酰胺</td><td>丙烯腈-水</td></tr>
<tr><td rowspan="3">非均相体系</td><td rowspan="2" colspan="2">悬浮聚合</td><td>苯乙烯</td><td>氯乙烯</td></tr>
<tr><td>甲基丙烯酸甲酯</td><td>偏氯乙烯</td></tr>
<tr><td colspan="2">乳液聚合</td><td>苯乙烯,丁二烯</td><td>氯乙烯</td></tr>
</table>

常见高聚物的聚合方法见表 4-2。

表 4-2 常见高聚物的聚合方法

高聚物名称	聚合方法	高聚物名称	聚合方法
聚乙烯	本体、溶液	聚氯丁二烯	乳液
聚丙烯	溶液	聚四氟乙烯	悬浮、乳液
聚苯乙烯	本体、悬浮、乳液、溶液	苯乙烯-丁二烯共聚物	溶液、乳液
聚氯乙烯	悬浮、乳液	丙烯腈-丁二烯共聚物	乳液
聚丁二烯	溶液、乳液	乙烯-丙烯共聚物	溶液
聚异戊二烯	溶液、乳液	聚酰胺	本体、界面缩聚
聚异丁烯	溶液	聚酯	本体、界面缩聚
聚丙烯酸酯	本体、乳液	聚氨基甲酸酯	本体

4.1.2 高聚物合成工艺基本过程

原料单体经聚合反应生成高聚物的工业生产过程可概括如图 4-1 所示。主要由以下四个基本工艺过程组成。

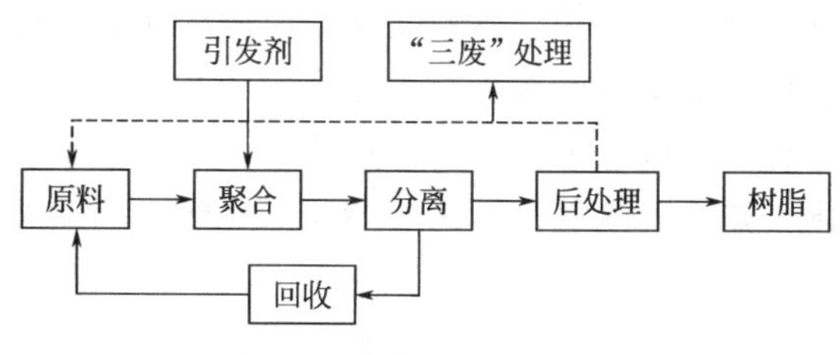

图 4-1　聚合生产工艺过程

① 准备过程　它是指聚合反应前，原料与引发剂的处理准备工作。原料准备与精制过程，包括单体、溶剂、去离子水等原料的贮存、洗涤、精制、干燥、调整浓度等。引发剂配制过程，包括聚合用引发剂和助剂的制备、溶解、贮存、调整浓度。

② 聚合过程　包括以聚合反应装置为中心，附设有冷却、加热及反应物料输送。

③ 后处理过程　包括聚合反应结束后，各物质的分离过程、回收过程、高聚物后处理过程。

分离过程包括未反应单体的回收以及脱除溶剂、引发剂、低聚物等过程。回收过程，主要是将未反应的单体及溶剂进行回收与精制的过程。高聚物后处理过程，包括高聚物的输送、干燥、造粒、均匀化、贮存、包装等过程。

④ 辅助过程　工业生产中的辅助过程有“三废”处理和供电、供气、供水等项目。

在一个工艺流程中，从原料单体到制品的各个步骤都相互关联，聚合方法与工艺流程要根据单体、引发剂的性质以及高聚物的性质、市场所要求的制品形状与性能等因素决定。

4.2　缩聚反应实施方法及工艺

缩聚反应有熔融缩聚、溶液缩聚、界面缩聚、固相缩聚四种实施方法，其中熔融缩聚和溶液缩聚最常用。

4.2.1　缩聚反应实施方法

(1) 熔融缩聚

反应体系中只有单体和少量催化剂，反应温度高于单体和缩聚物的熔点，体系处于熔融状态下进行的缩聚反应称熔融缩聚。熔融缩聚法应用很广，主要应用于平衡缩聚反应，如合成涤纶聚酯、酯交换法合成聚碳酸酯、合成聚酰胺等。

熔融缩聚的工艺要求是：①体系中只能加入反应单体、少量催化剂和其他助剂；②反应温度随反应的进行逐渐升高，保持聚合温度始终比反应物的熔点高 10～20℃；③为防止聚合物在高温下氧化，一般在惰性气体中进行反应；④聚合热不大，为了弥补热损失，尚需外加热；⑤对于平衡缩聚，则需减压，以及时脱除副产物。预聚阶段，产物相对分子质量和黏度不高，混合和副产物的脱除并不困难，只在中后期（反应程度 97%～98%）要求保持高真空，这对设备才有更高的要求；⑥为精确控制单体官能团摩尔比和达到高反应程度（>99%），必须使用高纯度的单体和保证反应官能团的等摩尔比，并小心控制副反应。

熔融缩聚的优点是由于体系组成简单，产物后处理容易，产品纯净，可连续生产。缺点是必须控制单体官能团等摩尔比，对原料纯度要求高，且需高真空，对设备要求高，反应温度高，易发生副反应。

(2) 溶液缩聚

溶液缩聚是指将单体等反应物溶在溶剂中进行聚合反应的一种实施方法。所用溶剂可以是单一的，也可以是几种溶剂的混合物。溶液缩聚广泛用于涂料、胶黏剂等的制备，特别适于合成难熔融的耐热聚合物，如聚酰亚胺、聚苯醚、聚芳香酰胺等。溶液缩聚可分为高温溶液缩聚和低温溶液缩聚。高温溶液缩聚采用高沸点溶剂，多用于平衡缩聚反应。低温溶液聚合一般适合于高活性单体，如二元酰氯、异氰酸酯与二元醇、二元胺等的反应。由于在低温下进行，逆反应不明显。

溶液缩聚的关键之一是溶剂的选择，合适的聚合反应溶剂通常需具备以下特性：①对单体和聚合物的溶解性好，以使聚合反应在均相条件下进行；②溶剂沸点应不低于设定的聚合反应温度；③有利于小分子副产物移除，或者与溶剂形成共沸物，在溶剂回流时带出反应体系，或者使用高沸点溶剂，或者可在体系中加入可与小分子副产物反应而对聚合反应没有其他不利影响的化合物。

溶液逐步聚合反应的优点是：①反应温度低，副反应少；②传热性好，反应可平稳进行；③无需高真空，反应设备较简单；④可合成热稳定性低的产品。缺点是：①反应影响因素增多，工艺复杂；②若需除去溶剂时，后处理复杂，必须考虑溶剂回收、聚合物的分离以及残留溶剂对聚合物性能、使用等的不良影响。

（3）界面缩聚

界面缩聚是将两种单体分别溶于两种互不相溶的溶剂中，再将这两种溶液倒在一起，在两液相的界面上进行缩聚反应，聚合产物不溶于溶剂，在界面析出。

以对苯二甲酰氯与己二胺的界面缩聚为例，反应式为：

$$n\text{Cl}-\overset{\overset{\text{O}}{\|}}{\text{C}}-\text{C}_6\text{H}_4-\overset{\overset{\text{O}}{\|}}{\text{C}}-\text{Cl}+n\text{H}_2\text{N(CH}_2)_6\text{NH}_2 \longrightarrow \text{Cl}\!\left(\overset{\overset{\text{O}}{\|}}{\text{C}}-\text{C}_6\text{H}_4-\overset{\overset{\text{O}}{\|}}{\text{C}}-\text{NH(CH}_2)_6\text{NH}\right)_n\!\text{H}+(2n-1)\text{HCl}$$

当反应实施时，将对苯二甲酰氯溶于有机溶剂（如 CCl_4），己二胺溶于水，且在水相中加入 NaOH 来消除聚合反应生成的小分子副产物 HCl。将两相混合后，聚合反应迅速在界面进行，所生成的聚合物在界面析出成膜，把生成的聚合物膜不断拉出，单体不断向界面扩散，聚合反应在界面持续进行（图 4-2）。

图 4-2 对苯二甲酰氯与己二胺的界面缩聚示意图

界面缩聚能否顺利进行取决于几方面的因素。

① 为保证聚合反应持续进行，一般要求聚合产物具有足够的机械强度，以便将析出的聚合物以连续膜或丝的形式从界面持续地拉出。若不能及时将析出的聚合物从界面移去，就会妨碍单体的扩散与接触，使聚合反应速率逐渐降低。

② 水相中无机碱的加入是必需的，否则聚合反应生成的 HCl 可与二元胺反应生成低活性的二元胺盐酸盐，使反应速率大大下降；但无机碱的浓度必须适中，因为在高无机碱浓度下，酰氯可水解成相应的酸，而酸在界面缩聚的低反应温度下不具反应活性，使聚合反应速率大大下降，且大大限制聚合产物的相对分子质量。

③ 要求单体反应活性高，否则酰氯有足够的时间从有机相扩散穿过界面进入水相，发生水解反应，导致聚合反应不能顺利进行。如二元酰氯和二元脂肪醇就不适于界面缩聚。

④ 有机溶剂的选择对控制聚合产物的相对分子质量很重要。因为在大多数情况下，聚合反应主要发生在界面的有机相一侧。聚合产物的过早沉淀会妨碍高相对分子质量聚合产物

的生成，因此要求有机溶剂对不符要求的低相对分子质量产物具有良好的溶解性。

界面缩聚反应具有如下特点：①界面缩聚属于扩散控制，其反应速率取决于单体扩散速率，应有足够的搅拌强度，保证单体及时传递；②聚合反应只发生在相界面上，产物相对分子质量与体系总反应程度无关；③对单体的纯度要求不高，但为保证在界面处获得反应官能团等摩尔比，必须使两单体从两相向界面的扩散速度相等，因此扩散速度相对较慢的单体要求其浓度相对较高；④反应温度低，常为 0～50℃，可避免因高温而导致的副反应，有利于高熔点耐热聚合物的合成。

界面缩聚由于需采用高成本的高活性单体，且溶剂消耗量大，设备利用率低，因此虽然有许多优点，但工业上的实际应用并不多。典型的例子是用光气与双酚 A 界面缩聚合成聚碳酸酯以及一些芳香族聚酰胺的合成。

（4） 固相缩聚

固相聚合是指单体或预聚物在聚合反应过程中始终保持在固态条件下进行的聚合反应。主要应用于一些熔点高的单体或部分结晶低聚物的后聚合反应。

固相聚合的反应温度一般比单体熔点低 15～30℃，如果是低聚物，为防止在固相聚合反应过程中固体颗粒间发生黏结，在聚合反应前必须先让低聚物部分结晶，聚合反应温度一般介于非晶区的玻璃化温度和晶区的熔点之间。此外，为使聚合反应生成的小分子副产物及时而又充分地从体系中清除，一般需采用惰性气体（如氮气等），或对单体和聚合物不具溶解性而对聚合反应的小分子副产物具有良好溶解性的溶剂作为清除流体，把小分子副产物从体系中带走，促进聚合反应的进行。例如纤维用涤纶树脂（$T_g=69℃$，$T_m=265℃$）用作工程塑料（如瓶料）时，相对分子质量显得较低，强度不够，可在 220℃ 继续固相缩聚，在减压或惰性气流条件下排除副产物乙二醇，进一步提高相对分子质量。固相缩聚是上述三种方法的补充。

4.2.2 缩聚物生产工艺流程

缩聚物的生产工艺流程如图 4-3 所示。采用不同的实施方法，其工艺流程繁简程度也不同，且其工艺条件也不同，表 4-3 列出了三种缩聚方法的工艺条件比较。

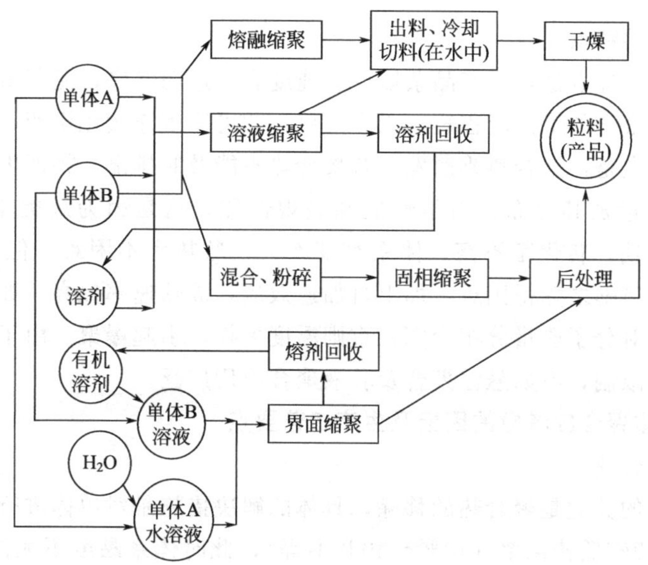

图 4-3　缩聚方法生产聚合物工艺流程框图

表 4-3 三种逐步聚合方法的比较

项目＼条件	温度	对热的稳定性	动力学	反应时间	产率	等基团数比	单体纯度	设备	压力
熔融聚合	高（高出熔点 10～20℃）	要求稳定	逐步，平衡	1h～几天	高	要求严格	要求高	特殊要求，气密性好	高，低
溶液聚合	低于溶剂的熔点和沸点	无要求	逐步，平衡	几分钟～1h	低到高	要求严格	要求稍低	简单，敞开	常压
界面缩聚	一般为室温	无要求	不可逆，类似链式	几分钟～1h	低到高	要求不严格	要求较低	简单，敞开	常压

4.3 连锁聚合反应的实施方法及工艺

连锁聚合反应的实施方法主要有本体、溶液、悬浮、乳液四种聚合方法。按自由基机理的聚合反应上述四种方法都可以选择，离子型聚合和配位聚合通常只能实施本体聚合和溶液聚合。

4.3.1 本体聚合

4.3.1.1 本体聚合及其分类和特点

（1）本体聚合及其分类

本体聚合是只有单体加引发剂（有时也不加）或在光、热、辐射的作用下进行聚合的反应的一种方法。在本体聚合体系中不含有溶剂或分散介质，只在必要时加入少量增塑剂、相对分子质量调节剂、润滑剂、色料等助剂。它适用于自由基、离子型与配位聚合和缩聚反应。

根据单体在聚合时的状态不同，本体聚合可分为：气相本体聚合、液相本体聚合和固相本体聚合。其中液相本体聚合应用最广。

根据单体与聚合物混容情况，又可将本体聚合分为均相本体聚合和非均相本体聚合（沉淀本体聚合）。

（2）本体聚合的特点

本体聚合的突出优点是：①产品杂质少、纯度高、透明性好，尤其适于制板材、型材等透明制品；②本体聚合的工艺流程短，工序简单；③可实现连续化生产，生产能力大。

本体聚合的缺点是：聚合热难散发。若聚合热不能及时排出，将产生不良后果，严重影响产物相对分子质量及其分布、力学性能和表观性能。这是因为烯类单体聚合热为 55～95kJ/mol，聚合初期，转化率不高，体系黏度不大，散热尚不困难；但当转化率提高，体系黏度增大后，散热随之变得困难，加上自加速效应，放热速率提高。如散热不良，轻则造成局部过热，使相对分子质量分布变宽；重则温度失控，引起爆聚。由于此缺点，本法的工业应用受到一定的限制，不如悬浮聚合及乳液聚合应用广泛。

4.3.1.2 实施本体聚合应考虑的因素及生产工艺要点

（1）单体的聚合热

实施本体聚合的关键是聚合热的移除，具体的解决措施是对单体进行分阶段聚合。第一阶段（预聚），保持较低转化率（10%～40%不等），此时体系黏度不太高，散热尚不困难，可在聚合釜中进行聚合；第二阶段，进行薄层聚合或减慢聚合速率，加强冷却等。

(2) 聚合产物的出料

工业上实施本体聚合时必须充分考虑出料问题，如果控制不好，不仅会影响产品质量，还会造成生产事故。根据产品特性，可以采用浇注脱模制板材、熔融体挤出造粒、粉料出料等方式。

(3) 生产工艺要点

工业上本体聚合可采用间歇法和连续法。不同单体的本体聚合工艺差别较大，有关单体本体聚合的过程要点列于表 4-4 中。

表 4-4　本体聚合物工业生产举例

聚合物	聚合过程要点
聚甲基丙烯酸甲酯(有机玻璃板)	第一阶段预聚至转化率为 10%左右的黏稠浆液，然后浇模，分段升温聚合(先 40～50℃聚合至转化率为 90%以上，再升温至 100～120℃充分聚合)，最后脱模成板材
聚苯乙烯	第一阶段于 80～85℃预聚至转化率为 33%～35%，然后流入聚合塔，温度从塔顶的 100℃递增至塔底的 220℃聚合，最后熔体挤出造粒
聚氯乙烯	第一阶段预聚至转化率为 7%～11%，形成颗粒骨架，第二阶段继续沉淀聚合，最后以粉状出料
聚乙烯(高压)	选用管式或釜式反应器，连续聚合，控制单程转化率为 15%～30%，最后熔体挤出造粒，未反应的单体经精制后循环使用

4.3.2　溶液聚合

4.3.2.1　溶液聚合及其特点

(1) 溶液聚合及其适用范围

单体和引发剂溶于适当的溶剂中进行的聚合反应。自由基、离子型与配位聚合、缩聚反应均可选用。与本体聚合类似，根据聚合物与溶剂的互溶情况，可将其分为均相聚合和非均相聚合（沉淀聚合）两类。

工业上溶液聚合多用于聚合物溶液直接使用的场合，如涂料、胶黏剂、合成纤维纺丝液、浸渍剂等的制备。

(2) 溶液聚合的特点

与本体聚合法相比，溶液聚合优点体现在：①体系黏度较低，混合和传热较容易，温度均匀且易控制；②较少出现自加速效应，甚至可以消除，可避免局部过热；③可通过溶剂的链转移反应调节产物相对分子质量，相对分子质量分布均匀；④便于进行连续化生产。

溶液聚合的缺点是：①由于使用溶剂，起始单体浓度较低，聚合速率相对较慢，使得设备利用率和生产能力降低；②溶剂的存在，会影响聚合反应的机理和速率，导致产物相对分子质量下降；③要获得固体产物时，需除去溶剂，未去除的残留溶剂会带入产品，使产物纯度降低；④溶剂的回收，使得后处理复杂化。

4.3.2.2　实施溶液聚合需考虑的因素及应用实例

(1) 实施溶液聚合需考虑的因素

对于溶液聚合，溶剂的性质能影响聚合速率、产物的相对分子质量和产率，因此溶液聚合的关键是溶剂的选择。在选择溶剂时应考虑如下因素。

① 溶剂的链转移常数 C_s　当溶剂的 C_s 值较大时，链自由基较易发生向溶剂的链转移，导致产物相对分子质量下降，并对引发剂有诱导分解作用，会影响引发效率及聚合速率。因此，除了为调节产物相对分子质量，在一定范围内选择 C_s 值较大的溶剂兼作相对分子质量调节剂的特殊情况外，一般应选用 C_s 值较小的溶剂。

② 溶剂对聚合物的溶解性能和对自加速效应的影响　选用良溶剂时，构成均相体系，若单体浓度不大，有可能消除自加速效应；选用非溶剂（沉淀剂）时，构成非均相体系，高分子会边生成边沉淀析出，自加速现象显著，产物相对分子质量较高；不良溶剂的影响介于上述两者之间。因此，假若聚合物溶液直接使用时，宜选用良溶剂；当希望聚合物析出以便分离得固体产物时，可选用聚合物的非溶剂。

③ 溶剂的极性　溶剂的极性对离子型聚合尤为重要。应充分考虑溶剂极性对引发剂的毒性、对活性中心离子对的溶剂化作用和对聚合物与引发剂的溶解能力等。

自由基溶液聚合一般可以选择芳烃、烷烃、醇类、醚类、胺类和水作溶剂；离子型与配位溶液聚合一般可选择烷烃、芳烃、二氧六环、四氢呋喃、二甲基甲酰胺等非质子性有机溶剂，而不能用水作溶剂。

(2) 溶液聚合的主要工业生产实例

溶液聚合的工业生产实例可见表 4-5。

表 4-5　溶液聚合的工业生产实例

单　体	溶剂	引发剂	聚合条件	产品形态及用途
丙烯腈加少量第二单体、第三单体(丙烯酸甲酯、衣康酸)	硫氰化钠水溶液(51%～52%)	AIBN	pH 值为 5.0±0.2；温度 75～80℃；转化率为 70%～75%	聚合物溶液为纺丝原液，供直接纺丝(一步法)
	水	水溶性氧化还原体系	温度 30～50℃；转化率为 80%左右	共聚物从水中析出，经洗涤、分离、干燥，再用适当溶剂配成纺丝液
乙酸乙烯酯	甲醇	AIBN	回流温度下聚合(60～65℃)；转化率为 80%左右	聚乙酸乙烯酯的甲醇溶液，可进一步醇解为聚乙烯醇
丙烯酸酯类-苯乙烯类共聚	乙酸丁酯、甲苯混合溶剂	BPO	回流温度下反应	聚合物溶液，可作为涂料、胶黏剂使用
丙烯酰胺	水	过硫酸铵	回流温度下反应	絮凝剂
高密度聚乙烯	加氢汽油	$TiCl_4$-$Al(C_2H_5)_2Cl$	温度 60～75℃；压力 0～981kPa	聚合物浆料经过滤、洗涤、干燥、造粒得产品，用作塑料等
聚丙烯	加氢汽油	$TiCl_3$-$Al(C_2H_5)_2Cl$	温度 70～75℃；压力 0.5～1MPa	聚合物浆料经洗涤、离心分离、干燥、造粒得产品，用作塑料等
顺丁橡胶	烷烃或芳烃	Ni 盐-AlR_3-$BF_3 \cdot O(C_2H_5)_2$	温度 20～60℃；压力 490kPa；转化率为 90%	聚合物胶液经凝聚、过滤、干燥、成型得产品，用作橡胶
异戊橡胶	抽余油	LiC_4H_9	温度 50～80℃；转化率为 85%～90%	聚合物胶液经凝聚、过滤、干燥、成型得产品，用作橡胶
乙丙橡胶	抽余油	$VOCl_3$-$Al(C_2H_5)_2Cl$	温度 20～40℃；压力 0.3～0.6MPa	聚合物胶浆经振动、挤压脱水与干燥得产品，用作橡胶

4.3.3 悬浮聚合

4.3.3.1 概述

悬浮聚合是指溶解有引发剂的单体在强烈搅拌和悬浮剂（或称分散剂）作用下，以小液滴状态悬浮于水中进行聚合的方法。悬浮聚合体系一般由单体、油溶性引发剂、水及分散剂四个基本成分组成。悬浮聚合的机理与本体聚合相似，一个小液滴相当于本体聚合的一个单元，单体液滴在聚合过程中逐渐转化为聚合物固体粒子。

按高聚物与单体的互容情况，悬浮聚合也可分为均相聚合和非均相聚合（沉淀聚合）。悬浮聚合结束后，回收未反应的单体，聚合物经洗涤、分离、干燥后，即得珠状或粉末状树脂产品。

悬浮聚合产物的粒径在 0.01～5mm 范围（一般为 0.05～2mm），粒径在 1mm 左右的也称珠状聚合（一般为均相聚合），在 0.01mm 以下的又称分散聚合（一般为非均相聚合）。聚合颗粒形状有坚硬的乒乓球型（紧密型）和粗糙而疏松的棉花球型（疏松型）。颗粒形状和粒径大小与搅拌强度、分散剂的性质与用量等因素有关。

悬浮聚合的优点有：①体系黏度较低，且在反应过程中黏度变化不大，操作简单安全；②聚合热易除去，温度较易控制；③产物相对分子质量及其分布较稳定，且相对分子质量一般比溶液法高，④产物中杂质含量较乳液法低；⑤后处理工序比溶液法及乳液法简单，生产成本较低，粒状树脂可用于直接加工。该法的缺点是：①产品中附有少量分散剂残留物，如要生产透明和绝缘性能高的产品，需将其除尽；②连续化生产尚处于研究之中，目前还只能采用间歇分批生产。

悬浮聚合由于用水作分散介质，因此只适用于自由基聚合反应。但在自由基聚合中，它具有本体聚合和溶液聚合的优点而缺点较少，因此在工业上获广泛应用。悬浮聚合主要用来生产聚氯乙烯、聚苯乙烯、聚甲基丙烯酸甲酯树脂及有关共聚物、聚四氟乙烯、聚三氟氯乙烯、聚乙酸乙烯酯树脂等。80%～85%的聚氯乙烯，苯乙烯型离子交换树脂母体，很大一部分聚苯乙烯、聚甲基丙烯酸甲酯都采用悬浮法生产。

4.3.3.2　悬浮聚合的成粒机理及影响因素

（1）单体液滴的形成过程

氯乙烯、苯乙烯等许多烯类单体不溶于水，倒入水中即分层。机械搅拌时，搅拌剪切力使单体液层分散成液滴，大液滴受力的作用还会继续分散成小液滴，如图 4-4 所示的过程①和②。然而，单体与水之间存在界面张力，使生成的单体液滴呈珠状，并能使相互接触的小液滴凝聚成大液滴，搅拌剪切力和界面张力对液滴的生成起着相反的作用，所以在一定的搅拌强度和悬浮剂作用下，大小不等的液滴通过一系列的分散和结合过程，构成一定的动平衡，最后得到大小均匀的粒子。但反应器中各处搅拌强度不一，所以粒子大小仍有一定的分布。

在无悬浮剂时，若停止搅拌，液滴将聚集变大，最后仍与水分层，如图 4-4 所示的过程③～⑤，因此单靠搅拌形成的液-液分散是不稳定的。体系聚合时，当聚合到一定程度后（如转化率达 20%），单体液滴中溶有或溶胀有一定量聚合物，即单体液滴成为单体-聚合物液滴，并变得发黏。此时，两液滴碰撞时会黏结在一起。为此，必须加入适量的分散剂，以防黏结，如图 4-4 所示。因此实施悬浮聚合时，关键是形成稳定的分散体系。具体措施为机械搅拌和加悬浮剂。

（2）悬浮剂与悬浮作用

悬浮剂有两类，其作用机理亦不同。一类是水溶性的有机高分子，包括明胶、甲基纤维素、羧甲基纤维素、聚乙烯醇、聚丙烯酸和聚甲基丙烯酸的盐类及马来酸酐-苯乙烯共聚物等天然的和合成的高分子。这种悬浮稳定剂的作用机理主要是其分子主链吸附在液滴表面形

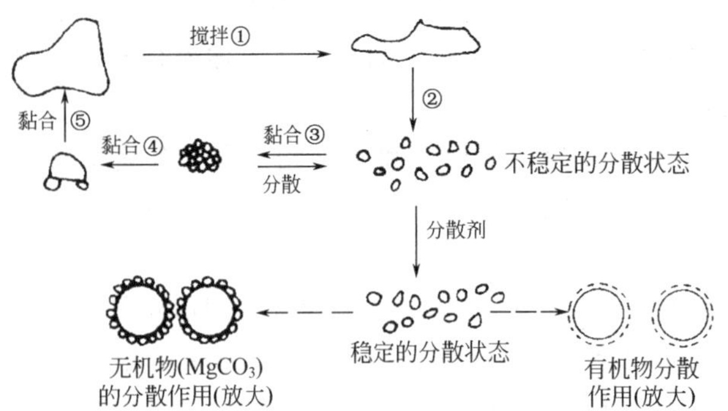

图 4-4 悬浮聚合中的单体液滴分散合并示意图

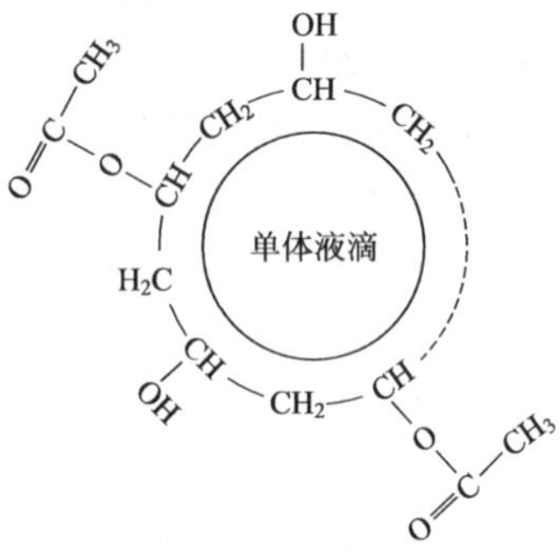

图 4-5 聚乙烯醇的分散保护作用模型

成一层保护膜，侧基伸入介质中，使黏度增大，以阻止液滴间的黏合，如图 4-5 所示。若带有一定的表面活性，则可以降低表面张力，并使液滴变小。另一类是不溶于水的无机盐粉末，如碳酸镁、碳酸钙、磷酸钙和滑石粉等。它们的作用机理是细粉末吸附在液滴表面，起着机械隔离作用，防止液滴的黏合，如图 4-4 所示。反应结束后，可通过酸洗及水洗除去这类无机盐。

(3) 高聚物粒子的形成

① 均相粒子的形成　均相粒子的形成，可分为三个阶段。

a. 聚合初期　转化率在 1%以下，单体在搅拌和悬浮剂的作用下形成小液滴，引发剂在液滴中受热分解出自由基，并引发单体聚合。

b. 聚合中期　转化率在 1%～80%，由于高聚物能溶于单体中，故液滴保持均相。但随着高聚物增多，液滴黏度增大。当转化率达 20%～45%时，凝胶效应促使液滴内放热量增多，黏度上升较快，液滴体积开始减小，此时处于易黏结成块的危险期。当转化率达 50%以上时，液滴变得很黏稠，聚合速率与放热量达到最大值，若散热不良，单体会因局部受热气化，使液滴内产生气泡。当转化率达 60%～70%以后，聚合速率开始下降，单体逐渐减少，高分子链的活动受到限制，液滴黏性减小，弹性相对增加。

c. 聚合后期　转化率达 80%时，单体显著减少，高分子链因体积收缩被紧紧聚集在一起，残余单体继续聚合形成高分子链，液滴内高分子链间越来越充实，弹性逐渐消失而变硬。此时可适当提高温度使残余单体进一步聚合完全，完成由液相转变为固相的全部过程，最终形成均匀、坚硬、透明的高聚物球状粒子，如图 4-6 所示。

图 4-6 均相粒子形成示意图

② 非均相粒子的形成　高聚物不溶于其单体中的典型例子是聚氯乙烯。因此悬浮聚合时，在很宽的转化率范围内，液滴均存在着两相：一是单体相（其中溶胀有少量高聚物）；二是高聚物相（被单体溶胀的高聚物）。氯乙烯悬浮聚合物的非均相粒子形成过程，可分为五个阶段。

a. 第一阶段　转化率为 0～0.1%，氯乙烯单体在搅拌和悬浮剂作用下，形成 0.05～

0.3mm 的微小液滴。当单体聚合形成约 10 个以上高分子链时，高分子链就从液滴单体相中沉淀出来。

b. 第二阶段　转化率为 0.1%～1%，是粒子形成阶段。在液滴中，沉淀出来的高分子链或链自由基，合并形成 0.1～0.6μm 的初级粒子，故液滴逐渐由单体液相变为由单体液相和高聚物固相（被单体溶胀）组成的非均相体系。

c. 第三阶段　转化率为 1%～70%，是粒子生长阶段。随着聚合反应的进行，液滴内初级粒子逐渐增多，并合并成次级粒子，次级粒子又相互凝结形成一定的颗粒骨架。若悬浮剂表面张力小，则高聚物粒子外膜收缩力减小，形成疏松的颗粒结构。当转化率达 50%以后，聚合速率因自加速作用而加快。至转化率达 60%～70%时，聚合速率达最大值，液滴中的单体相消失，聚合釜内的压力突然下降。

d. 第四阶段　转化率为 70%～85%，在这个阶段中，溶胀高聚物的单体继续聚合，粒子由疏松变得结实而不透明，尚有一部分单体保留在气相和水中。生产上多半在转化率达 85%时结束，并回收剩余单体。

e. 第五阶段　转化率在 85%以上，直至残余单体聚合完毕，聚合釜内气相中的部分氯乙烯单体在压力作用下重新凝结，并扩散入高聚物固体粒子的微孔中聚合，最终形成坚实而不透明的高聚物粉状粒子。

（4）影响聚合物颗粒大小和形状的因素

搅拌强度和悬浮剂的种类与用量影响是控制树脂颗粒粒度及形态的两个主要因素。此外，水-单体比、反应温度、引发剂种类与浓度、转化率等也有一定影响。

① 搅拌强度　一般情况下，搅拌强度越大，粒径越小；相反，则粒径大且容易结块。但搅拌强度受搅拌器形式、转速和反应器结构等影响。

② 悬浮剂性质及用量　悬浮剂性质及用量对颗粒形状与粒径大小有显著影响。衡量悬浮剂性质的主要参数是表面张力或界面张力，界面张力小的悬浮剂可使产物颗粒表面粗糙、内部疏松，并使粒径变小。悬浮剂用量大，有利于液滴分散，产物粒径变小。

③ 水-单体比　一般控制在（1～3）∶1（质量比）。水少，容易结块，粒径大；水多，粒径小，粒径分布窄，但设备利用率低。

4.3.3.3　聚氯乙烯悬浮聚合工艺举例

聚氯乙烯是由氯乙烯聚合而成的高分子化合物，它的产量高，是最通用的塑料品种之一。目前氯乙烯的聚合方法主要是悬浮聚合，约占聚氯乙烯树脂总产量的 80%。

悬浮聚合的工艺过程如下。先将定量的、经过滤合格的水用泵打入已清理的聚合釜中，然后从人孔将明胶（或聚乙烯醇）、pH 调节剂、相对分子质量调节剂（主要用于低聚合度品种）、防粘釜剂、消泡剂等助剂加入釜中。加毕后盖紧人孔，进行试压，当 20min 后压力降低不大于 0.01MPa 时，即认为合格。用氮置换釜中的空气，单体由计量槽加入釜内。开动搅拌器，用高压水加入引发剂过氧化二碳酸二异丙酯。随后升温，在规定温度（51～60℃）和压力（0.69～0.83MPa）下，使单体聚合成聚氯乙烯。聚合完毕（压力降至 0.1～0.2MPa，相当于转化率 80%～85%）后，将釜内残余气体经泡沫捕集器排入气柜，回收单体。对于釜中的氯乙烯悬浮液，打入沉析槽，用液碱进行处理（在 75～80℃下搅拌 1.5～2h），碱处理的目的是破坏低分子物和残余的引发剂、分散剂，以提高产品的质量。最后脱水、干燥，得产品。

由于聚合过程容易发生向单体的链转移，聚合物相对分子质量取决于反应温度，所以氯乙烯聚合时，温度控制极为严格。

4.3.3.4 微悬浮聚合

悬浮聚合物的粒度一般在 50～2000μm 之间，乳液聚合产物的粒度只有 0.1～0.2μm，而微悬浮聚合物的粒度则介于其间（0.2～1.5μm），可达亚微米级（<1μm），与常规乳液聚合的液滴相当，因此也可称作细乳液聚合。微悬浮聚氯乙烯和 0.1～0.2μm 级的乳液聚氯乙烯混合配制聚氯乙烯糊，可以提高固体含量，但可降低糊的黏度，改善涂布施工条件，提高生产能力。

微悬浮聚合体系需采用特殊的复合乳化体系，即由离子型表面活性剂（如十二烷基硫酸钠）和难溶助剂（如 C_{16} 长链脂肪醇或长链烷烃）组成。复合物可使单体-水的界面张力降得很低，稍加搅拌就可将单体分散成亚微米级的微液滴；另一方面，复合物对微液滴或聚合物微粒有强的吸附保护能力，防止聚并，并阻碍微粒间单体的扩散传递和重新分配，以致最终粒子数、粒径及分布与起始微液滴相当，这是微悬浮聚合的特征和优点。

采用油溶性引发剂时，直接引发液滴内的单体聚合，聚合机理与悬浮聚合相同。采用水溶性引发剂时，在水中产生的初级自由基或短链自由基也容易被微液滴所捕捉，液滴成核成为主要成粒机理，而均相成核和胶束成核可以忽略。

配制微悬浮聚合体系时，需注意下列要点：①乳化剂-难溶助剂的微乳液要在加单体前配好，配制温度需在难溶助剂熔点以上；②长链脂肪醇的碳原子数应在 16 以上；③乳化剂-长链脂肪醇的摩尔比需在（1∶1）～（1∶4）之间；④单体微悬浮液配制以后，应立即进行聚合。

4.3.4 乳液聚合

4.3.4.1 概述

乳液聚合是指单体在水介质中由乳化剂分散成乳液状态进行的聚合。传统（或经典）乳液聚合的基本配方由单体、水、水溶性引发剂和水溶性乳化剂四组分构成。所得产物粒子直径为 0.05～1μm。乳液聚合还包括种子乳液聚合（次级粒子，直径为 75μm）、反相乳液聚合、核壳乳液聚合等。

乳液聚合适用于自由基聚合。广泛用于生产丁苯橡胶、丁腈橡胶、氯丁橡胶等合成橡胶及其胶乳以及糊用聚氯乙烯树脂、胶黏剂、表面处理剂和涂料用乳液等。

乳液聚合具有许多优点：①以水作介质，环保安全，胶乳黏度低，便于混合传热、管道输送和连续生产；②聚合速率快，可在较低的温度下聚合，同时产物相对分子质量高；③胶乳可直接使用，如水乳漆、胶黏剂以及纸张、织物、皮革的处理剂等。

乳液聚合的缺点是：①需要固体产品时，胶乳需经凝聚、洗涤、脱水、干燥等多道工序，成本较高；②产品中留有乳化剂杂质，难以完全除净，有损电性能等。

4.3.4.2 乳化剂和乳化作用

单体如苯乙烯、氯乙烯等一般不溶于水或微溶于水，因此，在生产上把单体称为油相，分散介质为水称为水相。在搅拌下油相会分散成液滴，但在搅拌停止后又重新聚集分层。但是在乳化剂存在下，会使单体分散成稳定液滴，同时乳化剂吸附在液滴表面，形成保护层，防止凝聚，这种使油水分散成比较稳定、长期不分层的乳液的过程称为乳化。

乳化剂之所以能起乳化作用，是因为乳化剂都是表面活性剂，在它的分子上同时带有亲亲水的极性基团和亲油（疏水）的非极性基团。根据亲水基的不同，常用的乳化剂有以下几种。

① 阴离子乳化剂　阴离子乳化剂中亲水基是阴离子，如—COO^-（羧基）、—OSO_3^-（硫酸基）、—SO_3^-（磺酸基），常用的阴离子乳化剂有脂肪酸钠（RCOONa，$R=C_{11}\sim C_{17}$）、十二烷基硫酸钠（$C_{12}H_{25}OSO_3Na$）、二丁基萘磺酸钠[$(C_4H_9)_2C_{10}H_5SO_3Na$] 等。阴离子乳化剂在碱性溶液中较稳定，因此，乳液聚合时要注意调节 pH 值，以保证乳液稳定。

② 阳离子乳化剂　其亲水基为阳离子，一般为铵盐，如十六烷基季铵盐、氨基酸等。

③ 非离子乳化剂　它能溶于水中，但不能离解成正、负离子。主要有烷基醇聚氧乙烯醚 [$R(OC_2H_4)_nOH$]、烷基酚聚氧乙烯醚 [$RC_6H_4(OC_2H_4)_nOH$] 等。这种乳化剂对 pH 值变化不敏感，比较稳定，但一般不能单独使用。

把乳化剂加入油水混合物中，当乳化剂浓度较低时，乳化剂以分子状态溶解于水中，并在界面处其亲水基伸向水层，疏水基伸向空气层。由于乳化剂的溶入，水的表面张力下降，当乳化剂浓度达到一定值后，开始由 50～150 个乳化剂分子聚集在一起形成直径为 4～5nm 的球状胶束或长度为 10～30nm、直径约为乳化剂分子长度的两倍棒状胶束，如图 4-7 所示。乳化剂开始形成胶束的浓度，称为临界胶束浓度，简称 CMC（数值约为 0.01%～0.03%）。显然，CMC 值越小，乳化剂的乳化能力则越强。

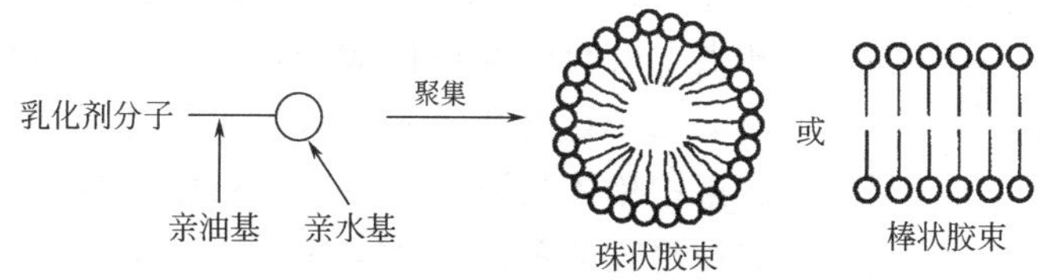

图 4-7　胶束形状示意图

胶束中的乳化剂分子，其疏水基伸向胶束内部，亲水基伸向水层。当加入单体后，极少部分单体溶于水，一部分单体进入胶束的疏水层中，这个过程称为增溶过程。增溶后胶束体积增大，如球状胶束直径由原来的 4～5nm 增大到 6～10nm，而大部分单体呈液滴状分散在水相中，液滴表面吸附着乳化剂分子。这样形成的乳液是稳定的，即使搅拌停止也长期不分层。所以乳化剂的乳化作用可归纳为三个方面：降低界面张力，将单体分散成细小液滴；吸附在液滴表面形成保护膜，使乳液得以稳定；增溶作用，使部分单体溶于胶束内。

4.3.4.3　乳液聚合的场所

聚合开始前，体系中存在三相：一是水相，含有引发剂、极少量单体和以分子分散状态的乳化剂；二是单体液滴，表面吸附着乳化剂成为保护膜而稳定，其直径为 $10^3\sim10^5$nm，数量为 $10^{10}\sim10^{12}$个/mL；三是增溶胶束，直径为 6～10nm，数量为 $10^{17}\sim10^{18}$个/mL。

水相中的引发剂先分解成初级自由基，与在水相中溶解的单体相遇，无疑地将发生聚合，但由于水中单体浓度极低，增长链在相对分子质量很小时就将从水相中沉淀出来，停止增长，所以水相溶解的单体对聚合贡献很小，不是乳液聚合的主要场所。

单体液滴也不是聚合场所，原因有两个：其一引发剂是水溶性的，单体液滴中并无引发剂；其二单体液滴体积比胶束大得多，且个数少，所以比表面积小，引发剂在水相中分解的自由基难以扩散到单体液滴中引发聚合。

绝大部分聚合发生在增溶胶束内，因为油溶性单体和水溶性引发剂可在胶束中相遇，同时，胶束内单体浓度很高，类似于本体单体浓度；此外，增溶胶束的比表面积大，为自由基扩散进入胶核引发聚合提供了的条件，如图 4-8 所示。

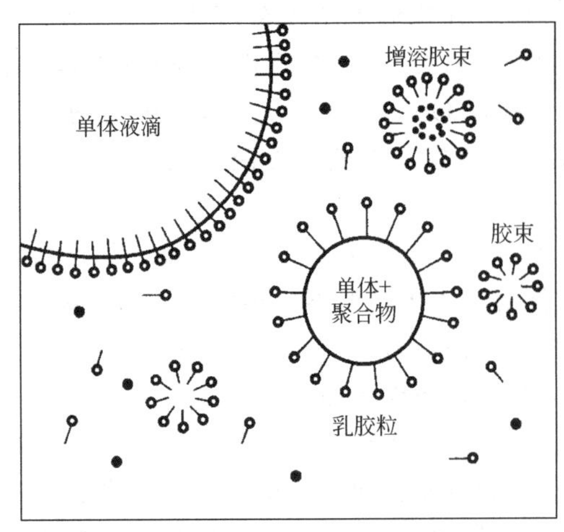

图 4-8 乳液聚合体系示意图
—o 乳化剂分子；● 单体分子

4.3.4.4 聚合过程

聚合时，水溶性的引发剂分解成自由基后，迅速扩散进入增溶胶束。在此单体与自由基相遇，就会引发单体成为活性种，并继续进行链增长，当有第二个自由基进入时就发生终止反应。随着聚合的进行胶束中单体被消耗，那么水相中单体会不断进入胶束，补充被消耗的单体。并且还会不断吸收水相溶液中自由胶束和包覆在单体液滴上的乳化剂，使体积不断增大，形成聚合物-单体乳胶粒。整个聚合过程一般分为三个阶段，如图 4-9 所示。

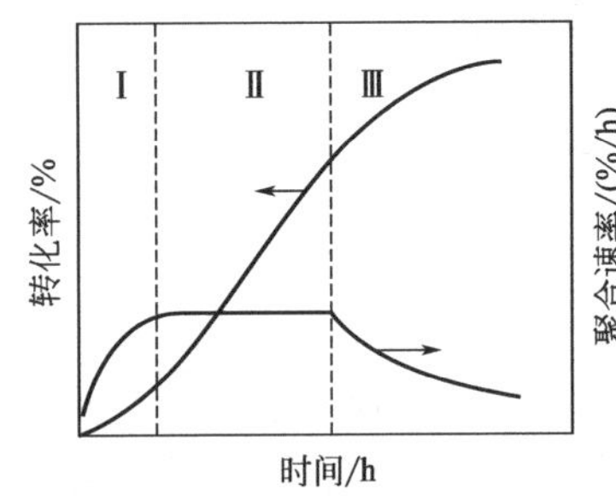

图 4-9 乳液聚合速率曲线示意图
Ⅰ加速期；Ⅱ恒速期；Ⅲ降速期

第一阶段是乳胶粒生成期，也称为成核期。在第一阶段乳胶粒数会不断增加，所以聚合速率不断增加。在这一阶段，体系中含有单体液滴、胶束、乳胶粒三种粒子，虽然乳胶粒数不断增加，但液滴数不变，只是体积不断缩小，直到未成核胶束消失，此时．标志着第一阶段消失。这一阶段时间较短，转化率为 2%～15%。

第二阶段是从胶束消失到单体液滴消失，为恒速阶段。胶束消失后，乳胶粒数不变。单体液滴不断向乳胶粒提供单体，在乳胶粒内进行引发、增长、终止反应，乳胶粒增大，最后直径为 50～150nm。此阶段由于乳胶粒数目恒定，胶粒内单体数恒定，因此，聚合速率恒定，并持续到液滴消失为止。此时，转化率可达 60%左右。具体情况根据单体种类不同而异。

第三阶段为降速阶段，单体液滴已消失，乳胶粒内仍进行聚合反应，直到单体完全转化。但由于单体无补充来源，故此阶段随乳胶粒内单体浓度降低而聚合速率降低。

4.3.4.5 影响因素

(1) 乳化剂浓度

由于乳液聚合的场所是增溶胶束，而乳化剂浓度直接影响增溶胶束的形成数。乳化剂浓度越高，所形成的增溶胶束数就越多，乳液聚合速率就越快，产物聚合度亦随着增溶胶束数增多而增加，产物粒径则随之减小；但乳化剂的浓度过高，会使体系产生大量泡沫，而不利于后处理。因此，乳化剂的用量一般是单体用量的 2%～10%，大多数情况下控制在 5%以下。

（2）水与单体/水比

介质水应使用去离子水，因为硬水中的 Ca、Mg 可能与乳化剂作用生成不溶于水的盐，降低乳化剂的作用及反应速率。同时应加适量的还原剂（如保险粉 $Na_2S_2O_4 \cdot 2H_2O$）以去除水中的溶解氧（因氧有阻聚作用）。水的用量应适当，若水量减少时，产物粒径大，胶乳的黏度增大，不利于操作；反之，设备利用率低。工业上一般取单体∶水＝1∶2～3（质量比）。

（3）温度

降低温度，乳化剂的乳化能力下降，胶束数减少，成核数亦减少，产物粒径则增大；反之，乳化能力提高，胶束数增加，聚合速率与产物聚合度可同时增加，产物粒径减小。

4.3.4.6　乳液聚合工艺

工业上用乳液聚合方法生产的产品大致分为三种类型：固体块状物、固体粉状物和流体态胶乳。典型代表为丁苯橡胶、聚氯乙烯糊用树脂和丙烯酸酯类胶乳。其生产工艺流程框图如图 4-10 所示。由图 4-10 可知，固体块状丁苯橡胶是用破乳方法使胶乳中固体微粒凝聚而得；固体粉状物聚氯乙烯糊用树脂是由胶乳经喷雾干燥而得；流体状胶乳则由乳液聚合产品脱除单体而得。其中以加破乳剂进行破乳以生产固体块状物的过程最为复杂。

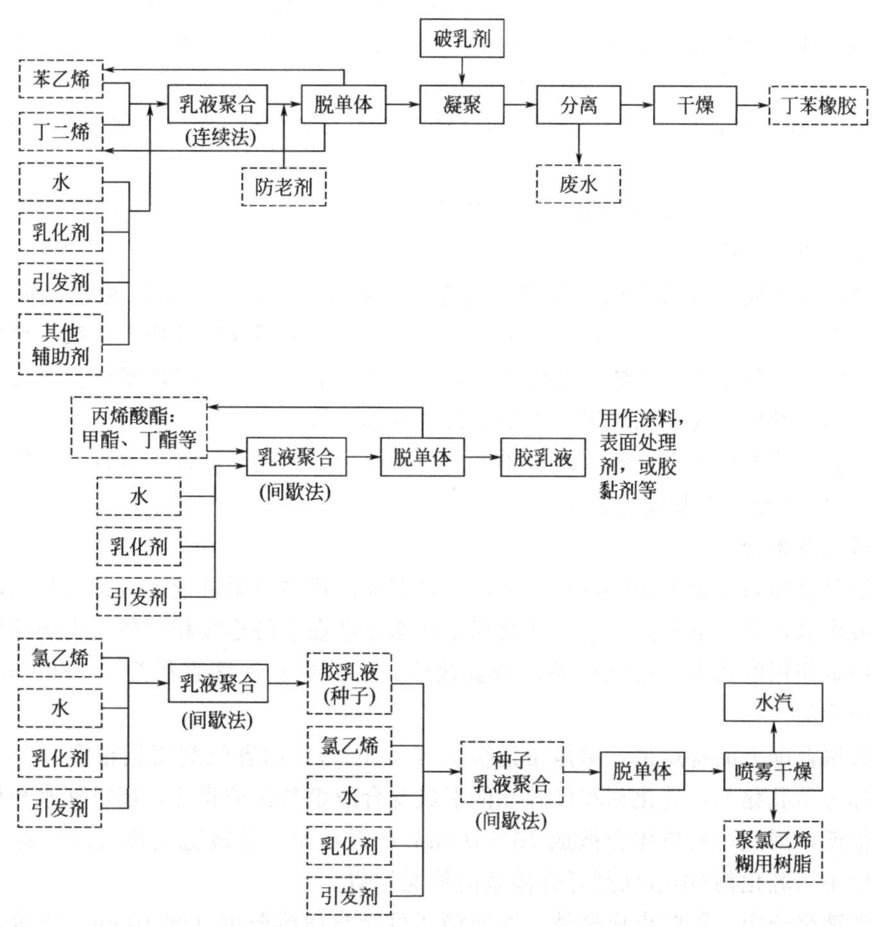

图 4-10　乳液聚合生产工艺流程框图

4.3.4.7 乳液聚合的技术进展

除了常规乳液聚合外，近年来还发展了种子乳液聚合、核壳乳液聚合、微乳液聚合、反相乳液聚合等许多技术。

（1）种子乳液聚合

一般乳液聚合得到的聚合物微粒粒径在 0.2μm 以下，如要得到较大粒径的产物，则要通过种子乳液聚合和溶胀技术来实现。而种子乳液聚合就是将少量单体在有限的乳化剂条件下先乳液聚合成种子胶乳（50～100nm 或更小），然后将少量种子胶乳（1%～3%）加入正式乳液聚合的配方中，种子胶乳被单体溶胀，继续聚合，使粒径增大。经过多级溶胀聚合，粒径可达 1～2μm 甚至更大。种子乳液聚合成功的关键是防止乳化剂过量，以免生成新胶核，其用量仅供胶粒保护之需。种子乳液聚合的粒径分布接近单分散。此法主要用于聚氯乙烯糊用树脂的生产。

（2）核壳乳液聚合

两种单体进行共聚合时，如果一种单体首先进行乳液聚合，然后加入第二种单体再次进行乳液聚合，则前一种单体聚合形成胶乳粒子的核心，好似种子，后一种单体则形成胶乳粒子的外壳。核壳乳液聚合类似于种子乳液聚合，不同的是种子乳液聚合产品是均聚物，目的在于增大微粒粒径，所以种子的用量甚少。核壳乳液聚合目的在于合成具有适当性能的共聚物，核、壳两种组分的用量相差不大甚至相等，核壳乳液聚合成功的关键也是限量乳化剂。核和壳单体的选择视聚合物的性能要求而定。正常的核壳聚合物基本上有如下两种类型。

① 软核硬壳　例如以聚丁二烯（B）为核，苯乙烯（S）和丙烯腈（A）共聚物为壳，可合成 ABS 工程塑料；以甲基丙烯酸甲酯（M）和苯乙烯（S）为壳，则成为 MBS 抗冲改性剂。

② 软核硬壳　这类核壳聚合物主要用作涂料，硬核赋予漆膜强度，软壳则可调节玻璃化温度或最低成膜温度。

合成时，一般先聚合的为核，后聚合的为壳。聚合壳（即加入第二种单体进行乳液聚合）的方法有三种方式：①间歇操作，第二种单体一次加入后立即反应；②第二种单体加入后，经过一段时间使第二种单体浸泡胶乳微粒达到平衡后，再进行间歇操作使第二种单体进行聚合；③第二种单体连续加于聚合釜中进行半连续聚合。

影响核壳结构的因素中，除了两种单体的加料次序外，还与单体亲水性、引发剂的水溶性、温度、pH 和聚合物黏度等有关。

（3）微乳液聚合

微乳液聚合的研究始于 20 世纪 80 年代，是石油危机中对微乳液进行深入研究的结果。

微乳液可以定义为油分散在水的连续相中或水分散在油的连续相中的，由表面活性剂界面层提供稳定作用的热力学稳定体系。微乳液体系的分散相液滴直径为 5～80nm，因而是透明或半透明的。

微乳液聚合配方的特点是：单体用量很少（＜10%），而乳化剂用量很多（＞单体量），并加有戊醇等助乳化剂，乳化剂和戊醇除能形成复合胶束和保护膜外，还可使水介质的表面张力降得很低，因此可使单体分散成 10～100nm 的微液滴，乳液稳定性良好，这一点与微悬浮聚合中采用乳化剂/难溶助剂复合体系的情况相似。

在微乳液聚合中，除胶束成核外，微液滴还可能与增溶胶束（约 10nm）竞争，吸取水相中形成的自由基而进行液滴成核。聚合成乳胶粒后，未成核的微液滴中的单体不断通过水相扩散，供应已形成的乳胶粒继续聚合，微液滴很快消失（相当于4%～5%转化率）。微液滴消失后，增溶胶束仍能胶束成核，继续聚合。未成核的胶束就为乳胶粒提供保护所需的乳化剂，最终形成热力学稳定的胶乳。

微乳液聚合的最终乳胶粒径小，表面张力低，渗透、润湿、流平等性能非常好，可得透明涂膜，如与常规聚合物乳液混用，更能优点互补。

微乳液聚合所得的均聚物和共聚物都具有很高的相对分子质量，而且与引发剂浓度的关系不大，此外，相对分子质量分布也比常规乳液聚合产物窄得多。

几种多相聚合的特征比较见表 4-6。

表 4-6　几种多相聚合的特征比较

特　征	悬浮聚合	微悬浮聚合	经典乳液聚合	O/W 微乳液聚合
胶粒直径/nm	50000～2000000	200～2000	100～150	10～80
液滴直径/nm	50000～2000000	200～2000	1000～10000	10～80
单体/质量份	苯乙烯 100	苯乙烯 100	苯乙烯 100	苯乙烯 4.85
介质/质量份	水 200	水 300	水 200	水 82.5
引发剂/质量份	过氧化二苯甲酰 0.3	过硫酸钾 0.4	过硫酸钾 0.3	过硫酸钾 0.27
表面活性剂/质量份	部分水解聚乙烯醇 0.05	十二烷基硫酸钠 3＋十六醇 10	十二烷基硫酸钠 3	十二烷基硫酸钠 9.05＋戊醇 3.85
成核聚合机理	液滴内本体聚合	液滴成核	胶束成核	液滴成核＋胶束成核

（4）反相乳液聚合

可溶于水的单体制备的单体水溶液，在油溶性表面活性剂作用下与有机相形成油包水（W/O）型乳状液，再经油溶性引发剂或水溶性引发剂引发聚合反应形成 W/O 型聚合物胶乳称为“反相乳液聚合”。

采用反相乳液聚合的目的有两个：一是利用乳液聚合反应的特点，以较高的聚合速率生产高分子水溶性聚合物；二是利用胶乳微粒甚小的特点，使反相胶乳生产的含水聚合物微粒迅速溶于水中以制备聚合物水溶液。反相乳液聚合物主要用于各种水溶液聚合物的工业生产，其中以聚丙烯酰胺的生产最重要。

反相乳液聚合所用的表面活性剂主要是 HLB 值为 4～6 的 W/O 型表面活性剂，如硬脂酸单山梨醇酯、油酸单山梨醇酯、聚乙二醇聚丙二醇-二元胺加成物，用量为 2.5%～12.5%（以油相为基准）。所用有机相为高沸点脂肪烃和芳烃（如甲苯、二甲苯等），其中不应含有可发生阻聚作用或链转移反应的杂质。采用油溶性引发剂如过氧化二苯甲酰、过氧化二月桂酰以及偶氮引发剂等，水溶性引发剂如过硫酸钾、过硫酸铵等。有时同时采用油溶性引发剂和水溶性引发剂。单体水溶液相和有机相体积比可接近 1∶1。

（5）无皂乳液聚合

一般乳胶粒表面吸附有乳化剂，难以用水洗净，在生化医药制品的载体应用上受到了限制，因此考虑无皂聚合。所谓“无皂”聚合，只是利用引发剂或极性共单体，将极性或可电离的基团化学键接在聚合物上，使聚合产物本身就成为表面活性剂，举例见表 4-7。

采用过硫酸盐引发剂时，硫酸根就成为大分子的端基，只是硫酸根含量太少，乳化稳定能力有限，所得胶乳浓度很低（<10%）。而利用不电离、弱电离或强电离的亲水性极性共单体与苯乙烯、（甲基）丙烯酸酯类共聚，则可使较多的极性基团成为共聚物的侧基，乳化稳定作用较强，可以制备高固体含量的胶乳。

表 4-7 无皂聚合中的共单体

基团特性	共单体示例
非离子极性	丙烯酰胺类
弱电离	(甲基)丙烯酸，马来酸。共聚物中 COOH 可用碱中和成 COO^-Na^+
强电离	(甲基)烯丙基磺酸钠，对苯乙烯磺酸钠
离子和非离子基团复合型	羧酸-聚醚复合型 $HOOCCH{=}CHCO\cdot O(CH_2CH_2O)_nR$
可聚合的表面活性剂	烯丙基型离子型表面活性剂共单体 $C_{12}H_{25}O\cdot OCCH_2CH(SO_3Na)CO\cdot OCH_2CH(OH)CH_2OCH_2CH{=}CH_2$

无皂聚合可用来制备粒度单分散性好、表面洁净、带有功能基团的聚合物微球，可在粒径和孔径测定、生物医药载体等特殊场合应用。

4.3.5 各种实施方法的比较

烯类单体采用上述四种方法进行连锁聚合反应的配方、机理、生产特征、产物特性等比较见表 4-8。

表 4-8 四种聚合方法的比较

项目	本体聚合	溶液聚合	悬浮聚合	乳液聚合
配方主要成分	单体、引发剂	单体、引发剂、溶剂	单体、水、油溶性引发剂、分散剂	单体、水、水溶性引发剂、水溶性乳化剂
聚合场所	本体内	溶液内	液滴内	胶束和乳胶粒内
温度控制	难	较易，溶剂为传热介质	易，水为传热介质	易，水为传热介质
聚合机理	提高速率的因素将使产物相对分子质量降低	向溶剂链转移，产物相对分子质量和聚合速率均降低	同本体聚合	能同时提高聚合速率和产物相对分子质量
生产特征	不易散热，连续聚合时要保证传热混合；间歇法生产板材或型材的设备简单	散热容易，可连续化，不宜制成干燥粉状或粒状树脂	散热容易，间歇生产，需有分离、洗涤、干燥等工序	散热容易，可连续化，制粉状树脂时，需经凝聚、洗涤、干燥等工序
产物特性	聚合物纯净，宜生产透明浅色制品，产物相对分子质量分布较宽	聚合物溶液一般直接使用	直接制得粒(或粉)状产品。比较纯净，可能留有少量分散剂	聚合物乳液可直接使用，制成固体树脂时，留有部分乳化剂和其他助剂

习题与思考题

1. 说明熔融缩聚的特点、工艺控制要点与典型应用。
2. 举例说明溶液缩聚的类型、应用范围、特点与控制要点。
3. 说明界面缩聚的特点、工艺控制要点与典型应用。
4. 试比较连锁聚合四种实施方法的基本特征与优缺点。
5. 本体聚合的关键问题是反应热的及时排除，在工业上常采用什么方法？请举例说明。
6. 从表 4-4 可知，苯乙烯本体聚合的工业生产分低转化率下预聚和聚合塔连续升温聚合两个阶段，最后熔体挤出造粒。试解释采用上述步骤的原因。

7. 溶液聚合时，溶剂对聚合反应有何影响？选择溶剂时要注意哪些问题？

8. 悬浮聚合时，常需不断搅拌，并加入分散剂。试分析它们对体系稳定性的贡献。分散剂有哪几类？它们的作用机理有何不同？

9. 简述经典乳液聚合中单体、乳化剂和引发剂的所在场所，链引发、链增长和链终止的场所和特征，胶束、胶粒、单体液滴和反应速率的变化规律。

10. 简述种子乳液聚合与核壳乳液聚合的区别与关系。

11. 简述工业上合成下列聚合物的聚合反应类型及聚合方法。

(1) 聚乙烯、聚丙烯、聚氯乙烯、聚苯乙烯和聚甲基丙烯酸甲酯；

(2) 丁苯橡胶、顺丁橡胶、乙丙橡胶和丁基橡胶；

(3) 聚对苯二甲酸乙二酯、尼龙-66和聚丙烯腈。

第 5 章　高聚物的化学反应

本章学习目标

知识目标

1. 了解高聚物化学反应的意义、特点及类型。
2. 了解绿色高分子材料的含义。
3. 理解高聚物的基团转变反应与聚合度变化反应的类型及其应用。
4. 掌握防止高聚物老化的有效措施。

能力目标

1. 能初步利用高聚物化学反应制备新型高聚物和改性高聚物。
2. 能根据高聚物特性正确选择高分子材料防老化方法。

素质目标

培养学生良好的综合分析问题和解决问题的能力；增强学生的经济意识和环保意识。

5.1　概述

高聚物的化学反应是指以高聚物为反应物，在一定条件下使高聚物的化学结构和性能发生变化而进行的化学反应。

5.1.1　研究高聚物化学反应的目的意义

人类早在 19 世纪中叶，就利用高聚物的化学反应进行了天然高聚物的改性，如天然橡胶的硫化、纤维素的硝化与酯化等。近年来，随着高分子科学的不断发展，高聚物的化学反应越来越受到高分子科学与工程领域的研究和工程人员的重视，通过研究高聚物化学反应可以实现以下目的：①改变高聚物结构，优化其性能；②可以合成出用单体不能直接合成的高聚物，扩大其应用范围；③从理论上研究和验证高聚物的结构；④探索影响高聚物老化的因素和性能变化之间的关系，从而找出防止高分子材料老化的措施；⑤研究高聚物的降解机理，以利于废弃物的处理；⑥开发功能高分子材料，如制备高分子催化剂、高分子药物、导电高分子等功能性高分子材料；⑦探索绿色高分子材料的合成，这也将是高分子材料研究与开发的一个热门领域。

5.1.2　高聚物化学反应的分类与特性

5.1.2.1　高聚物化学反应的分类

高聚物的化学反应种类很多，根据高分子的聚合度和基团变化（侧基和端基），可分为如下几类。

（1）聚合物的基团转变反应

这类反应仅限于高分子侧基或端基变化的反应，改变的只是高聚物的组成，而聚合度基本无变化，也称聚合度的相似转变反应（或聚合度基本不变的反应）。主要发生在聚合物与低分子化合物之间或在聚合物分子内，原有的一些基团被其他原子或基团所取代，产生新的原子或基团。如纤维素转变为硝酸纤维素，聚醋酸乙烯酯水解成聚乙烯醇等。

（2）聚合度变大的化学转变反应

这类反应的聚合产物聚合度会显著增加，如交联、嵌段、接枝、扩链反应等。

（3）聚合度变小的化学转变反应

这类反应的聚合产物聚合度会显著降低，如降解、解聚反应等。

5.1.2.2 高聚物化学反应的特性及影响因素

（1）高聚物化学反应的特性

虽然高聚物的化学反应与许多小分子有机化合物的化学反应有很多相似的地方，但由于高聚物相对分子质量大、分子链长，存在链结构和聚集态结构，使其在进行化学反应时又有独特之处。主要表现在如下方面。

① 反应的不完全性 小分子化合物反应式表示反应前后与产物的变化，而聚合物化学反应虽也可用反应式表示，但受到很大局限。例如，聚醋酸乙烯酯水解制取聚乙烯醇的反应可用下式表示：

$$\left[\text{CH}_2\text{—}\underset{\text{OCOCH}_3}{\underset{|}{\text{CH}}}\right]_n \xrightarrow{\text{H}_2\text{O}} \left[\text{CH}_2\text{—}\underset{\text{OH}}{\underset{|}{\text{CH}}}\right]_n$$

但不能认为大分子链上所有酯基都已转化，因此高聚物化学反应不能用小分子的“产率”一词来描述，而只能用基团的转化率来表征。

② 反应产物的不均匀性 由于高聚物化学反应的不完全性，并非所有的基团都能参与反应。因此，高分子链上既有起始官能团，又有反应后形成的新官能团，不能分离出结构单一的产物。例如聚乙烯醇的缩甲醛反应，在同一条分子链上并不是所有链节都参加反应；不同的聚乙烯醇分子上，羟基的反应程度和位置也不同。

$$\sim\text{CH}_2\text{—}\underset{\text{OH}}{\underset{|}{\text{CH}}}\text{—CH}_2\text{—}\underset{\text{OH}}{\underset{|}{\text{CH}}}\text{—CH}_2\text{—}\underset{\text{OH}}{\underset{|}{\text{CH}}}\sim + \text{HCHO} \longrightarrow \sim\text{CH}_2\text{—}\overset{\text{CH}_2}{\overbrace{\underset{\underset{\text{CH}_2}{\underbrace{\text{O}\quad\quad\text{O}}}}{\text{CH}\quad\text{CH}}}}\text{—CH}_2\text{—}\underset{\text{OH}}{\underset{|}{\text{CH}}}\sim + \text{H}_2\text{O}$$

③ 反应的复杂性 反应往往可以向几个方向进行，产物则变得更复杂。例如，聚乙烯醇的缩甲醛反应，除了同一分子链上相邻羟基发生缩醛化外，还会发生分子间的反应而生成交联结构的产物。

$$\begin{array}{c}\sim\text{CH}_2\text{—}\underset{\text{OH}}{\underset{|}{\text{CH}}}\text{—CH}_2\text{—}\underset{\text{OH}}{\underset{|}{\text{CH}}}\sim\\ \\ \overset{\text{OH}}{\overset{|}{\sim\text{CH}_2\text{—CH}}}\text{—CH}_2\text{—}\underset{\text{OH}}{\underset{|}{\text{CH}}}\sim\end{array} \xrightarrow[\text{H}^-]{\text{RCHO}} \begin{array}{c}\sim\text{CH}_2\text{—CH—CH}_2\text{—}\underset{\text{OH}}{\underset{|}{\text{CH}}}\sim\\ \text{O}\\ |\\ \text{HCR}\\ |\\ \text{O}\\ \sim\text{CH}_2\text{—CH—CH}_2\text{—}\underset{\text{OH}}{\underset{|}{\text{CH}}}\sim\end{array}$$

（2）高聚物化学反应的影响因素

尽管高聚物分子链所带的官能团与一般小分子有机化合物有一样的反应性能，但在反应速率和转化率方面往往有显著的差异，其主要是受以下因素的影响。

① 物理因素　影响高聚物化学反应的物理因素主要从反应物质的扩散速度与局部浓度来考虑。对于无定形高聚物，由于其结构不规整、分子排列松散，试剂容易侵入，官能团容易起反应；但无定形聚合物处于玻璃态时，链段被冻结，也不利于小分子的扩散，若要使反应进行得均匀些，可把温度提高到玻璃化温度以上进行反应。若对于晶态高聚物，因其结构规整、分子排列紧密，试剂不易侵入，官能团不易起反应，反应往往只限于结晶态高聚物的非晶区部分。

若能将线型高聚物溶于适当的溶剂中成为均相溶液后进行反应，则得到的产物会均匀些。轻度交联的聚合物必须用适当的溶剂溶胀后才进行反应。如果高聚物不处在溶解或溶胀状态下反应，就会引起反应速率降低或发生局部性的反应。因此，适当提高高聚物在溶剂中的溶解度或溶胀度，可加快反应的进行。

② 化学因素　主要有概率效应和邻近基因效应。

a. 概率效应　高分子链上相邻基团的成对反应，只能达到一定限度，而不能 100％转化，这就是概率效应。根据数理统计和实验结果，起始基团在反应后都有一定残留率，如聚乙烯醇缩醛化反应最高转化率只能达 86％左右，有些羟基在分子上成为单数而留下来。

b. 邻近基团效应　高分子链上邻近基团通过静电作用和空间位阻等因素，改变官能团的反应能力，这种作用称为邻近基团效应。它普遍存在于高分子反应中。有时反应后的基团可以改变邻近未反应基团的活性，使高分子化学反应的邻近基团效应变得更显著。

5.2　高聚物的基团转变反应

高聚物的基团转变反应可分为两大类：一类为高聚物与外加试剂发生的引入新基团的反应；另一类是同一高聚物分子链基团之间的转化反应。在聚合物分子链上引入新基团或进行功能基转换是对聚合物进行化学改性、功能化以及获取新型、复杂结构高分子的有效手段。常见的反应如下。

5.2.1　引入新基团

5.2.1.1　氯化反应与氯磺化反应

聚乙烯、聚苯乙烯、聚丙烯、橡胶等聚烯烃及其共聚物，都能在一定的条件下发生氯化反应。高聚物经氯化后，可以使它的工艺性能、力学性能、化学稳定性及耐燃性等方面获得显著改善，从而扩大高聚物的应用范围，提高其使用价值，广泛应用于制备弹性体、塑料制品、涂料、胶黏剂等领域中。

氯化聚乙烯是聚乙烯通过氯取代反应而制成的无规生成物，可视为乙烯、氯乙烯和1,2-二氯乙烯的三元聚合物，几乎不存在双键结构。我国生产的氯化聚乙烯 90％用于 PVC 改性，约 10％用于电线、电缆和 ABS 树脂改性。

$$\sim\sim CH_2CH_2\sim\sim \xrightarrow[-HCl]{Cl_2} \sim\sim CH_2\underset{\displaystyle Cl}{\underset{|}{CH}}—CH_2CH_2\sim\sim$$

氯化橡胶是由天然或合成橡胶经氯化改性得到的，由于其具有优良的成膜性、黏附性、快干性、耐腐蚀性、防透水性、阻燃性和绝缘性，广泛应用于制造化工防腐漆、路标漆、船舶漆、集装箱漆、防火漆、建筑涂料、胶黏剂及印刷油墨等。

$$\sim\sim CH_2-\overset{CH_3}{\underset{|}{C}}=CHCH_2\sim\sim \rightarrow \begin{cases} \xrightarrow{Cl_2} \sim\sim CH_2-\overset{CH_3}{\underset{Cl}{C}}-\underset{Cl}{CH}CH_2\sim\sim \\ \xrightarrow[-HCl]{Cl_2} \sim\sim CH_2-\overset{CH_3}{C}=CH-\underset{Cl}{CH}\sim\sim \end{cases}$$

氯化聚氯乙烯是聚氯乙烯的一个改性品种，其耐候性、耐蚀性、耐老化性和阻燃自熄性等性能远远优于普通的聚氯乙烯树脂，用其制成的管、板、注塑件广泛应用于化工、建筑、冶金、造船、电子电器、合成纤维等领域，是一种性能优异的新型合成高分子材料。

$$\sim\sim CH_2-\underset{Cl}{CH}-CH_2-\underset{Cl}{CH}-CH_2-\underset{Cl}{CH}-CH_2-\underset{Cl}{CH}\sim\sim \xrightarrow{Cl_2}$$
$$\sim\sim CH_2-\underset{Cl}{CH}-CH_2-\underset{Cl}{CH}-CH_2-\underset{Cl}{CH}-\underset{Cl}{CH}-\underset{Cl}{CH}\sim\sim$$

氯磺化聚乙烯是低密度聚乙烯或高密度聚乙烯经过氯磺化反应制得的一种特种橡胶，是一种综合性能良好的弹性体。主要用途是用作工业池、槽、水库衬胶和屋面防水卷材。其中85%用于防腐涂层，其余小部分用于电线电缆、覆盖材料等。

$$\sim\sim CH_2-CH_3\sim\sim \xrightarrow[-HCl]{Cl_2,SO_2} \sim\sim CH_2-\underset{SO_2Cl}{CH}-CH_2-\overset{Cl}{CH}\sim\sim$$

5.2.1.2 离子交换树脂的合成

离子交换树脂是在具有三维空间网状结构的高分子基体上引入功能基团的树脂。作为基体原料主要有苯乙烯和丙烯酸（酯）两大类，它们分别与交联剂二乙烯苯产生聚合反应，形成具有长分子主链及交联横链的网络骨架结构的高聚物，再通过苯环的取代反应（磺化、氯甲基化、胺化等）及功能基转化，制得阴、阳离子交换树脂。

$$H_2C=CH-C_6H_5 + H_2C=CH-C_6H_4-CH=CH_2 \xrightarrow{\text{悬浮共聚合}} \sim\sim CH_2-\underset{C_6H_4}{CH}-CH_2-\underset{C_6H_5}{CH}\sim\sim \;(\text{交联}\sim\sim CH_2-CH\sim\sim)$$

$$\rightarrow \begin{cases} \xrightarrow{\text{浓硫酸磺化}} \sim\sim-C_6H_4-SO_3^-H^+ \;(\text{阳离子交换树脂}) \\ \xrightarrow{\text{氯甲基化}} \sim\sim-C_6H_4-CH_2Cl \xrightarrow{NR_3} \sim\sim-C_6H_4-CH_2N^+R_3Cl^- \xrightarrow{NaOH} \sim\sim-C_6H_4-CH_2N^+R_3OH^- \end{cases}$$

（阴离子交换树脂）

离子交换树脂能在液相中与带相同电荷的离子进行交换反应，如磺酸型聚苯乙烯阳离子交换树脂与水中的阳离子 Na^+ 作用时，由于树脂上的 H^+ 浓度大，而—SO^{3-} 对 Na^+ 的亲和力比对 H^+ 的亲和力强，因此树脂上的 H^+ 便与 Na^+ 发生交换，起到消除水中 Na^+ 的作用。废离子交换树脂用酸或碱处理，还可以再生利用。

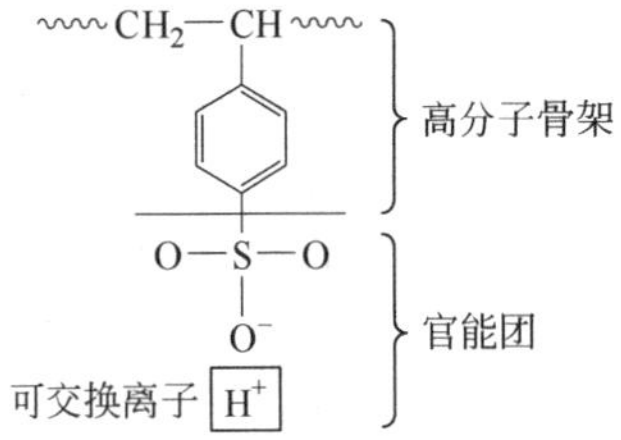

阳离子交换树脂 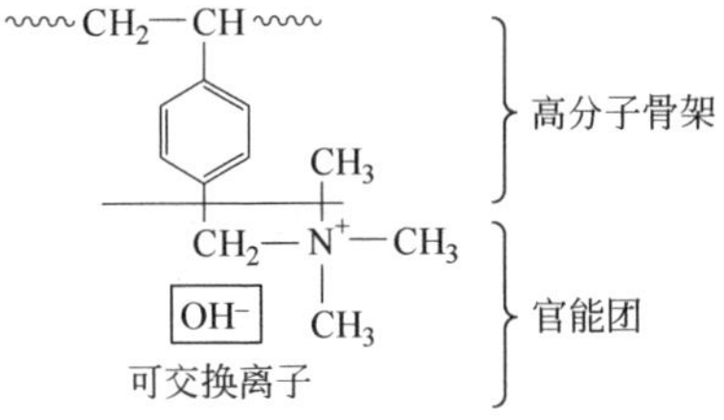 阴离子交换树脂

离子交换树脂的品种很多，因化学组成和结构不同而具有不同的功能和特性，适应于不同的用途。主要用于水的软化、贵重金属及稀有金属的提取与分离、工业用催化剂、铀的提纯、废弃酸碱液的回收等方面。

5.2.2 基团的转化

这类反应常常是以大分子的基本链节为基础，与化学试剂（大分子或小分子）相互作用的反应，反应的规律和低分子有机化合物相类似，共同特点是反应后的聚合度不变或变化不大。现举例说明如下。

5.2.2.1 天然纤维素的化学改性

（1）酯化反应

以天然纤维素的酯化反应为例，纤维素的分子式常常简写成 $[C_6H_7O_2(OH)_3]_n$，其结构式为：

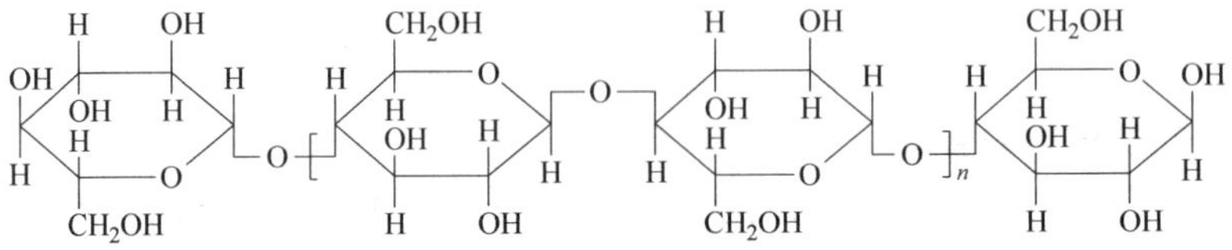

可见，纤维素由葡萄糖单元组成，在每个结构单元上都有三个羟基，它相当于脂肪族多元醇，可与酸发生酯化反应。

在浓硫酸的存在下，将纤维素与浓硝酸进行酯化反应可制得纤维素硝化酯（硝化纤维素），浓硫酸起着使纤维素溶胀和与脱水的双重作用。

$$\left[C_6H_7O_2(OH)_3\right]_n + 3nHNO_3 \longrightarrow \left[C_6H_7O_2(ONO_2)_3\right]_n + 3nH_2O$$

反应后，其性能变化较大，但并不是所有羟基都能够被酯化，工业上常常以含氮量来表示硝化度。硝酸酯作为硝基纤维随着硝化程度的降低，可以用作无烟火药（火棉胶，含氮量13%）、涂料或胶黏剂（含氮量12%）以及赛璐珞塑料（含氮量11%）等。因硝化纤维极易燃，除用作火药外，已被醋酸纤维所代替。

在硫酸催化下，纤维素与醋酸酐反应，可以制得纤维素醋酸酯（醋酸纤维）。

$$\left[C_6H_7O_2(OH)_3\right]_n + 3n(CH_3CO)_2O \longrightarrow \left[C_6H_7O_2(OCOCH_3)_3\right]_n + 3nCH_3COOH$$

醋酸纤维性质稳定、强度大、透明且不易燃，可用作电影胶片的基材、录音带、电器零部件等，二醋酸纤维进行纺丝就可制得人造纤维，俗称“人造丝”。

（2）醚化反应

纤维素分子中羟基的氢被烃基取代而生成纤维素醚类衍生物。经醚化后的纤维素溶解性能发生显著变化，能溶于水、稀碱溶液和有机溶剂，并具有热塑性。纤维素醚类品种繁多，性能优良，广泛用于建筑、水泥、石油、食品、纺织、洗涤剂、涂料、医药、造纸及电子元件等工业。工业上常用的是纤维素烷基醚和纤维素羟烷基醚，典型代表是甲基纤维素和羟乙基纤维素。

将碱纤维素与卤代甲烷反应可制得甲基纤维素，广泛用作增稠剂、胶黏剂和保护胶等。

$$\left[C_6H_7O_2(OH)_3\right]_n + 3nCH_3Cl + 3nNaOH \longrightarrow \left[C_6H_7O_2(OCH_3)_3\right]_n + 3nNaCl + 3nH_2O$$

将碱纤维素与氯乙醇反应可制得羟乙基纤维素，广泛用作胶乳涂料的增稠剂、纺织印染浆料、造纸胶料、胶黏剂和保护胶体等。

$$\left[C_6H_7O_2(OH)_3\right]_n + 3nClCH_2CH_2OH + 3nNaOH \longrightarrow \left[C_6H_7O_2(OCH_2CH_2OH)_3\right]_n + 3nNaCl + 3nH_2O$$

5.2.2.2　聚乙烯醇的合成及缩醛化

由于乙烯醇不稳定，极易异构化为乙醛，所以不能直接用乙烯醇单体聚合制得聚乙烯醇，只能在酸或碱作用下，将聚醋酸乙烯酯用甲醇醇解而得。

$$nH_2C{=}CH{-}OCOCH_3 \longrightarrow \left[CH_2{-}\underset{OCOCH_3}{CH}\right]_n + nCH_3OH \xrightarrow[(或\ H^+)]{NaOH} \left[CH_2{-}\underset{OH}{CH}\right]_n + nCH_3COOCH_3$$

聚乙烯醇可溶于沸水，耐油、坚韧，常用聚乙烯醇的醇解度为 80%和 98%左右。将聚乙烯醇进行缩甲醛、亚苄基化等缩醛化处理，可得到具有良好耐水性和力学性能的维尼纶，聚乙烯醇缩甲醛还可应用于涂料、胶黏剂、海绵等方面；PVA 的缩丁醛产物在涂料、胶黏剂、安全玻璃等方面有重要应用。

$$\sim CH_2{-}\underset{OH}{CH}{-}CH_2{-}\underset{OH}{CH}\sim \xrightarrow{RCHO} \sim CH_2{-}CH{-}CH_2{-}CH\sim\ (\text{两个 O 与 }\underset{R}{CH}\text{ 成环}) + H_2O$$

5.2.2.3　环化反应

有少数高聚物在热解时，通过侧基能发生环化反应。最典型的环化反应是聚丙烯腈环化制备碳纤维的反应。

$$\sim CH_2{-}\underset{CN}{CH}{-}CH_2{-}\underset{CN}{CH}{-}CH_2{-}\underset{CN}{CH}\sim \longrightarrow \text{(含 N 稠环结构)}$$

碳纤维具有质轻、强度高、耐高温（可耐 3000℃）的特点，与树脂、橡胶、金属、玻璃、陶瓷等复合后，可成为性能优异的复合材料，广泛应用于航天航空及国防领域（飞机、火箭、导弹、卫星、雷达等）、体育休闲用品（高尔夫球杆、渔具、网球拍、羽毛球拍等）及原子能设备和化工设备制造行业。

5.3　聚合度变大的化学转变

聚合度变大的化学转变主要包括交联反应、接枝反应、嵌段反应和扩链反应。

5.3.1 交联反应

高聚物的交联反应是指线型或支链型大分子在光、热、辐射或交联剂的作用下，分子链间形成共价键，生成三维网状或体型结构的产物。交联能使高聚物的许多性能得到提高，如能提高高聚物的强度、弹性、耐热性、硬度、稳定性等。主要用于橡胶制品的硫化、树脂的固化、胶黏剂的固化等方面。

高分子间的交联可通过化学方法和物理方法来实现。化学方法主要有缩聚交联、共聚交联及硫化交联等；物理方法主要有机械交联与辐射交联等。酚醛树脂、环氧树脂的固化，橡胶的硫化，离子交换树脂等的交联属于化学交联。聚乙烯、聚苯乙烯、聚二甲基硅氧烷等在辐射作用下的交联属于物理交联。

5.3.1.1 酚醛树脂的交联固化

线型酚醛树脂通过官能团间的相互作用，使分子链间形成共价键而发生交联反应，转化为体型酚醛树脂。

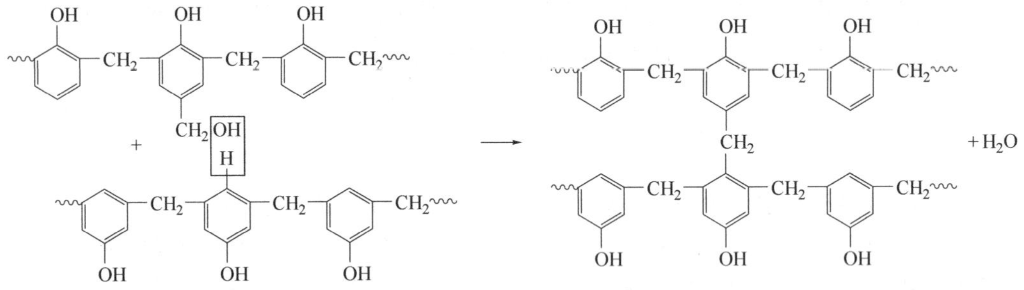

$$\sim\text{Ar(OH)}-CH_2-\text{Ar(OH)}(CH_2\boxed{OH})-CH_2-\text{Ar(OH)}-CH_2\sim + \sim\text{Ar(OH)}-CH_2-\text{Ar(OH)}(\boxed{H})-CH_2-\text{Ar(OH)}-CH_2\sim \longrightarrow \sim\text{Ar(OH)}-CH_2-\text{Ar(OH)}(-CH_2-\text{Ar(OH)}\sim)-CH_2-\text{Ar(OH)}-CH_2\sim + H_2O$$

5.3.1.2 苯乙烯的共聚交联

苯乙烯与二乙烯苯在形成共聚物时，在形成直链分子的同时，分子链间也发生交联反应。

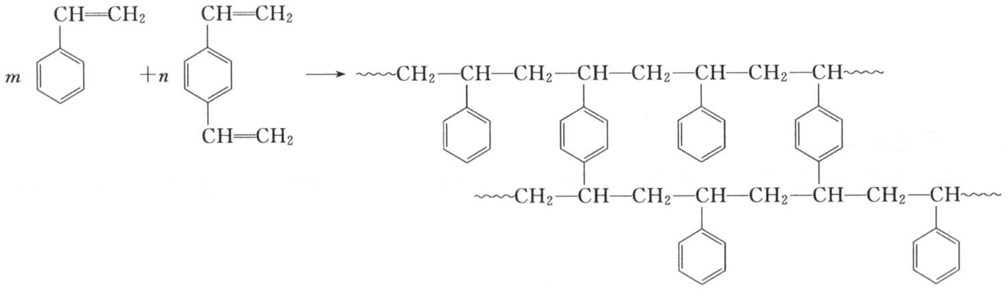

$$m\,C_6H_5CH{=}CH_2 + n\,CH_2{=}CH-C_6H_4-CH{=}CH_2 \longrightarrow \sim CH_2-CH(C_6H_5)-CH_2-CH(C_6H_4-)-CH_2-CH(C_6H_5)-CH_2-CH(C_6H_4-)\sim$$

（两条 $\sim CH_2-CH-CH_2-CH-CH_2-CH-CH_2-CH\sim$ 链通过对亚苯基 $-C_6H_4-$ 相连）

5.3.1.3 橡胶的硫化

橡胶的硫化是指橡胶胶料（线型高分子）在物理或化学作用下，形成三维网状体型结构，从而改善橡胶的物理、力学、化学等性能的工艺过程。硫化后生胶内形成空间立体结构，具有较高的弹性、耐热性、拉伸强度和在有机溶剂中的不溶解性等优异性能。橡胶制品绝大部分是硫化橡胶。

最初的天然橡胶制品是用硫黄作交联剂进行交联，故橡胶的交联得名为“硫化”。随着橡胶工业的发展，现在可以用多种非硫黄交联剂进行交联。像氟橡胶、硅橡胶和乙丙橡胶也能进行交联，但由于分子结构中没有双键，只能采用过氧化物硫化；氯丁橡胶用金属氧化物如氧化锌、氧化镁等进行硫化。

天然橡胶以硫黄为硫化剂的硫化反应如下。

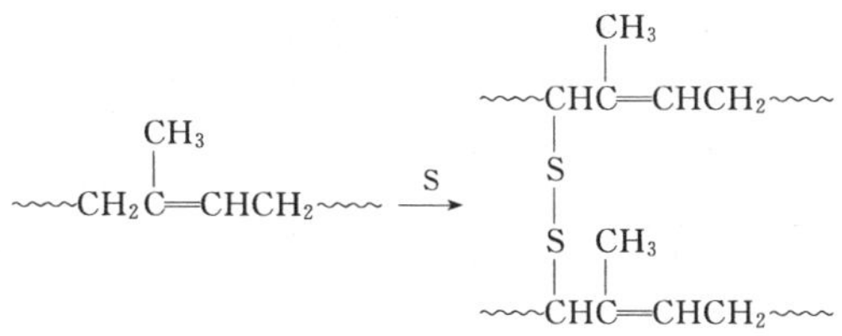

$$\sim\sim CH_2\overset{\overset{\displaystyle CH_3}{|}}{C}{=}CHCH_2\sim\sim \xrightarrow{S} \begin{array}{c} \sim\sim CH\overset{\overset{\displaystyle CH_3}{|}}{C}{=}CHCH_2\sim\sim \\ | \\ S \\ | \\ S \quad CH_3 \\ | \qquad | \\ \sim\sim CHC{=}CHCH_2\sim\sim \end{array}$$

乙丙橡胶以过氧化物为硫化剂的硫化反应如下：

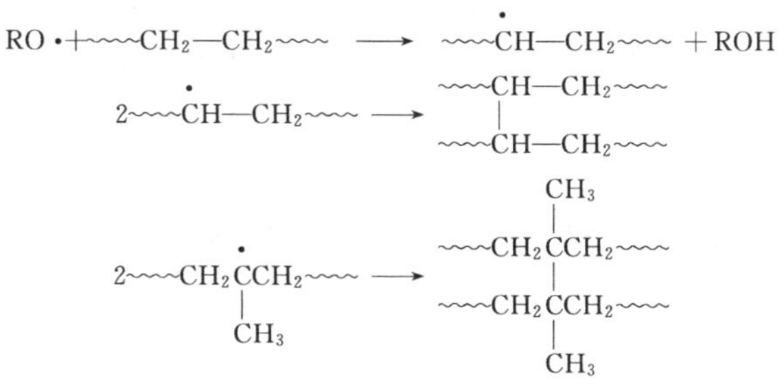

$$RO\cdot + \sim\sim CH_2{-}CH_2\sim\sim \longrightarrow \sim\sim\dot{C}H{-}CH_2\sim\sim + ROH$$

$$2\sim\sim\dot{C}H{-}CH_2\sim\sim \longrightarrow \begin{array}{c}\sim\sim CH{-}CH_2\sim\sim \\ | \\ \sim\sim CH{-}CH_2\sim\sim\end{array}$$

$$2\sim\sim CH_2\overset{\bullet}{\underset{\underset{\displaystyle CH_3}{|}}{C}}CH_2\sim\sim \longrightarrow \begin{array}{c} CH_3 \\ | \\ \sim\sim CH_2CCH_2\sim\sim \\ | \\ \sim\sim CH_2CCH_2\sim\sim \\ | \\ CH_3 \end{array}$$

为了提高硫化速率和提高硫的利用率，缩短硫化时间，一般在硫化体系中加入硫化促进剂（如四甲基秋兰姆二硫化物、二甲基二硫代氨基甲酸锌、苯并噻唑二硫化物等）和活性剂（如氧化锌、氧化镁等）。

5.3.1.4　聚烯烃的辐射交联

有许多烯烃类高聚物如聚乙烯、聚苯乙烯、氯化聚乙烯、聚丁二烯等，除了采用过氧化物进行交联外，还能在 α 射线、β 射线或 γ 射线等高能辐射下产生链自由基，链自由基偶合即可产生交联反应。但由于受高能辐射的影响，双取代的碳链高聚物往往会发生断链反应，其他大多数高聚物则是交联。

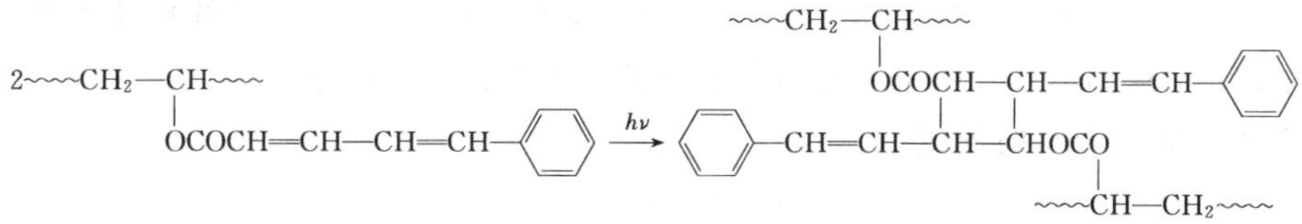

$$2\sim\sim CH_2{-}\underset{\underset{\displaystyle OCOCH{=}CH{-}CH{=}CH{-}C_6H_5}{|}}{CH}\sim\sim \xrightarrow{h\nu} \begin{array}{c} \sim\sim CH_2{-}CH\sim\sim \\ | \\ OCOCH{-}CH{-}CH{=}CH{-}C_6H_5 \\ | \qquad | \\ C_6H_5{-}CH{=}CH{-}CH{-}CHOCO \\ | \\ \sim\sim CH{-}CH_2\sim\sim \end{array}$$

由紫外光或高能辐射所引起的高聚物反应在集成电路工艺中有很重要的用途。

5.3.2　扩链

高聚物的扩链反应是指相对分子质量不高的聚合物，通过链末端活性端基的反应形成聚合度增大了的线型高分子链的过程。存在低相对分子质量的活性端基聚合物是进行扩链反应的前提条件，这样的聚合物称为“遥爪预聚物”。通过扩链反应，可以将某些特殊基团引入分子链中，达到制备特种或功能高分子的目的。常见的扩链反应是先合成端基预聚物，然后用适当的扩链剂进行扩链。端基预聚物的合成有多种方法，如自由基聚合、阴离子聚合、阳离子聚合和缩聚反应等。

由于聚合物分子链长，端基所占的比例很小，浓度较低，因此端基反应必须采用活性很高的基团，如羟基、羧基、环氧基、异氰酸基等（表 5-1）。但是不同端基的遥爪预聚体，必须采用不同的扩链剂或交联剂，扩链剂为双官能团，交联剂为三或多官能团。

5.3.3　接枝反应

高聚物的接枝反应是指在高分子主链上接上结构与组成不同支链的过程。接枝共聚物的性能主要取决于主链与支链的结构、组成、支链长度及数量。从形态和性能上看，长支链的

表 5-1 遥爪预聚体的端基扩链剂官能团

遥爪预聚体的活性端基	—OH，—SH	—COOH	$-\underset{\diagdown O \diagup}{CH-CH_2}$	—NCO
扩链剂的官能团	—NCO	$-\underset{\diagdown O \diagup}{CH-CH_2}$，—OH	$-NH_2$，—OH，—COOH，酸酐	—OH，$-NH_2$，—COOH，—NHR

接枝共聚物类似共混物，支链短而多的接枝共聚物则类似于无规共聚物。制备接枝共聚物的方法主要有长出支链法（高分子引发活性中心法）、嫁接支链法（功能基偶接法）和大分子单体法。

5.3.3.1 长出支链法

在主链高分子上引入引发活性中心，引发第二单体聚合形成支链：

$$\sim\sim\underset{*}{A}\sim\sim\underset{*}{A}\sim\sim\underset{*}{A}\sim\sim + nB \longrightarrow \sim\sim\underset{\underset{\wr}{B}}{\underset{|}{A}}\sim\sim\underset{\underset{\wr}{B}}{\underset{|}{A}}\sim\sim\underset{\underset{\wr}{B}}{\underset{|}{A}}\sim\sim$$

引入的引发活性中心可以是自由基或离子，其中自由基接枝法由于方法简单易行，应用较多。支链型接枝的产生方法主要包括链转移反应法、大分子引发剂法、辐射接枝法。

（1）链转移反应法

有聚合物存在时，引发剂引发单体聚合的同时，还可能向大分子链转移，形成接枝物，这是工业上最常用的方法。可用来合成抗冲聚苯乙烯（HIPS）、ABS、MBS 等。

此类反应体系需含三个必要组分：聚合物、单体和引发剂，接枝点通常为聚合物分子链上易发生转移的地方，如与双键或羰基相邻的亚甲基等。

如将聚丁二烯溶于苯乙烯单体在 BPO 的引发下合成聚丁二烯/苯乙烯接枝共聚物，其接枝反应的主要历程如下（式中 R· 为引发剂分解产生的初级自由基）。

① 聚苯乙烯自由基的形成

$$R\cdot + nSt \longrightarrow R\sim\sim St\cdot$$

② 主链自由基的形成

$$R\cdot + \sim\sim CH_2CH{=}CHCH_2\sim\sim \longrightarrow RH + \sim\sim\dot{C}HCH{=}CHCH_2\sim\sim$$

$$R\cdot + \sim\sim CH_2CH{=}CHCH_2\sim\sim \longrightarrow \sim\sim CH_2-\dot{C}H-\underset{\underset{R}{|}}{CH}-CH_2\sim\sim$$

$$R\sim\sim St\cdot + \sim\sim CH_2CH{=}CHCH_2\sim\sim \longrightarrow R\sim\sim St-H + \sim\sim\dot{C}HCH{=}CHCH_2\sim\sim$$

③ 接枝反应

$$\sim\sim\dot{C}HCH{=}CHCH_2\sim\sim + nSt \longrightarrow \sim\sim\underset{\underset{\wr}{\underset{|}{St}}}{CH}CH{=}CHCH_2\sim\sim$$

$$\sim\sim CH_2-\dot{C}H-\underset{\underset{R}{|}}{CH}-CH_2\sim\sim + nSt \longrightarrow \sim\sim CH_2-\underset{\underset{\wr}{\underset{|}{St}}}{CH}-\underset{\underset{R}{|}}{CH}-CH_2\sim\sim$$

$$\sim\sim St\cdot + \sim\sim\dot{C}HCH{=}CHCH_2\sim\sim \longrightarrow \sim\sim \underset{\underset{\wr}{St}}{CH}CH{=}CHCH_2\sim\sim$$

④ 苯乙烯均聚物的生成

$$R\sim\sim St\cdot \xrightarrow{\text{双基终止}} \text{聚苯乙烯均聚物}$$

这一类接枝反应在生成接枝聚合物的同时，难以避免地生成均聚物，接枝率一般不高。常用于聚合物的改性，特别适合于不需分离接枝聚合物的场合，如制造涂料、胶黏剂等。

(2) 辐射接枝法

辐射接枝法产品较纯、效率高、耐辐射，还可以改进高分子材料的表面性质。聚醋酸乙烯酯用 γ 射线辐射接枝聚甲基丙烯酸甲酯制备接枝共聚物。

$$\sim\sim CH_2{-}\underset{OCOCH_3}{CH}\sim\sim \xrightarrow{\gamma\text{射线}} \sim\sim CH_2{-}\underset{OCOCH_3}{\dot{C}}\sim\sim \xrightarrow{MMA} \sim\sim CH_2{-}\overset{MMA\sim\sim}{\underset{OCOCH_3}{C}}\sim\sim$$

(3) 大分子引发剂法

大分子引发剂法就是在主链大分子上引入能产生引发活性种的侧基功能基，该侧基功能基在适当条件下可在主链上产生引发活性种引发第二单体聚合形成支链。侧基功能基产生的引发活性种可以是自由基、阴离子或阳离子，取决于引发基团的性质。如在聚苯乙烯的 α-C 上进行溴代，所得 α-溴代聚苯乙烯在光的作用下 C-Br 键均裂为自由基，可引发第二单体聚合形成支链。

$$\sim\sim CH_2{-}\underset{C_6H_5}{CH}\sim\sim \xrightarrow[\text{或 NBS}]{Br_2} \sim\sim CH_2{-}\overset{Br}{\underset{C_6H_5}{C}}\sim\sim \xrightarrow{h\nu} \sim\sim CH_2{-}\underset{C_6H_5}{\dot{C}}\sim\sim \xrightarrow{MMA} \sim\sim CH_2{-}\overset{MMA\sim\sim}{\underset{C_6H_5}{C}}\sim\sim$$

在形成接枝聚合物的同时还有均聚物生成，因此不能使所有单体都用于接枝，接枝效率低，一般在 50%以下。若用氧化-还原引发剂引发聚合，可以提高接枝效率。

$$Ce^{4+} + \sim\sim CH_2{-}\overset{H}{\underset{OH}{C}}\sim\sim \longrightarrow Ce^{3+} + \sim\sim CH_2{-}\underset{OH}{\dot{C}}\sim\sim + H^+ \xrightarrow{AN} \sim\sim CH_2{-}\overset{CH_2\overset{CN}{CH}\sim\sim}{\underset{OH}{C}}\sim\sim$$

5.3.3.2　嫁接支链法（功能基偶接法）

末端功能化的支链高分子与侧基功能化的主链高分子通过功能基偶联反应形成接枝聚合物。

$$\sim\sim\underset{G}{A}\sim\sim\underset{G}{A}\sim\sim\underset{G}{A}\sim\sim + G{-}B\sim\sim \longrightarrow \sim\sim\underset{\underset{\wr}{B}}{A}\sim\sim\underset{\underset{\wr}{B}}{A}\sim\sim\underset{\underset{\wr}{B}}{A}\sim\sim$$

侧基聚合物　　端基聚合物　　接枝聚合物

如苯乙烯-马来酸酐共聚物与单羟基聚氧乙烯的接枝反应：

$$\sim\sim CH_2-CH-CH-CH \; + CH_3O\left(CH_2CH_2O\right)_nH \longrightarrow \sim\sim CH_2-CH-CH-CH\sim\sim$$

该方法的优越性在于主链与支链高分子可分别合成，特别是当主链与支链高分子都可由活性聚合获得时，其相对分子质量及其分布都可控，因此所得接枝聚合物具有可控而精确的结构。该法的局限性在于：偶联反应为高分子与高分子之间的反应，立体阻碍大；可能存在可能相容性问题。

5.3.3.3 大分子单体法

大分子单体指末端带有一个可聚合功能基的预聚物，通过其均聚或共聚反应可获得以起始大分子为支链的接枝聚合物，以末端带乙烯基的大分子单体为例，其通式可示意为：

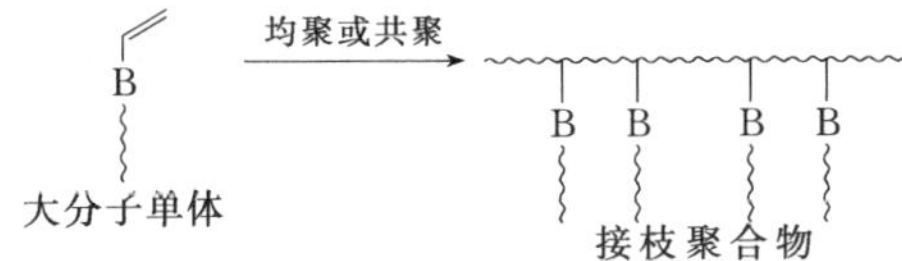

大分子单体可由多种聚合反应方法来获得，如自由基聚合、离子聚合、逐步聚合以及基团转移聚合等，但合成大分子单体最适宜的方法是活性聚合法。相关内容本书不作介绍，读者可参阅相关专著。

5.3.4 嵌段反应

高聚物的嵌段反应是指在聚合物大分子链端产生活性自由基，再将另一单体接聚上去的过程。嵌段共聚物的主链至少是由两种单体构成很长的链段组成。常见的有 AB、ABA 型，其中 A 和 B 为不同单体组成的长段，也可能有 ABAB、ABABA、ABC 型。制备嵌段共聚物的方法主要有活性聚合法、物理法和化学法。工业上最常见的是嵌段共聚物苯乙烯-丁二烯-苯乙烯（SBS）热塑性弹性体，兼有塑料和橡胶的特性，被称为“第三代合成橡胶”。

5.4 聚合度变小的化学转变

高聚物在化学因素或物理因素的作用下，聚合度发生降低的过程称为降解，降解是高聚物聚合度变小的化学反应总称。通常降解反应将会引起高聚物力学性能的改变，如弹性消失、强度降低、黏性增加等。但有时为了更好地加工利用，人们会有意识地对高聚物进行部分降解。如橡胶的塑炼以满足加工工艺要求，废高聚物的解聚以回收单体，纤维素水解以制备葡萄糖，用菌解法对废高聚物进行“三废”处理等。但高聚物在有效使用过程中发生的降解是必须加以防止。高聚物的降解反应按照其引起的因素可分为化学降解、生物降解、热降解、氧化降解、光降解、机械降解和辐射降解等。

5.4.1 高聚物的化学降解与生物降解

（1）化学降解

高聚物的化学降解是指含有酯键、酰胺键、醚键等反应性基团的高聚物，在化学试剂

（水、醇、酸、胺等）的作用下，使碳杂原子键断裂导致聚合度变小的化学反应。利用化学降解，可使杂链高聚物转变成单体或低聚物，常见的有水解、醇解和胺解等。

淀粉及纤维素等聚缩醛类多糖化合物在酸性催化剂作用下水解成葡萄糖，为生物体提供了赖以生存的基础。

$$\underset{\text{淀粉}}{(C_6H_{10}O_5)_n} \xrightarrow{H_2O} \underset{\text{麦芽糖}}{C_{12}H_{22}O_{11}} \xrightarrow{H_2O} \underset{\text{葡萄糖}}{C_6H_{12}O_6}$$

聚酯类的废料如聚对苯二甲酸乙二醇酯用过量乙二醇或甲醇处理可醇解成对苯二甲酸二乙二醇酯单体，可以重复利用。

$$H{\left[OCH_2CH_2OOC-C_6H_4-CO\right]}_nOH + nHOCH_2CH_2OH \longrightarrow HOCH_2CH_2OOC-C_6H_4-COOCH_2CH_2OH$$

化学降解中应用比较广泛的是水解反应，如尼龙、聚碳酸酯和聚酯等含极性基团的高聚物，在适宜的温度下当含水量不多时，水分能起着一定增塑和增韧的作用，但温度较高和相对湿度较大时，就会引起明显的水解降解，加工前要进行适当的干燥。有些高分子材料又由于容易水解而有着特殊的使用价值，如可利用聚乳酸极易水解的性质，聚乳酸纤维作为外科手术用的缝合线，伤口愈合后不需拆线，经体内水解为乳酸，由代谢循环排出体外。

（2）生物降解

高聚物在相对湿度为 70%以上的温湿气候下，微生物将对天然高聚物和部分合成高聚物产生生化作用，使它们产生生物降解。如许多种细菌能产生酶，使缩氨酸和葡萄糖键水解成水溶性产物，天然橡胶经土壤衍生物的作用能进行分解等。因此，可利用生物降解将天然高聚物进行降解而实现“三废”处理。

聚烯烃、聚氯乙烯、聚碳酸酯、氯化聚醚树脂等高聚物不易发生生物降解，但如果在成型加工过程中加入了脂肪族增塑剂等物质后，可利用生物降解通过降解高聚物中的脂肪族增塑剂，破坏高聚物材料。

5.4.2 高聚物的热降解

高聚物的热降解是指高聚物在热的作用下发生高分子链断裂的反应。热降解主要有无规断链、解聚、侧基脱除三种类型。

（1）无规断链

无规断链反应是指高聚物受热后，在高分子主链上任意位置都能发生断链降解的反应。在这类降解反应中，高分子链从其分子组成的弱键处发生断裂，分子链断裂成数条聚合度减小的分子链，产物是相对分子质量大小不等的低聚物，单体数量很少。典型的例子是聚乙烯的热降解反应。

$$\sim\!CH_2-CH_2-CH_2-CH(H)-CH_2-CH_2-CH_2-\dot{C}H_2 \longrightarrow \sim\!CH_2-CH_2-CH_2-\dot{C}H-CH_2-CH_2-CH_2-CH_3$$

$$\sim\!CH_2\overset{②}{+}CH_2-\dot{C}H-CH_2\overset{①}{+}CH_2-CH_2-CH_3 \begin{cases} \xrightarrow{①} \sim\!CH_2-CH_2-CH{=}CH_2 + \cdot CH_2CH_2CH_3 \\ \xrightarrow{②} \sim\!CH_2\cdot + CH_2{=}CHCH_2CH_2CH_2CH_3 \end{cases}$$

（2）解聚

解聚反应是指高聚物受热后，从高分子链的末端单元开始，以结构单元为单位进行连锁脱除单体的解聚反应，是聚合反应的逆反应。在这类降解反应中，由于是结构单元逐个脱落，因此高聚物的相对分子质量变化很慢。典型的例子是聚甲基丙烯酸甲酯的热降解反应。

$$\sim CH_2-\underset{COOCH_3}{\overset{CH_3}{C}}-CH_2-\underset{COOCH_3}{\overset{CH_3}{C}}\cdot \longrightarrow \sim CH_2-\underset{COOCH_3}{\overset{CH_3}{C}}\cdot + H_2C=\underset{COOCH_3}{\overset{CH_3}{C}}$$

聚甲基丙烯酸甲酯（有机玻璃）在 270℃以上可全部解聚成单体，利用热解聚机理，可由废有机玻璃回收单体。

（3）侧基脱除

侧基脱除反应是指高聚物受热后，以发生取代基的脱除为主，并不发生主链断裂的解聚反应。这类降解反应的特点是聚合度不变，只是取代基与邻近的氢在受热情况下发生消除反应，并以氯化氢、水、氢及酸等形式从主链上脱除下来，同时在主链上形成双键。典型的例子是聚氯乙烯的脱氯化氢、聚醋酸乙烯酯的脱酸反应。

$$\sim CH_2-\underset{Cl}{CH}\sim \xrightarrow{\triangle} \sim CH=CH\sim + HCl$$

聚氯乙烯在 100～120℃就开始脱除氯化氢，200℃以上脱除反应更快。伴随着氯化氢的脱除，高聚物的颜色逐渐变深，强度变低。生产中为防止这种现象的发生，成型时要加入少量的热稳定剂，提高聚氯乙烯使用时的热稳定性。

5.4.3 高聚物的氧化降解

高聚物的氧化降解反应是指高聚物受空气中氧的作用，在分子链上形成过氧基团或含氧基团，从而引起分子链断裂的反应。这类降解反应主要是由于空气中的氧进攻高分子主链上的双键、羟基、叔碳原子上的氢等基团或原子，生成过氧化物或氧化物，使主链断裂，导致高分子降解与交联，结果将使高聚物变硬、变色、变脆等。

聚乙烯、聚丙烯、聚丙烯腈等饱和碳链高聚物的氧化降解反应一般发生在叔碳原子上，首先形成羰基，然后进一步降解。例如聚丙烯的氧化降解反应。

$$\sim CH_2-\underset{CH_3}{CH}-CH_2-\underset{CH_3}{CH}\sim \xrightarrow{O_2} \sim CH_2-\underset{CH_3}{\overset{O+O-H}{C}}-CH_2-\underset{CH_3}{CH_2}\sim$$

$$\longrightarrow \sim CH_2+\underset{CH_3}{\overset{O\cdot}{C}}-CH_2-\underset{CH_3}{CH}\sim \longrightarrow \sim \dot{C}H_2 + H_3C-\overset{O}{\overset{\|}{C}}-CH_2-\underset{CH_3}{CH}\sim$$

聚丁二烯、聚异戊二烯等不饱和高聚物氧化降解反应很容易发生在双键处，首先形成醛，然后进一步降解为酸。例如聚丁二烯的氧化降解反应。

$$\sim CH_2-CH=CH-CH_2-CH_2\sim \xrightarrow{O_2} \sim CH_2-CH=CH-\overset{O+O-H}{CH}-CH_2\sim$$

$$\longrightarrow \sim CH_2-CH=CH-\overset{O\cdot}{CH}+CH_2\sim \longrightarrow \sim CH_2-CH=CH-C\overset{O}{\underset{H}{\lessgtr}} + \dot{C}H_2\sim$$

5.4.4 高聚物的光降解

高聚物的光降解是指高聚物受日光的照射而发生的降解反应。这类降解反应主要是由于高聚物受到 290～300nm 的光照时，高聚物分子吸收能量而被激发，高聚物分子中的羰基和双键等基团能强烈吸收这一波长范围的光而引起化学反应，导致高聚物光降解。通常可以分为光敏降解和非光敏降解两种情况。为防止或减缓高聚物的光降解，通常在高聚物加工成型时加入光稳定剂。例如聚甲基乙烯基酮的光降解反应。

$$\sim\!\!\sim CH_2-\underset{\substack{①\\ C=O\\ ②\\ CH_3}}{CH}\sim\!\!\sim \begin{cases} \xrightarrow{①} \sim\!\!\sim CH_2-\dot{C}H\sim\!\!\sim + \cdot COCH_3 \\ \xrightarrow{②} \sim\!\!\sim CH_2-\underset{\cdot CO}{CH}\sim\!\!\sim + \cdot CH_3 \end{cases}$$

利用高聚物的光降解可处理高聚物垃圾，如将卤代酮或金属有机化合物等作为光敏剂撒在高聚物垃圾上，然后在太阳或紫外线下暴晒，可使高聚物分解为粉末，消除“白色污染”。

5.4.5 高聚物的机械降解

高聚物的机械降解是指高聚物在塑炼和加工成型过程中，受机械力的剪切作用而引起大分子链断裂的降解反应。高聚物在机械降解时，相对分子质量会随着时间的延长而降低，但达到一定程度后便不会再降低。如天然橡胶和合成橡胶的相对分子质量很大，经过机械塑炼（机械降解）后可降低相对分子质量，使它的弹性降低而塑性增加，便于成型加工。

$$\underset{\text{天然橡胶}}{\sim\!\!\sim CH_2-\overset{CH_3}{C}=CH-CH_2+CH_2-\overset{CH_3}{C}=CH-CH_2-CH_2\sim\!\!\sim} \xrightarrow{\text{机械力}}$$

$$\sim\!\!\sim CH_2-\overset{CH_3}{C}=CH-CH_2\cdot + H_2\dot{C}-\overset{CH_3}{C}=CH-CH_2-CH_2\sim\!\!\sim$$

5.4.6 高聚物的辐射降解

高聚物的辐射降解是指在高能辐射（α、β、γ、X 射线等）作用下，因辐射的化学效应使高聚物的主链断裂、侧基脱落的降解反应。辐射的化学效应将使高分子链发生两种不同的类型的变化，当发生在主链断裂时会产生降解，当先发生侧链断裂时则产生交联。辐射降解对高聚物的物理状态和物理性能均有很大的影响。典型的是聚异丁烯的辐射降解。

$$\underset{\text{（激发后的聚异丁烯分子）}}{R\sim\!\!\sim CH_2-\underset{CH_3}{\overset{CH_3}{C}}-\dot{C}H-\underset{CH_3}{\overset{CH_3}{C}}\sim\!\!\sim R'} \begin{cases} \rightarrow R\sim\!\!\sim CH_2-\underset{CH_3}{\overset{CH_3}{C}}-CH=\underset{CH_3}{\overset{CH_3}{C}} + \cdot\sim\!\!\sim R' \\ \rightarrow R\sim\!\!\sim CH_2-\underset{CH_3}{\overset{CH_3}{C}}-CH=\underset{CH_3}{C}\sim\!\!\sim R' + \cdot CH_3 \end{cases}$$

5.5 高聚物的防老化与绿色高分子

5.5.1 高聚物的老化与防老化

5.5.1.1 高聚物的老化

高聚物的老化是指高聚物在加工、贮存及使用过程中，由于受到光、热、电、高能辐射和机械应力等物理因素以及氧化、酸碱、水、生物霉菌等化学作用而发生的性能下降的现象。高聚物发生老化后，其物理化学性能及力学性能将逐渐发生不可逆的变坏，以致最后丧失使用价值。

(1) 高聚物老化的表现形式

高聚物老化现象的表现形式很多，归纳起来主要有以下几种类型。

① 外观变化 主要表现在高分子材料发黏、变硬、变脆、变形、变暗、变色、出现斑点、皱纹、粉化及分层脱落等现象。其中发硬、变脆主要是交联的结果，如农用薄膜雨淋日晒后出现的变色、变脆，塑料长期使用出现的脆裂粉化；发黏、变色、强度下降以致完全破坏等主要是降解、取代基脱除的结果，如电线塑料或橡胶绝缘外皮变色、发黏、脆裂，轮胎在使用或存放过程的发黏、龟裂等。

② 物理化学性质变化 主要表现在高分子材料的溶解性、溶胀性、熔体流变性、耐热、耐寒、耐腐蚀、透气、透光性能等的变化。

③ 力学性能变化 主要表现在高分子材料的拉伸强度、弯曲强度、耐冲击强度、断裂伸长率、耐磨性等的变化。

④ 电性能变化 主要表现在高分子材料的表面电阻率、介电常数及击穿电压等的变化。

(2) 引起高分子材料老化的因素

① 内在因素 主要是由于高聚物内部具有易引起老化的弱点，如本身化学结构具有不饱和双键、支链、羰基、末端上的羟基等原因引起的。

② 外在因素 包括物理因素、化学因素和生物因素。物理因素有：热、光、高能辐射和机械应力等。化学因素包括：氧、臭氧、水、酸、碱等的作用。生物因素包括：微生物、昆虫的作用。

综上所述，老化往往是内、外因素综合作用的极为复杂的过程。前面所讨论的各种降解及交联反应，都可能引起高聚物发生老化，但常见的是热氧老化和光氧老化两种。

5.5.1.2 高聚物的防老化

高聚物的防老化是指采取有效措施来延缓和防止高分子材料老化现象的出现，延长其使用寿命。根据高分子材料发生老化的原因，高聚物的防老化途径可归纳为以下几点。

(1) 改善高聚物的结构

由于高分子材料发生老化的一个主要原因是在高分子结构本身，因此，改善高聚物的结构以提高老化的能力是很重要的。例如，二元橡胶在硫化以后，仍存在不饱和双键，制品在使用时无法避免日光、氧气、臭氧等的侵蚀，很容易老化。但三元乙丙橡胶在主链中不含双键，完全饱和，使它成为最耐臭氧、耐化学品、耐高温的耐老化橡胶。因此，采用合理的聚合工艺路线和纯度合格的单体及辅助原料，或针对性地采用共聚、共混、交联等方法均可提高高聚物的耐老化性能。

(2) 改进成型工艺

采用适宜的加工成型工艺，确定合理的温度、含氧量、机械力和水分等工艺参数，防止加工过程中的老化，防止或尽可能减少产生新的老化诱发因素，对提高高聚物制品的耐老化性和耐久性是十分有效的措施。

(3) 添加各种防老剂

根据高分子材料的主要老化机理和制品的使用环境条件添加各种防老剂，如光稳定剂、抗氧剂、热稳定剂以及防霉剂等，可改善高聚物的成型加工性能，延长高聚物的贮存和使用寿命。由于方法简单、效果显著，是高聚物防老化的主要方法。

① 光稳定剂 能阻止高聚物光降解和光氧化降解的物质，称为光稳定剂。光稳定剂按作用机理可分为紫外线吸收剂、自由基捕获剂、光屏蔽剂（炭黑）和淬灭剂四种类型。

a. 紫外线吸收剂　其作用机理是能强烈地吸收对高聚物敏感的紫外光，并将能量转变为无害的热能形式放出，是使用最普遍的光稳定剂。紫外线吸收剂是一类能选择性地强烈吸收对高聚物有害的紫外线而自身具有高度耐光性的有机化合物。工业上应用最多的是二苯甲酮类、水杨酸类和苯并三唑类等。

b. 自由基捕获剂　其作用机理是通过捕获和清除自由基，分解氢过氧化物，传递激发态能量等途径使高聚物稳定。常用的是具有空间位阻作用的胺类衍生物，它们不吸收紫外光。

c. 光屏蔽剂　光屏蔽剂能反射或吸收太阳光紫外线，作用机理是在高聚物和光辐射之间设置了一道屏障，阻止紫外线深入高聚物内部，从而有效地抑制高聚物的光氧化降解。应用较多的是炭黑、氧化锌、二氧化钛和锌钡等。

d. 猝灭剂　其作用机理是有效转移聚合物中光敏发色团所吸收的能量，并将这些能量以热量、荧光或磷光的形式发散出去，从而保护高聚物免受紫外线的破坏。应用较多的是金属络合物，如镍、钴、铁的有机络合物。

② 抗氧剂（防老剂）　能够抑制或者延缓高聚物在空气中因氧化引起变质的物质，称为抗氧剂或防老剂。由于高聚物的多数氧化降解反应属于自由基型连锁反应机理，即在热、光或氧的作用下，高聚物的化学键发生断裂，生成活泼的自由基和氢过氧化物。氢过氧化物发生分解反应，生成烃氧自由基和羟基自由基，这些自由基可以引发一系列的自由基链式反应，导致高聚物的结构和性质发生根本变化。

抗氧剂（防老剂）的作用是消除刚刚产生的自由基，或者促使氢过氧化物的分解，阻止链式反应的发生。根据反应机理抗氧剂可分为主抗氧剂和辅助抗氧剂两大类型，能消除自由基的抗氧剂称为主抗氧剂，主要有芳香胺（通常称防老剂）和受阻酚（通常称抗氧剂）等化合物及其衍生物，如 2,6-二叔丁基-4-甲基苯酚（抗氧剂 264）、*N*,*N*-二苯基对苯二胺（防老剂 DPPD 或防老剂 H）等；能分解氢过氧化物的抗氧剂称为辅助抗氧剂，主要有含磷和含硫的有机化合物，如双十二碳醇酯、三辛酯、三癸酯等。

防老剂通常在树脂的捏合、造粒、混炼或热加工前混入，也可在聚合过程中加入，还可将防老剂配成溶液，浸涂或喷涂在高聚物制品的表面，以达到防止老化的目的。

（4）加强物理防护

采用在高分子材料表面涂漆、镀金属、浸涂防老剂溶液等物理方法，可保护高聚物与外界隔绝，不会受外因作用而发生老化。

5.5.2　绿色高分子

绿色高分子材料是指相对于常规高分子材料来说，在高分子材料合成、制造、加工和使用过程中不会对环境产生危害，也称环境友好高分子材料。如何不污染环境地处理掉不能被环境自然降解的废弃高分子材料，如何开发利用可环境降解的高分子材料，是高分子绿色化工程中的两大关键课题。

（1）环境惰性高分子废弃物的处理

环境惰性高分子废弃物即在环境中不能自然降解的高分子。高分子材料的大量生产和消费，带来了大量废弃物的产生，这些高分子废弃物将对环境带来污染问题，如农用农膜、地膜，由于不能自然降解、风化、水解，这些废弃物残存在土地中，不仅会造成土地板结，农作物减产，残膜中的有害添加剂还会通过土壤富集于蔬菜、粮食中，会影响人类健康。目前，处理环境惰性高分子废弃物有土埋、焚烧和废弃物的再生与循环利用三种方法。

由于环境惰性分子废弃物不易降解，往往埋上几十年甚至几百年依然存在，且会占用大量土地和造成土壤劣化；焚烧高聚物时会产生大量有害、有毒气体和残渣，造成二次污染。因此土埋法和焚烧法均不利于环境保护。废弃物的再生与循环利用，既变废为宝，能节约石油资源，又能减少对环境的污染，因此是符合绿色高分子概念的方法。

(2) 可环境降解高分子材料的开发

随着高分子工业的快速发展，应用领域的逐步扩大，合成高分子材料的废弃量大量增大，对环境保护造成了极大的压力。因此开发和利用可降解高分子材料具有重要的现实意义。

目前研究开发得较多的生物降解高分子材料有脂肪族聚酯类、聚乙烯醇、聚酰胺、聚酰胺酯及氨基酸等。其中产量最大、用途最广的是脂肪族聚酯类，如聚乳酸（聚羟基丙酸）、聚羟基丁酸、聚羟基戊酸等。这类聚酯由于酯键易水解，主链又柔软，易被自然界中的微生物或动植物体内的酶分解或代谢，最后变成 CO_2 和水。

利用生物技术制备可生物降解高分子材料，符合绿色高分子概念。例如天然纤维素或糖经细菌发酵，能制得羟基丁酸和羟基戊酸，用它们聚合出的高聚物性能类似于聚丙烯，但能完全环境降解；又如以玉米和甜菜为原料，经发酵得乳酸，本体聚合成聚乳酸，用它制成医用外科缝合线，可自己降解，不用拆线；用它代替聚乙烯作为包装材料和农用薄膜，解决了这一领域令人头疼的大量废弃物的处理问题。可见，利用生物技术，从原料到产品、从生产到应用、直至废弃后的处理，能完全不产生任何对环境的污染，并且以可再生的农副产品为原料代替日趋短缺的不可再生的石油资源，这真正体现了绿色的内涵。有理由相信，随着人类社会的不断进步，高分子材料绿色化的概念会成为人类的共识。

习题与思考题

1. 什么是高聚物的化学反应？研究高聚物化学变化的目的是什么？
2. 高聚物化学变化的主要类型和特点有哪些？
3. 什么是高聚物的基团反应？举例说明其实际应用。
4. 在高聚物的交联反应类型中，有意义是哪种？并出实际应用的例子。
5. 哪些属于聚合度变大的反应？
6. 利用废有机玻璃回收单体的原理是什么？
7. 如何防止高聚物的老化？
8. 怎样制备和利用绿色高分子材料？

第 6 章　高聚物的结构与相对分子质量

本章学习目标

知识目标

1. 了解高聚物的结构层次、一次结构与二次结构的类型和聚集态结构模型，高分子溶液及其性质。

2. 理解高分子链的柔性及其影响因素，常见聚集态结构与材料性能的关系，制备高分子溶液用溶剂的选择规律。

3. 掌握高聚物常见聚集态的结构特征及其应用，高聚物的溶解规律，高分子相对分子质量及其常用的测定方法与原理。

能力目标

1. 能正确分析高分子链具有柔顺性和柔顺程度的原因。

2. 能根据高聚物聚集态结构特征正确分析其可能具备的性能并预测其实际应用。

3. 能正确分析高分子溶液的各种特性，合理选择溶解高聚物的溶剂。

4. 能使用端基分析法、黏度法等常用测定方法测定高聚物的相对分子质量。

素质目标

1. 培养学生综合分析问题和解决问题的能力。

2. 培养学生用科学理论指导工作实践的习惯，逐步养成理性的职业素养和可持续发展能力。

高聚物的结构是指组成高分子的不同结构单元在空间上的几何排列。按照研究单元的不同分为分子内结构和分子间结构。分子内结构是指单个分子链中原子或基团的几何排列和形态，即高分子的链结构，包含一次结构（化学结构）和二次结构（构象），是决定高聚物基本性能的主要因素；分子间结构是指高分子链之间的几何排列和堆砌状态，即聚集态结构，包含三次结构以上的各个层次，是决定聚合物制品使用性能的主要因素。高聚物的结构层次如图 6-1 所示。可见，整个高聚物的结构是由不同层次所组成的。造成高分子复杂结构的主要原因是高聚物的相对分子质量大且具有多分散性；高分子链中单键的内旋转，可使主链弯曲而具有柔顺性；高分子链之间的作用力很大，互相之间可以发生交联；高聚物的凝聚态结构具有复杂性等。

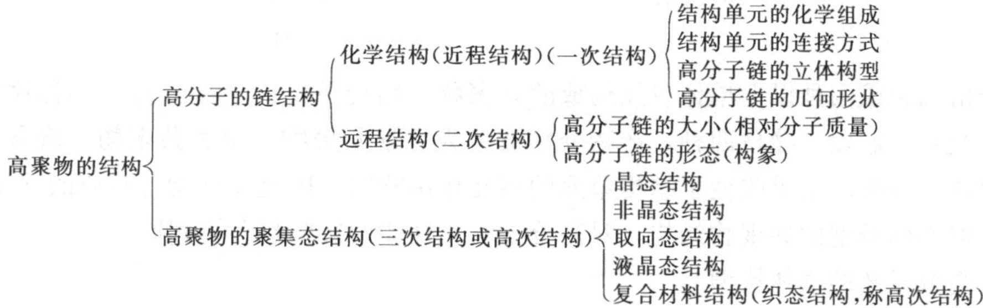

图 6-1　高聚物的结构层次

研究高聚物结构的目的在于了解高分子内和高分子间相互作用力的本质，揭示高分子材料结构与性能之间的内在联系；由此对合理选择、使用高分子材料，合成具有指定性能的高聚物，正确制订成型加工工艺提供理论论据。

6.1 高分子的链结构与形态

高分子的链结构是构成高分子最基本的微观结构，包括高分子基本结构单元的化学结构（称近程结构）与构象。它直接影响高聚物的大多数性能，如密度、熔点、溶解性、黏度等。

6.1.1 高分子链的化学结构与构型

高分子链的化学结构主要包括结构单元的化学组成、连接方式、立体构型、几何形状及共聚物的结构等。

(1) 结构单元的化学组成

高分子链结构单元的化学组成，是由参与聚合单体的化学组成和聚合方式决定的。按照化学组成不同高聚物可分成碳链高聚物、杂链高聚物、元素有机高聚物和无机高聚物四大类。高分子链的化学组成不同，性能相差很大。具体内容在本书绪论部分已述，这里不再赘述。

(2) 结构单元的连接方式

在缩聚反应和开环聚合反应中，结构单元的连接方式是确定的，但在加聚反应过程中，单体的连接顺序有所不同。

对于均聚物，其结构单元的连接方式有头-头、头-尾、尾-尾三种序列结构，其中由于能量与位阻的原因，会造成以头-尾连接为主要方式。但头-头结构的形成与聚合温度有关，含量将随着聚合温度的增加略有所增加。结构单元的连接方式对高聚物的化学性能有着很大的影响。例如用聚乙烯醇制备维尼龙时，只有头-尾连接的聚乙烯醇才能与甲醛缩合生成聚乙烯醇缩甲醛，如果是头-头连接的，羟基不易缩醛化，产物中会存有部分羟基，将造成合成纤维的湿态强度降低而缩水性较大。

$$—CH_2—\underset{\displaystyle OH}{\underset{|}{CH}}—CH_2—\underset{\displaystyle OH}{\underset{|}{CH}}— \xrightarrow[-H_2O]{\overset{\displaystyle O}{\overset{\|}{HCH}}} —CH_2—CH\overset{CH_2}{\frown}CH— \text{（两个CH经 O—CH}_2\text{—O 成六元环）}$$

$$—CH_2—\underset{\displaystyle OH}{\underset{|}{CH}}—\underset{\displaystyle OH}{\underset{|}{CH}}—CH_2— \xrightarrow[-H_2O]{\overset{\displaystyle O}{\overset{\|}{HCH}}} —CH_2—\underset{O}{\underset{|}{CH}}—\underset{O}{\underset{|}{CH}}—CH_2— \text{（两个O经 CH}_2\text{相连）}$$

对于由两种或两种以上单体单元构成的共聚物，结构单元的连接方式（亦称序列结构）有无规、交替、嵌段、接枝四种，产物分别被称为无规共聚物、交替共聚物、嵌段共聚物、接枝共聚物。共聚的结果改变了结构单元的相互作用状况，因此其性能与相应的均聚物有很大差别，但不同类型的共聚物结构，对高分子材料性能的影响也各不相同。

(3) 高分子链的立体构型

构型是指高分子中由化学键所固定的原子或原子团在空间的排列方式。要改变高分子链的构型，必须经过化学键的断裂与重组。构型不同的异构体有几何异构体或旋光异构体两种。

几何异构体是双键或环上的取代基在双键或环的两侧不同排布引起的，有顺式、反式两种构型。例如 1,3-丁二烯如果用镍系催化剂可制得顺式结构含量大于 94%的聚丁二烯，不易结晶，在室温下是一种弹性很好的橡胶，被称为顺丁橡胶；如果用钒系催化剂所制得的聚丁二烯橡胶，主要为反式结构，分子链比较规整，容易结晶，在室温下是弹性很差的塑料。

旋光异构是由分子中存在不对称碳原子而引起的异构现象。在高分子链中有全同、间同、无规三种立构排列方式。全同和间同高聚物的分子链结构规整，可结晶；无规高聚物的分子链结构不规整，不能结晶。自由基聚合只能得到无规立构聚合物，用齐格勒-纳塔催化剂进行配位聚合，可得到全同或间同立构聚合物。例如全同或间同立构的聚丙烯，结构比较规整，容易结晶，可纺丝做成纤维；而无规立构聚丙烯却是一种橡胶状的弹性体，无法作材料使用。

(4) 高分子链的几何形状

高分子链的几何形状主要有线型、支化和交联结构三种类型，如图 6-2 所示。一般的高分子链是线型结构，但在缩聚反应中，如果有三个或三个以上官能团的单体参加反应；在加聚反应中如果发生自由基的链转移反应，这两种情况均可能生成支化或交联结构的高分子。高分子链的几何形状对高聚物的性能有很大影响。

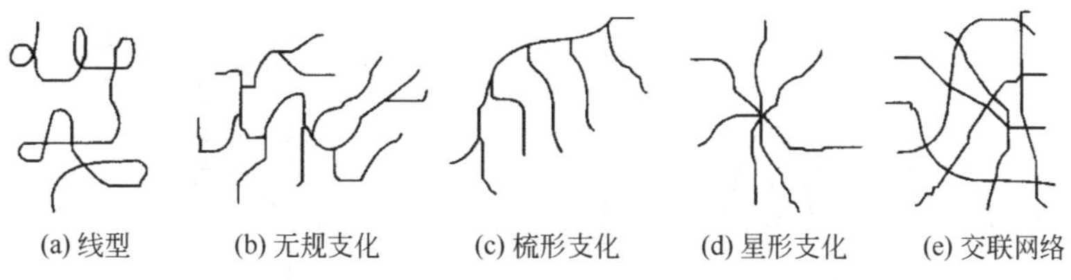

图 6-2　高分子链的几何形状

线型高分子间没有化学键结合，在适当的溶剂中可以溶解，加热时可以熔融，易于成型加工。

支化高分子根据支链的长短可分为短支链支化和长支链支化；根据支化规律又有枝形、星形、梳形、梯形之分。支化高分子能溶解在某些溶剂中，短支链的支化破坏了分子结构的规整性，使其密度、结晶度、熔点、硬度等都比线型高聚物低。长支链的存在对高聚物的力学性能影响不大，但对高聚物的熔融流动性能有严重影响，加工性不好。星形、梯形高聚物具有高强度、高模量和优异的热稳定性。例如乙烯的自由基聚合产物——低密度聚乙烯为支化高聚物，分子链中同时存在短支链和长支链；采用阴离子聚合得到的聚苯乙烯分子链是梳形和星形短支链；聚丙烯腈高温环化制得的碳纤维分子链是梯形结构，可用作耐高温聚合物的增强填料。

高分子链通过化学键相互连接而形成的三维空间网形大分子称为交联高分子。交联高分子一般是网状结构，在任何溶剂中都不能溶解，受热时也不熔融。在交联度不太大时能在溶剂中发生一定的溶胀。交联作用能使高聚物制品在使用过程中克服分子间的流动，提高强度、耐热性及耐溶剂性能。例如热固性树脂因具有交联结构，表现出良好的强度、耐热性和耐溶剂性。硫化橡胶为轻度交联高分子，交联后，强度高，变形小，使其成为弹性材料，具有可逆的高弹性能，但含硫量不宜太高，含量过高则成为硬质胶。

线形高分子可溶解可熔融，网状高分子不溶解不熔融，支化高分子处于两者的中间状态，取决于支化程度。交联度或支化度通常用单位体积中交联点（或支化点）的数目或相邻交联点（或支化点）之间的链的平均相对分子质量来表示。

6.1.2 高分子链的构象与柔性

高分子链由成千上万个单键组成，由于单键内旋转而产生的分子在空间位置上的不同形态，称为构象。构象是碳-碳单键的内旋转异构，是分子内原子间相互作用的表现，受温度、分子间相互作用力等影响而改变。构象的改变并不需要化学键的断裂，只要化学键的旋转即可实现。

6.1.2.1 小分子的内旋转

从有机化学可知，C—C 单键都是 σ 键，电子云的分布是轴向对称的，因此 C—C 单键可以绕轴线相对自由旋转，称为“内旋转”。单键内旋转的结果是使分子内与这两个原子相连的原子或原子团在空间的位置发生变化。如果碳原子上不带有其他原子或基团时，内旋转可以自由地进行；但实际上，大多数碳原子上总会带有其他原子或基团，电子云的排斥作用会使单键内旋转受阻，需要消耗一定的能量。例如小分子正丁烷（$H_3C—CH_2—CH_2—CH_3$）的内旋转，分子内中间 $C_2—C_3$ 单键的每个碳原子上均连接着两个氢原子和一个甲基，内旋转能量的变化如图 6-3 所示。

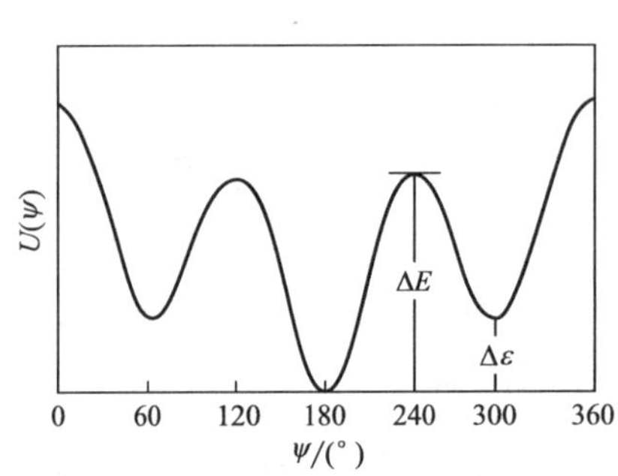

图 6-3 正丁烷的内旋转能量变化图

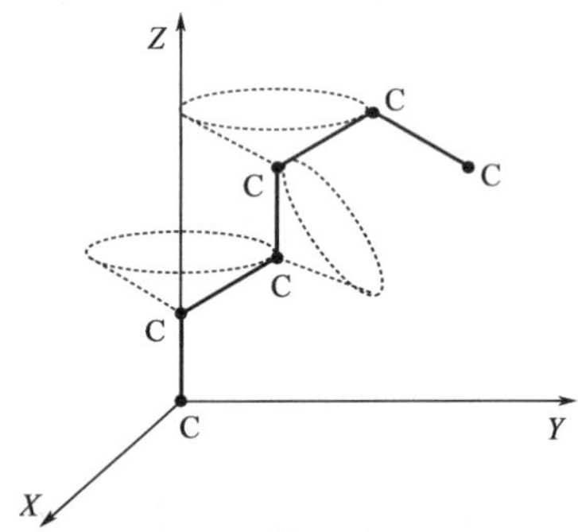

图 6-4 高分子链中单键的内旋转

图 6-3 中，当 $\Psi=180°$ 时，C_2 和 C_3 上的两个甲基处于相反位置，距离最远，内旋转阻力最小，位能最低，称为反式交错构象（亦称全反式构象）；当 $\Psi=60°$ 和 300°时，C_2 和 C_3 上的 H、甲基相互交叉，势能较低，称为旁式交错构象，是较稳定的构象；当 $\Psi=120°$ 和 240°时，C_2 和 C_3 上的 H、甲基相互重叠，势能较高，称为偏式重叠构象；当 $\Psi=0°$ 和 360°时，C_2 和 C_3 上的两个甲基完全重叠，势能最高，称为顺式重叠构象。单键旋转的难易取决于旋转的势能，势能愈低旋转愈容易。因此，小分子的内旋转不是完全自由的，与取代基大小、种类、结构等有关，当分子中甲基数目增多时，内旋转势能增高；当分子中含有孤立双键时，与之相邻的单键内旋转势能降低；分子中含有 C—O、C—S、C—Si、C—N 等单键时，内旋转势能比 C—C 键低。

6.1.2.2 高分子链的内旋转

高分子链是由成千上万个单键所组成，所以就整个高分子而言，内旋转要比小分子复杂得多，但本质是一样的，只是构象多而已，如图 6-4 所示。

高分子链中的每个化学键均可内旋转，但不是独立的旋转，高分子链中的单键旋转时互相牵制，一个链节转动，要带动附近一段链一起运动，这样，每个链节不是一个独立运动单元。由若干个链节组成的一段链作为一个独立运动的单元，称为链段，是高分子链中能够独立运动的最小单元。

高分子链旋转时每个键的空间位置都要受其键角的限制，若键角不变且每个键都能绕前一个键旋转，结果使高分子链易卷曲，具有柔软性，微观上可能有各种形态，如伸直链、无规线团、折叠链、螺旋链等，如图 6-5 所示。

(a) 伸直链　(b) 无规线团　(c) 折叠链　(d) 螺旋链

图 6-5　高分子链的构象

根据高分子链内旋转的难易程度，可将高分子链分为绝对柔性链、绝对刚性链和实际高分子链三种。绝对柔性链是一种理想情况，认为高分子链内旋转完全自由，没有任何取代基的阻碍，每个链节都是一个独立运动单元。绝对刚性链是一种极端情况，认为高分子链伸直成锯齿状，内旋转不能表现出来，整个高分子链是一个运动单元。实际的高分子链既不是链节，也不是整个高分子链，因绝大多数高分子受链上取代基或原子团的作用，内旋转受到一定的限制，会表现出一定的柔性，又呈现出一定的刚性，运动单元是由若干个链节组成的链段。

6.1.2.3　高分子链的柔顺性及其影响因素

高分子链的柔顺性（简称柔性）是指高分子链能够改变其构象的性质。高分子链柔顺性的根本原因在于 σ 单键的内旋转，柔顺性好坏取决于内旋转的难易。高分子链上单键数目越多，内旋转越自由，则高分子链的构象越多，链段数越多，链段越短，链的柔顺性越好。

高分子链的柔性是高分子链最重要的特性，是高聚物性能区别于低分子化合物的根本原因，同时也是决定高分子形态和高聚物性能的主要因素。影响高分子链柔性的主要因素如下。

（1）内在因素（结构因素）

高分子链的内旋转主要受分子结构的制约，因而其柔顺性主要与分子结构密切相关。高分子结构对柔顺性的影响主要表现在以下几方面。

① 主链结构的影响　主链结构对高分子链的柔顺性影响起决定性作用。

若主链全部由单键组成，由于链上每个键都能够内旋转，所以柔性很好，如聚乙烯、聚丙烯等。但由于不同单键的键长、键角不同，将造成旋转时的内阻不同，柔性不同，常见单键的柔性顺序如下：Si—O>C—N>C—O>C—C，是因为 O、N 原子周围的原子比 C 原子少，内旋转的位阻小，而 Si—O—Si 的键角也大于 C—C—C 键，因而其内旋转位阻更小，即使在低温下也具有良好的柔顺性。例如聚二甲基硅氧烷的柔顺性非常好，是一种很好的合成橡胶，耐低温可达 -150℃；聚对苯二酸乙二醇酯柔顺性比聚氯乙烯好。

若主链中含有芳杂环结构，由于芳杂环不能内旋转，所以这类高分子链柔顺性差，表现出的是刚性，耐高温性能优良。例如聚苯醚、聚碳酸酯、聚砜等分子主链上都带有苯环，属刚性结构，耐热性能优异，是很好的工程塑料。但若主链引入的芳杂环较多，使链刚性太大，失去塑性，成型加工非常困难。

若主链中含有孤立双键，虽然双键本身不能内旋转，但由于它的存在使相邻单键的非键合原子间距增大使内旋转较容易，柔顺性好。例如顺式聚 1,4-丁二烯双键旁的单键内旋转容易，链的柔顺性很好，可用作橡胶。

若主链中含有共轭双键，由于共轭双键因 p 电子云重叠不能内旋转，因而柔顺性差，是刚性链，如聚乙炔、聚对苯等。

~~~CH═CH—CH═CH—CH═CH~~~ 聚乙炔

~~~⟨苯环⟩—⟨苯环⟩—⟨苯环⟩—⟨苯环⟩—⟨苯环⟩~~~ 聚对苯

② 取代基的影响

a. 取代基的极性　极性取代基将增加分子内的相互作用，使内旋转困难，柔性下降；取代基的极性越大，作用力越大，内旋转越困难，高分子链的柔性越差。例如取代基的极性—CN＞—Cl＞—CH_3，所以聚氯乙烯的柔顺性比聚丙烯腈好，比聚丙烯差。

b. 取代基的数量　取代基数量增多会增加分子内的相互作用，使内旋转困难，取代基数量越多，柔顺性越差。例如聚氯乙烯的柔顺性比聚 1,2-二氯乙烯好。

c. 取代基的体积　对于非极性取代基，取代基的体积越大，空间位阻越大，内旋转越困难，柔顺性越差。如聚苯乙烯分子中苯基的极性虽小，但因其体积大，位阻大，不容易内旋转，所以聚苯乙烯大分子链的刚性较大。例如聚丙烯的柔顺性比聚苯乙烯好，但比聚乙烯差。

d. 取代基的位置　取代基的分布对高分子链的柔顺性也有一定影响，取代基的对称性好，分子偶极矩小，内旋转容易，柔顺性好。例如聚偏二氯乙烯的柔顺性比聚氯乙烯好。

③ 交联的影响　交联对高分子链柔顺性的影响取决于交联度的高低。当交联度较低时，交联点之间的分子链长大于链段的长度，作为运动单元的链段还可能运动，高分子链仍然保持一定的柔顺性。当交联度高时，就失去了交联点之间单键内旋转的可能性，也就不存在柔顺性。例如橡胶硫化时，当交联度为 30％以下时，对柔顺性影响不大；当交联度达到 30％以上时，因为交联点之间不能内旋转，柔顺性变差，甚至失去弹性，变成了硬橡胶。

④ 高分子链的长度　当高分子链结构相同时，分子链越长，可以内旋转的单键数目越多，分子链的柔顺性就越好。小分子物质之所以没有柔性，就是此原因。但链长超过一定值后，分子链的构象服从统计规律，链长对柔顺性的影响不大。

⑤ 分子间的作用力　分子间作用力增大，高聚物中分子链所表现出来的柔顺性差。当取代基为长链脂肪烃时，支链增加了大分子间的距离，使分子间的吸引力减小，从而使高聚物柔性增加，如甲基丙烯酸丁酯的柔顺性比甲基丙烯酸甲酯好。但过长的支链内旋转阻力起主导作用。分子间的作用力随着主链或侧基的极性增加而增加，如果分子内或分子间有氢键生成，则氢键的影响要超过任何极性基团，可大大增加分子链的刚性。

⑥ 高分子链的规整性　高分子结构的规整性不同，结晶能力相差很大。分子链越规整，结晶能力越强，柔顺性越差，因为分子中原子和基团都被严格固定在晶格上，内旋转变得不可能。例如聚乙烯、聚丙烯分子链是柔性，但由于结构规整，很容易结晶，具有塑料的性质；而乙烯与丙烯的共聚物是无规立构结构，不容易结晶，柔顺性好，可作橡胶使用。

(2) 外界因素

① 温度的影响　温度是影响高分子链柔顺性最重要的外因之一。温度升高，分子热运动加剧，内旋转容易，构象数增加，分子链柔顺性增大。例如温度升高，塑料会变得有弹性，甚至可以流动；橡胶在常温下有弹性，比较柔软，温度降低后（－70～－120℃）会变

得硬而脆，失去弹性。

② 外力的影响　外力作用时间长，柔性容易显示；外力作用时间短，高分子链来不及通过内旋转改变构象，柔性无法体现出来，高分子链表现僵硬。

③ 溶剂的影响　溶剂分子和高分子链之间的相互作用对高分子的形态也有着一定的影响。除刚性很大的棒状大分子外，柔性链分子在溶液中均呈线团状无规卷曲。

值得注意的是，高分子链的柔顺性和实际高分子材料的刚柔性不能混为一谈，两者有时一致，有时却不一致。判断材料的刚柔性，必须同时考虑分子内、分子间的相互作用和聚集状态。例如聚氯乙烯的高分子链柔性比聚丙烯腈好，它们的高聚物制品的刚柔性与其一致；而聚乙烯的高分子链柔顺性比无规氯化聚乙烯好，但由于聚乙烯高度规整性和对称性，结晶能力很强，造成聚乙烯材料的柔性比无规氯化聚乙烯差。

6.2　高聚物的聚集态结构

聚集态是物质的物理状态，是根据物质的分子热运动和宏观力学特征来区分的，通常包括气态、液态和固态。气态的分子间距离大，相互作用力很小，没有固定的形状，很容易被压缩；液态的分子间有较强的作用力，分子的排列情况接近于固体，但没有固定的形状，不易被压缩，具有流动性；固态分子间有更强的相互作用力，具有一定的体积和形状，不易被压缩，无流动性。固态又有结晶态和非晶态之分，例如 NaCl 等固体物质，其内部微观粒子呈周期性、对称性的规则排列，称为结晶态；但如玻璃、沥青等物质，常温下虽然也有固定的形状和体积，不能流动，但其内部结构则更像液体，为玻璃态（非晶体）。还有一些物质，能够流动，又具有某些晶体的光学特性，是介于液态和结晶态之间的状态，称为液晶态。在一定条件下，三种聚集态可相互转变。

相态是物质的热力学状态，是根据物质的热力学和结构特征来区分的，通常包括气相、液相和晶相。相态是取决于自由能、温度、压力、体积等的热力学参量，从一相转变到另一相，热力学函数应当有突跃变化。气相分子的排列是完全无序的；液相分子排列是近程有序，远程无序；晶相分子的排列是完全有序的。

综上所述，聚集态和相态是两种不同的概念。气相和气态是一致的；液态肯定是液相，但液相不一定是液态。

高聚物的聚集态结构是指高分子链之间的几何排列和堆砌状态，包括固态和液态，不存在气态。这是因为高聚物的相对分子质量大、分子链很长，分子间作用力很大，远远超过组成它的化学键总键能。高聚物的聚集态结构主要包括晶态结构、非晶态结构、液晶态结构和取向态结构。

研究掌握高聚物的聚集态结构与性能的关系，对选择合适的加工成型条件、改进材料的性能、制备具有预期性能的高分子材料具有重要的意义。实践证明，即使同一种高聚物，由于加工成型条件不同，也会产生不同的聚集态，所得制品的性能也会有很大差别。例如缓慢冷却的聚对苯二甲酸乙二醇酯片是脆性的；迅速冷却，双轴拉伸的涤纶薄膜是韧性很好的材料。可见，高聚物的聚集态结构对高分子材料性能的影响远比高分子链结构更直接、更重要。

结构是分子运动的基础，分子运动是分子内和分子间相互作用力的表现，因此，研究高聚物的聚集态结构首先要了解高分子间相互作用力的本质。

6.2.1 高分子间的作用力

分子间作用力指非键合的原子间、基团之间和分子之间的相互作用力，又称为次价力。而主价力是构成化学键的力，是指分子内或晶体内相邻两个或多个原子（或离子）间强烈的相互作用力的统称。主价力包括共价键、配位键、离子键等，它们的键能较强，形成高分子的链结构；次价力包括范德华力和氢键，形成高分子的聚集态结构。

6.2.1.1 范德华力

范德华力又包括取向力、诱导力和色散力。

（1）取向力

取向力发生在极性分子与极性分子之间，是极性分子永久偶极之间的静电相互作用所产生的引力，其本质是静电引力。当两个极性分子相互接近时，相反的极相距较近，同极相距较远，结果引力大于斥力，两个分子靠近，当接近到一定距离之后，斥力与引力达到相对平衡。这种由于极性分子的取向而产生的分子间的作用力，就是取向力。取向力的大小与偶极矩的平方成正比。极性分子的偶极矩越大，取向力越大；温度越高，取向力越小。例如聚氯乙烯、聚醋酸乙烯酯、聚甲基丙烯酸甲酯等分子间作用力主要是静电力。

（2）诱导力

在极性分子和非极性分子之间以及极性分子和极性分子之间都存在诱导力。在极性分子和非极性分子之间，由于极性分子偶极所产生的电场对非极性分子产生影响，使非极性分子电子云变形，与原子核发生相对位移，产生了诱导偶极。诱导偶极与极性分子中原有的固有偶极而产生的作用力，就是诱导力。

在极性分子和极性分子之间，除了取向力外，由于极性分子的相互影响，每个分子也会发生变形，产生诱导偶极。其结果使分子的偶极矩增大，既具有取向力又具有诱导力。在阳离子和阴离子之间也会出现诱导力。

（3）色散力

色散力存在于一切分子之间。由于分子中电子和原子核不停地运动，使它与原子核之间出现瞬时相对位移，产生了瞬时偶极，分子也因而发生变形。这种由于存在“瞬时偶极”而产生的相互作用力称为色散力。由于色散力主要是瞬间诱导极化作用，因此色散力的大小主要与相互作用分子的变形性有关。一般来说，分子体积越大，其变形性也就越大，分子间的色散力就越大，即色散力和相互作用分子的变形性成正比。此外，色散力还与分子间距离、相互作用分子的电离势有关。

色散力是普遍存在的，具有普遍性和加和性，与温度无关。在一般非极性高分子中，它甚至占分子间作用总能量的80%～100%。像聚乙烯、聚丙烯和聚苯乙烯等非极性高聚物中的分子间作用力主要是色散力。

一般来说，极性分子与极性分子之间，取向力、诱导力、色散力都存在；极性分子与非极性分子之间，则存在诱导力和色散力；非极性分子与非极性分子之间，则只存在色散力。而所占比例的大小，取决于相互作用分子的极性和变形性。极性越大，取向力的作用越大；变形性越大，色散力就越大；诱导力则与这两种因素都有关。但对大多数分子来说，色散力是主要的。只有偶极矩很大的分子，如 H_2O、HF 分子，取向力才是主要的，诱导力通常是很小的。

6.2.1.2 氢键

氢键是特殊的范德华力。当氢原子（H）同一个电负性强、半径小的原子（X）形成的共价化合物（X—H）时，又与另外一个电负性强、半径小的原子（Y）以一种特殊的偶极作用结合成氢键（X—H⋯Y），这种分子间因氢原子引起的键称为氢键。氢键不同于范德华引力，它具有饱和性和方向性，键能比化学键小得多，略大于范德华力。

氢键可以在分子内生成，也可以发生在分子间。如邻位亚硝基苯酚和邻羟基苯甲酸都有内氢键的存在。分子间形成氢键的高聚物有聚丙烯酸、聚酰胺、聚乙烯醇等（图 6-6 和图 6-7）。

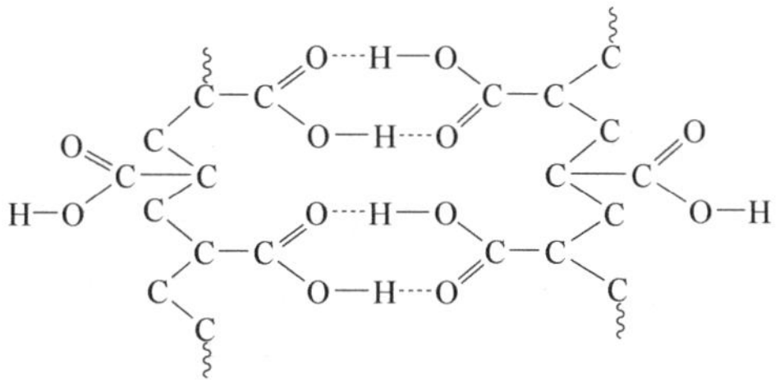

图 6-6　聚丙烯酸分了间的氢键示意图

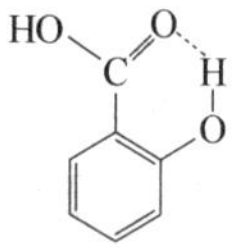

图 6-7　邻羟基苯甲酸分子内氢键

6.2.1.3　内聚能密度

高分子间作用力不仅决定着高聚物的聚集状态，更主要的是对高分子材料的耐热性、溶解性、电性能、机械强度等性能都有很大影响。可以按照高分子间作用力的大小来划分高聚物的应用领域，分子间作用力小于 4.4×10^3J/mol 的高聚物可以作橡胶；分子间作用力大于 2.1×10^5J/mol 的高聚物可以作纤维；分子间作用力介于两者之间的高聚物可以作塑料。

高聚物分子间作用力的大小，是各种吸引力和排斥力的综合表现，而高聚物相对分子质量很大，且具有多分散性的特征，所以，对于高分子链之间的作用力不能简单地仅用某一种作用力来表示，应该用宏观的量来表征高分子链间作用力的大小。

通常，用内聚能或内聚能密度来衡量高分子间作用力的大小。内聚能是指 1mol 分子聚集在一起的总能量，也等于同样数量分子分离的总能量。内聚能密度是指单位体积的内聚能，简称 CED，是聚合物分子间作用力的宏观表征。高聚物不能气化，无法直接测定它的内聚能或内聚能密度，只能用它在不同溶剂中的溶解能力来间接获得，主要方法是最大溶胀比法和最大特性黏数法。部分高聚物的内聚能密度数据见表 6-1。

表 6-1　高聚物的内聚能密度

高聚物名称	内聚能密度/(J/cm^3)	高聚物名称	内聚能密度/(J/cm^3)
聚乙烯	259	聚甲基丙烯酸甲酯	347
聚异丁烯	272	聚醋酸乙烯酯	368
聚丁二烯	276	聚氯乙烯	381
丁苯橡胶	276	聚对苯二甲酸乙二醇酯	477
聚异戊二烯	280	尼龙-66	774
聚苯乙烯	309	聚丙烯腈	992

内聚能密度小于 290J/cm^3 的高聚物，分子间作用力主要是色散力，比较小，分子链较柔顺，容易变形，弹性较好，通常作橡胶使用。聚乙烯例外，由于它易结晶而失去弹性，呈现出热塑性塑料的典型特征。内聚能密度较高的高聚物，分子链呈刚性，属于典型的塑料；内聚能密度大于 400J/cm^3 的高聚物，由于分子链上有较强的极性基团，相互作用力较强，易于结晶和取向，一般作为纤维使用。

6.2.2 高分子的结晶态结构

高聚物如果具有规整结构，在适宜的条件下，就会发生结晶，形成晶体。

6.2.2.1 高分子的结晶形态

高聚物的结晶形态随结晶条件而变，通常可形成单晶、球晶、伸直链晶体、纤维状晶体和柱晶等多种形态。

(1) 单晶

单晶是具有一定几何外形的薄片状晶体。一般是在极稀的溶液中（浓度为 0.01%～0.1%）缓慢结晶形成的。在适当的条件下，高聚物单晶体还可以在熔体中形成。例如聚乙烯和尼龙-6 的单晶是菱形片晶，聚甲醛的单晶是六角形片晶，聚 4-甲基 1-戊烯是四方形片晶。高聚物单晶的横向尺寸一般是几微米到几十微米，但厚度在 10nm 左右，最大不超过 50nm，晶体中的分子链垂直于晶面方向，并以折叠方式规整地排列。晶片厚度与高聚物的相对分子质量无关，只取决于结晶时的温度和热处理条件，通常随着结晶温度的升高，晶片厚度增加。

(2) 球晶

球晶是尺寸较大的圆球状晶体。一般是高聚物浓溶液或熔体中冷却结晶时形成的，是高聚物结晶中最常见的形式。例如聚乙烯、等规聚丙烯薄膜未拉伸前的结晶状态就是球晶。球晶实际上是由许多径向发射的长条扭曲晶片组成的多晶聚集体，其大小因高聚物种类和结晶条件的不同会有很大的差别。

球晶可以在正交偏光显微镜下观察到其特有的黑十字消光图案或带同心圆的黑十字消光图案。球晶的成长过程如图 6-8 所示，偏光显微镜照片如图 6-9 所示。

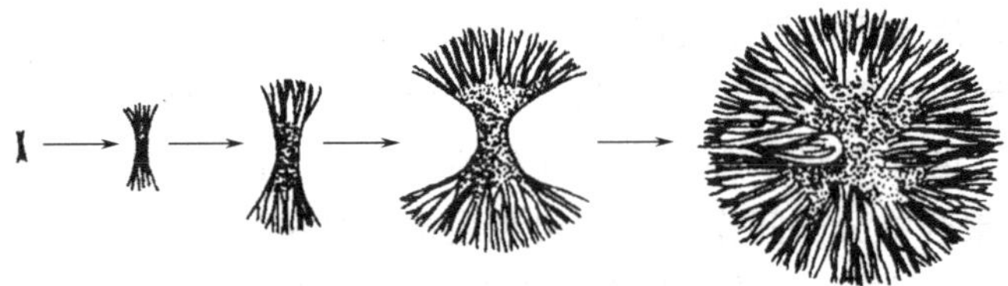

图 6-8 球晶的成长过程示意图

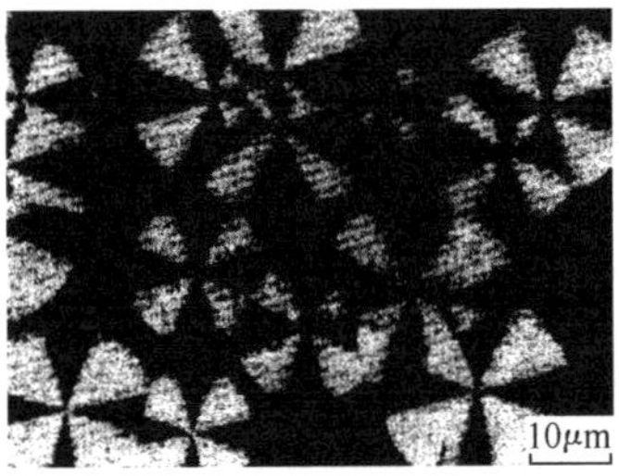

图 6-9 等规 PS 球晶的偏光显微镜照片

(3) 伸直链晶体

伸直链晶体是由完全伸展的高分子链平行规整排列的晶片。一般是高聚物在极高压力下慢慢结晶而形成的。晶体中的分子链是平行于晶面方向，晶片厚度基本与伸直的分子链长度相等，晶片厚度与高聚物的相对分子质量有关，但不随热处理条件而变。目前认为伸直链晶体是一种热力学上最稳定的高分子晶体。

(4) 纤维状晶体

纤维状晶体是中心由伸直链所成微纤束结构，周围串着许多折叠链的晶体。一般是高聚物在挤出、吹塑、拉伸等应力下形成的。在流动场的作用下，高分子链伸展，沿流动方向平行排列。纤维状晶体的长度大大超过高分子链的平均长度，取向与纤维轴平行。

(5) 柱晶

柱晶是在垂直于应力方向生长成柱状的晶体。一般是高聚物熔体在应力作用下冷却结晶时形成的。当施加的应力较低时，晶片发生扭曲而螺旋形地生长，应力较高时，形成的晶片互相平行。在熔融纺丝的纤维和挤出拉伸的薄膜中可观察到这种晶体。

6.2.2.2　高分子的结晶态结构

人们对高分子的结晶态结构研究提出了多种不同的模型，如缨状胶束模型、折叠链模型、隧道-折叠链模型和插线板模型等，希望借此来解释实验现象和探讨聚合物晶态结构与性能之间的关系。以下分别介绍两种常用的模型。

(1) 缨状胶束模型

缨状胶束模型又称两相结构模型，该模型认为结晶高聚物中晶区与非晶区互相穿插，同时存在。在晶区分子链相互平行排列成规整的结构，而在非晶区分子链的堆砌完全无序，如图 6-10 所示。

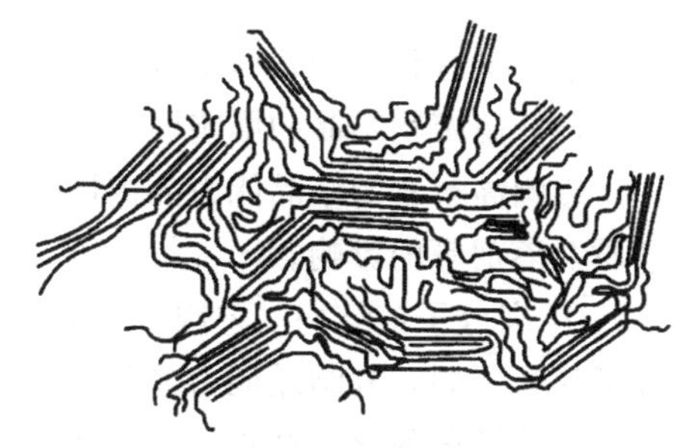

图 6-10　缨状胶束模型

(2) 折叠链模型

折叠链模型认为在高聚物晶体中，高分子链是以折叠的形式堆砌起来的。伸展的分子倾向于相互聚集在一起形成链束，高分子链规整排列的有序链束构成高聚物结晶的基本单元。这些规整的有序链束表面能大，自发地折叠成带状结构，进一步堆砌成晶片。折叠链模型如图 6-11 所示，图 6-11 (a) 是凯勒 (Keller) 提出的近邻规整折叠模型，图 6-11 (b) 是费希尔 (Fisher) 提出的近邻松散折叠模型，图 6-11 (c) 为跨层折叠模型。

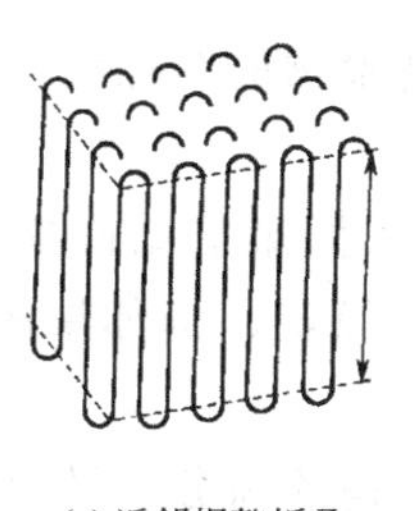

(a) 近邻规整折叠

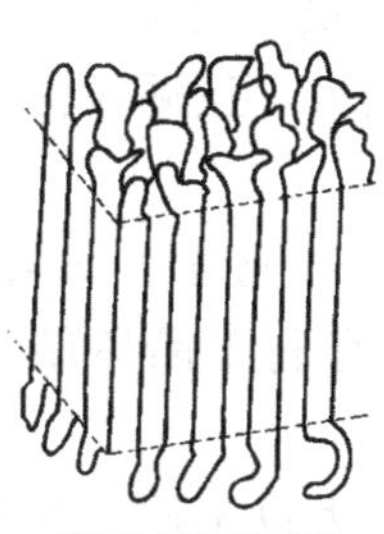

(b) 近邻松散折叠

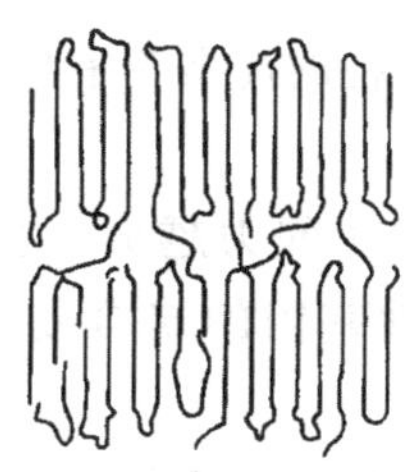

(c) 跨层折叠

图 6-11　折叠链模型

可见，高聚物结晶结构中晶区与非晶区同时存在，晶区由伸直链晶片或折叠链晶片构成，同一条高分子链可以是一部分结晶，另一部分不结晶，并且同一高分子链可以穿透不同的晶区和非晶区。

(3) 高聚物的结晶过程

高聚物的结晶过程示意图如图 6-12 所示，先由高分子链折叠成链带，由链带砌成晶片，再由晶片堆砌成单晶、球晶或其他多晶体。其结晶过程取决于形成结晶的条件，从动力学角度可分为成核过程与结晶成长过程。

(4) 结晶度与结晶能力

结晶度是指高聚物中结晶部分所占的质量分数或体积分数。一般可用 X 射线衍射线法、红外光谱法、密度法进行测定。

高聚物的结晶能力指高聚物能否结晶及能够达到的最大结晶度。高聚物结晶的必要条件

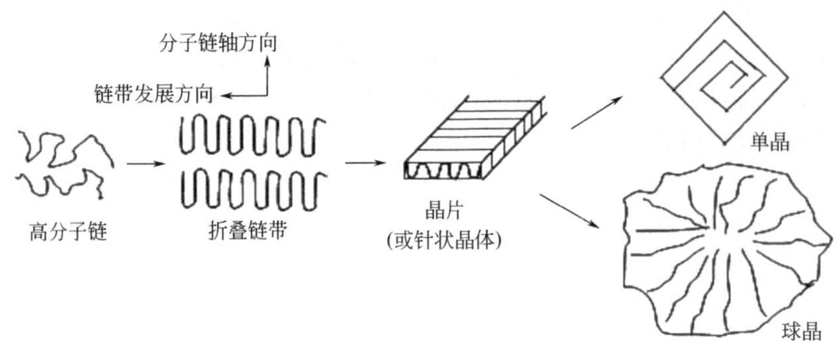

图 6-12 高聚物的结晶过程示意图

是分子链具有化学和几何结构的规整性，同时还必须具备适宜的温度和充分的时间。

(5) 高聚物结晶的影响因素

影响高聚物的结晶能力的内因主要是高分子结构特性的差异，外因主要有温度、应力、杂质及溶剂等的影响。

① 高分子链结构（内因）的影响 高分子链的结构对称性、规整性、分子间作用力和分子形状不同，其结晶能力亦不同。

高分子链的化学结构对称性越好，结晶越容易。如聚乙烯和聚四氟乙烯，主链上没有不对称的碳原子，非常容易结晶，结晶度也高；而聚氯乙烯主链上的氯原子破坏了结构的对称性，失去了结晶能力。

高分子链的空间立构规整性越高，结晶越容易。例如，有规立构的聚丙烯、顺式 1,4-聚丁二烯、反式 1,4-聚丁二烯都可以结晶，而无规立构的聚丙烯为典型的非结晶高聚物。全顺式或全反式结构的高聚物有结晶能力，且顺式构型高聚物的结晶能力一般小于反式构型的。

高分子链的分子间力越大，会使分子链柔性下降，从而影响结晶能力；但分子间形成氢键或带强极性基团的聚合物，则有利于晶体结构的稳定，例如聚酰胺、聚乙烯醇、聚酯等。

高分子链的几何形状不同，结晶能力也不同。线型结构的高分子链容易结晶，结晶度大，支链型次之，体型难于结晶。例如，低压聚乙烯的结晶度为 85%～95%；支链型聚乙烯的结晶度为 60%。

共聚物的结晶能力比均聚物的差，但共聚物的种类不同，结晶能力也不同。无规共聚物中两种共聚单体的均聚物有相同类型的晶体结构，能够结晶；若两种共聚单元的均聚物有不同的晶体结构，但其中一种组分比例高很多时，仍可结晶；而两者比例相当时，则失去结晶能力，如乙丙共聚物。嵌段共聚物中各嵌段基本上保持着相对独立性，能结晶的嵌段可形成自己的晶区。例如，聚酯-聚丁二烯-聚酯嵌段共聚物中，聚酯段仍可结晶，起物理交联作用，而使共聚物成为良好的热塑性弹性体。

② 结晶条件（外因）的影响

a. 温度 温度对结晶速率的影响最大。因高聚物的结晶只有在链段可以运动的情况下才能实现，故高聚物的结晶温度必须在熔点（T_m）和玻璃化转变温度（T_g）之间，高于 T_m 或低于 T_g 都不能结晶，且有一个最大结晶速率的温度（T_{max}）。一般情况下，高聚物的 $T_{max}=0.85T_m$。如图 6-13 所示是高聚物结晶速率与温度的关系曲线图。

b. 应力　应力主要影响结晶形态和结晶速率。高聚物熔体在无应力时冷却结晶会形成球晶；在有应力时冷却结晶会形成伸直链晶体、柱晶。应力能使分子链沿外力方向有序排列，可提高结晶速率。例如，天然橡胶在常温下不加应力时，几十年才能结晶；在常温下，加应力时拉伸条件下，几秒钟就能结晶。

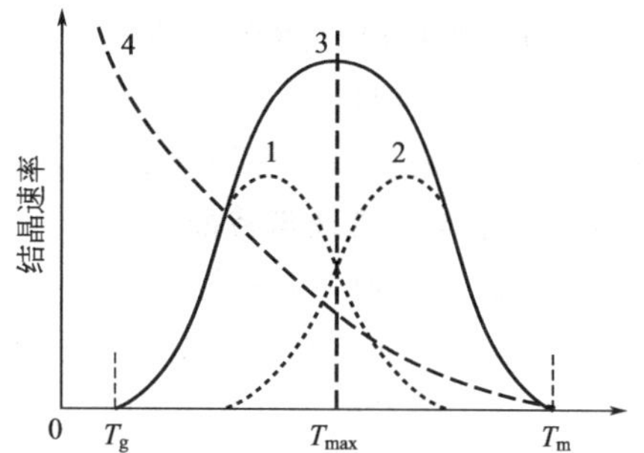

图 6-13　高聚物结晶速率与温度的关系曲线
1—晶核生成速率；2—晶体成长速率；
3—结晶总速率；4—黏度

c. 杂质　杂质影响较复杂，有的能阻碍结晶，有的则能加速结晶。能促进结晶的物质在结晶过程中往往起成核作用（晶核），称为成核剂。成核剂可以大大加速结晶速率，成核剂多，球晶长不大，结晶速率快，结晶度大。例如，生产中加入成核剂可获得结构均匀、尺寸稳定的制品。

d. 溶剂　有的溶剂能明显地促进高聚物结晶。例如，水能促进尼龙和聚酯的结晶。

6.2.2.3　结晶对高聚物性能的影响

结晶使高分子链规整排列，堆砌紧密，因而增强了分子链间的作用力。结晶度增加时，高聚物的密度、拉伸强度、硬度、耐热性、耐溶剂性、耐化学腐蚀性等性能得以提高，从而改善其使用性能。但结晶会使高弹性、断裂伸长率、耐冲击强度等性能下降，对以弹性、韧性为主要使用性能的材料是不利的。如橡胶结晶度高则硬化失去弹性，甚至爆裂，但少量结晶会使机械强度较高。

6.2.3　高分子的非晶态结构

非晶态高聚物通常指完全不结晶的聚合物。非晶态结构是一个高分子链较为普遍存在的聚集状态，不仅有大量完全非晶态的高聚物，而且在晶态高聚物中往往也存在大量的非晶区。由于温度和结构不同，非晶态高聚物的结构主要有玻璃态、橡胶态、熔融态及结晶高聚物中的非晶区结构。

由于对非晶态结构的研究比对晶态结构的研究要困难得多，因而对非晶态结构的认识还较粗浅。目前主要有两种理论模型，即无规线团模型和折叠链缨状胶束粒子模型。

无规线团模型认为非晶态高聚物是分子链无规地缠结在一起的一块“毛毯”，在结构上应是均相的。折叠链缨状胶束粒子模型（亦称两相球粒模型）则认为非晶态高聚物存在着具有一定程度局部有序的球粒结构。两种非晶态结构模型如图 6-14 所示。

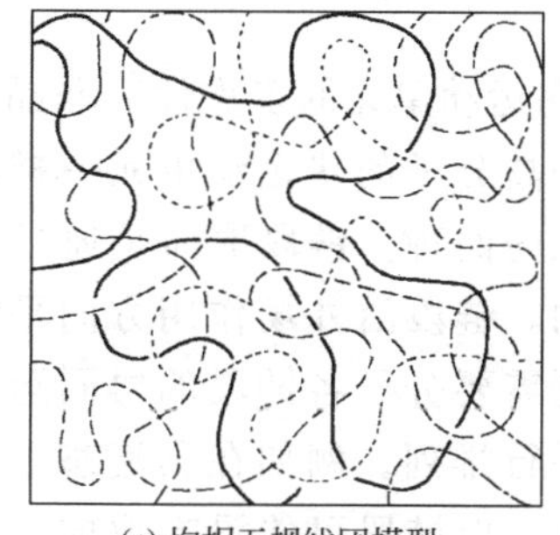

(a) 均相无规线团模型

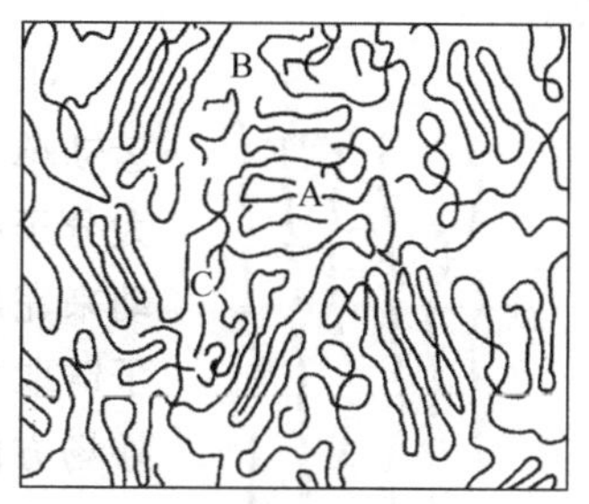

(b) 折叠链缨状胶束模型
A—有序区；B—粒界区；C—粒间相

图 6-14　非晶态结构模型示意图

6.2.4 高分子的取向态结构

在高分子材料的成型加工过程中，通过取向可以改变高分子材料的力学、热学和光学等性能，从而提高制品的使用性能。

6.2.4.1 取向的机理与特征

（1）高分子的取向态结构

高分子的取向态结构是指大分子链、链段或微晶在某些外场（如拉伸应力或剪切应力）作用下，分子链沿外力作用方向进行有序排列所形成的聚集态结构，如图 6-15 所示。

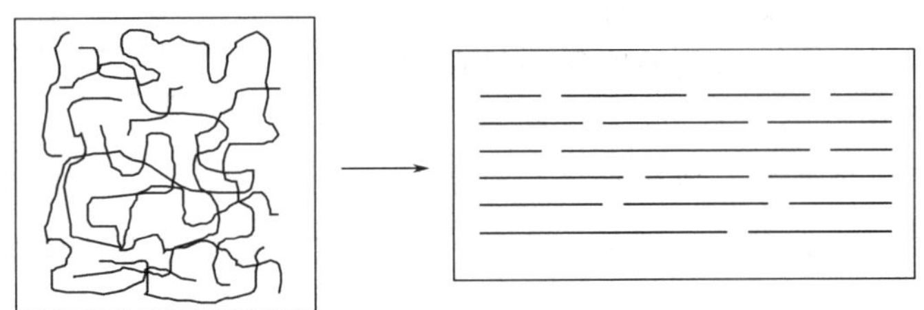

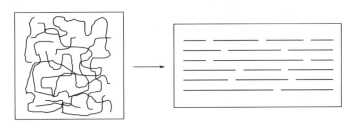

图 6-15 非晶态结构模型示意图

按照外力作用方式不同，取向可分为单轴取向和双轴取向两种类型。单轴取向是只在一个轴向上对材料施加外力，使长度增加，厚度和宽度减少，高分子链或链段只沿拉伸方向排列，例如纤维的拉伸。双轴取向是在两个垂直方向对材料施加外力，使面积增加，厚度减少，高分子链或链段沿拉伸平行薄膜平面排列，例如薄膜的拉伸。如图 6-16 所示为高聚物取向示意图。

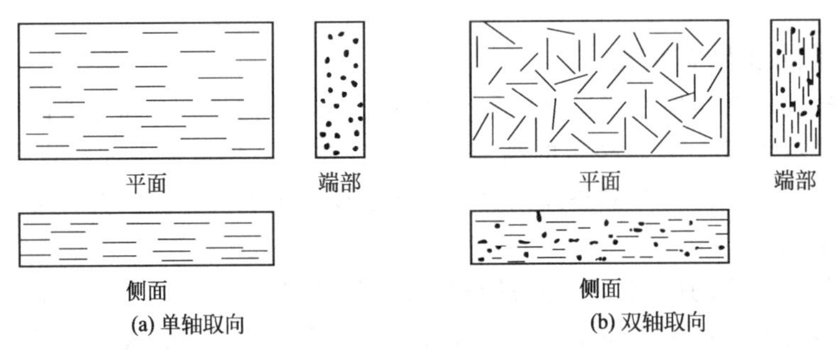

图 6-16 高聚物取向示意图

（2）取向特征

由于高聚物的相对分子质量大，其高分子链是一条长链，所以它的取向比较复杂，其特征主要有以下几点。

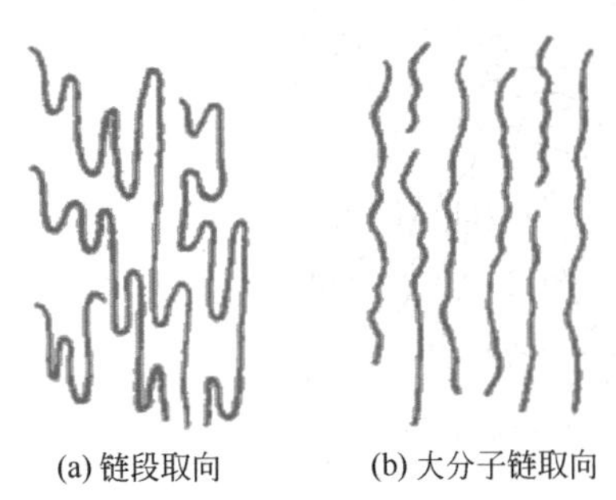

图 6-17 链段和大分子链的取向示意图

① 取向运动单元的多重性 非晶态高聚物的取向运动单元和高分子的热运动单元一样，有链段取向和大分子链取向两种。链段取向是通过单键的内旋转运动来完成的，链段沿外场作用方向平行排列。整个分子链取向则需要分子各链段的协同运动，分子链均沿外场方向平行排列。例如在黏流态下，外力可使整个分子链取向，但链段可能没有取向。由于高分子链运动中链段受到的阻力比大分子链受到的阻力小，在外力作用时，往往首先发生链段的取向，然后是整个大

分子链的取向。在高弹态下，一般只发生链段的取向，只有在黏流态时才发生大分子链的取向。链段和大分子链的取向如图 6-17 所示。

对于结晶高聚物而言，在外场作用下，除发生链段取向和大分子链取向外，还发生微晶的取向，即伴随着晶片的倾斜、滑移过程，原有的折叠链晶片被拉伸破坏，重排为新的取向折叠链晶片、伸直链微晶或由球晶转变为微纤结构等。结晶高聚物取向如图 6-18 所示。

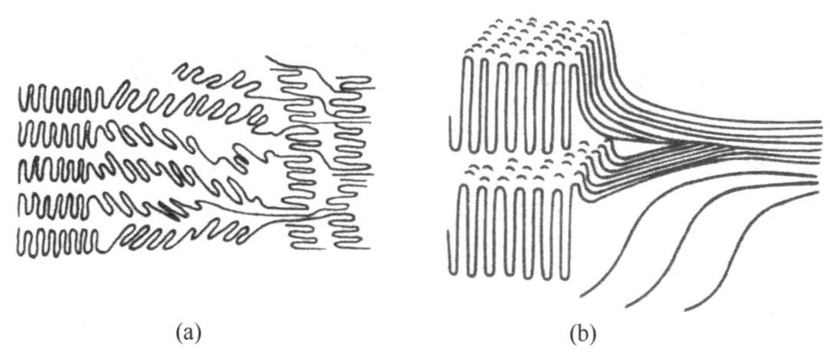

图 6-18 结晶高聚物的取向示意图

② 取向的过程是一个松弛过程　无论是哪一种运动单元的取向，都必须克服高聚物内部的黏滞阻力，因而完成取向过程需要一定的时间。高分子链柔顺性越差，取向越慢，所需时间越长，一般不能完成整个大分子链的取向；高分子链柔顺性越好，链段运动越快，越易于取向。

③ 存在取向与解取向的平衡　取向过程是热力学不平衡状态，存在解取向过程。如在高弹态下，拉伸可使链段取向，但外力去除后，链段就自发解取向，恢复原状。在黏流态下，外力可使分子链取向，但外力去除，分子链就自发解取向。

为了维持取向状态，获得取向材料，必须在取向后迅速使温度降低到玻璃化温度以下，使分子和链段“冻结”起来，这种“冻结”仍然是热力学不平衡状态，只有相对稳定性，时间太长、温度升高或被溶剂溶胀时，仍然有发生自发的解取向性。

(3) 取向与结晶的关系

取向与结晶都与高分子链的有序性排列有关，但是它们却有所不同。高分子的取向态结构是一维或二维有序，而结晶态结构是三维有序。也就是说能结晶的高聚物必定能取向，但能取向的高聚物不一定能结晶。例如聚酰胺纤维能很好取向，也能很好结晶，而聚氯乙烯和聚丙烯腈纤维能很好取向，但结晶性却很差。

6.2.4.2 取向对高聚物性能的影响

取向的目的是增加高分子材料拉伸方向上的强度。未取向的高分子材料的大分子链和链段的排列是随机的，因而呈现各向同性，即在各个方向上的性能相同。但取向后的高分子材料，由于在取向方向上原子之间的作用力以化学键为主，而在与之垂直的方向上，原子之间的作用力以范德华力为主，因而呈现各向异性，在取向方向上的力学性能得到加强，取向后材料在力学、光学和热学性能上与取向前产生显著差别。如拉伸强度及挠屈疲劳强度在取向方向上大大增加，而与其垂直的方向上降低；光学性能出现双折射现象；热学性能呈现出玻璃化温度增加，结晶高聚物密度和结晶度也增加。

取向在高分子材料成型加工过程中的应用很多。如双轴拉伸工艺生产薄膜中，将熔化挤出的片状材料在适当的温度下沿相互垂直的两个方向同时拉伸，双轴取向后薄膜不存在薄弱方向，可全面提高强度和耐褶性，而且由于薄膜平面上不存在各向异性，存放时不发生不均匀收缩，可用作摄影胶片以及录音、录像带的薄膜材料，不会造成影像失真。在纤维单向拉伸纺丝时，如果取向过度，分子排列过于规整，分子间相互作用力太大，虽然拉伸强度得以提高，但是弹性却太小了，纤维会变得僵硬、脆。为了获得一定强度和一定弹性的纤维，可以在成型加工时利用链段取向和大分子链取向速度的不同，用慢的取向过程使整个分子链获得良好的取向，以达到高强度，然后再用快的取向过程使链段解取向，使之具有弹性。

6.3 高分子溶液及高聚物平均分子质量的测定

高分子溶液是高聚物以分子状态分散在溶剂中所形成的均相体系。在高分子材料生产和科学研究中占有重要的地位。高分子溶液的性质随着浓度的变化有很大的差异，一般情况下，高分子溶液可分为以下两类。

① 稀溶液　浓度通常在1%～5%，如果浓度低于1%为极稀溶液，热力学稳定，在没有化学变化的条件下，性质不随时间变化，主要用于动力学、热力学以及相对分子质量的测定和分布等方面的研究。

② 浓溶液　浓度大于5%，在纤维工业中的溶液纺丝，纺丝液浓度一般在10%～15%；而涂料、胶黏剂的浓度可达60%；塑料工业中的增塑剂体系更浓，呈半固体或固体状态，且具有一定的强度。

高分子稀溶液和浓溶液之间并没有一个绝对的界线，判定一种高分子溶液属于稀溶液或浓溶液，应该根据其溶液性质，而不仅仅是浓度的高低。

6.3.1 高分子的溶解

由于高聚物的相对分子质量与结构具有多分散性，且结构复杂，所以高聚物的溶解过程比小分子固体复杂得多，溶解难易程度主要与高分子的聚集态有关。

(1) 非晶态高聚物的溶解

非晶态高聚物的溶解过程通常分两步进行，首先溶胀，然后溶解。当非晶态高聚物与足够量的低分子溶剂相混合时，由于高分子链与溶剂分子大小相差悬殊，溶剂分子向高聚物渗透快，高分子链向溶剂扩散慢，结果溶剂分子渗入高聚物内部，使高聚物体积膨胀，但整个大分子链还不能做扩散运动，称为溶胀。随着溶剂分子的不断渗入，溶胀后的高分子链间空隙增大，随着溶剂分子的进一步溶剂化，削弱了高分子链间的相互作用，使链段得以运动，逐渐分散到溶剂中，形成完全溶解的均相体系，称为溶解。

高聚物在溶剂中溶胀是溶解前的必经阶段，是高聚物溶解过程中所特有的现象。非晶态高聚物的溶解度与相对分子质量有关，相对分子质量越大，溶解度越小；相反，相对分子质量越小，溶解度越大。

对于线型非晶态高聚物，只要溶剂足够多，都能在一定的溶剂中溶解。但由于大分子的运动速率较慢，有时需要很长的时间才能完全溶解，可采用搅拌或加热的方法缩短溶解时间。

对于交联高聚物，在溶剂中可以发生溶胀，但由于交联键的存在，溶胀到一定程度后，达到平衡，之后无论与溶剂接触多长时间，也不再胀大，更不发生溶解。交联度越大，溶胀度越小；相反，交联度越小，溶胀度越大。

(2) 结晶高聚物的溶解

结晶高聚物由于分子排列规整，分子间作用力大，溶解要比非晶态高聚物困难一些，一般要经历两个过程：首先是结晶高聚物的熔融（晶格被破坏，成为非晶态高聚物）；然后发生溶胀和溶解。结晶高聚物的溶解情况与极性有关。

非极性结晶高聚物通常在常温下不能溶解，需要加热到熔点附近，使晶格破坏，成为无定形的液态后，才能进行溶解。如高密度聚乙烯的熔点是 137℃，需加热到 120℃以上后才能溶解在四氢萘溶剂中。

极性结晶高聚物，如聚酰胺、聚对苯二甲酸乙二醇酯等，在适宜的强极性溶剂中室温下就可发生溶解。这是因为结晶高聚物中非晶区在与极性溶剂接触时，两者能发生强烈作用而放出大量的热量，此热量足以使高聚物的晶区熔融。

结晶高聚物的溶解度不仅取决于其相对分子质量的大小，更重要的是取决于结晶度，结晶度越高，溶解越困难，溶解度越小。

6.3.2　溶剂的选择

由于高聚物结构的复杂性，选择合适的溶剂对高聚物的溶解显得尤为重要。目前常用的选择规律是，极性相似相近原则、溶解度参数相等或相近原则和溶剂化作用原则。

（1）极性相似原则

其溶解规律是极性溶剂溶解极性高聚物，两者极性越相近，越易溶解；非极性溶剂溶解非极性高聚物。例如天然橡胶、丁苯橡胶是非极性的，可溶解于汽油、苯、甲苯等非极性溶剂中；聚乙烯醇是极性的，可溶解于水和乙醇等极性溶剂中；聚甲基丙烯酸甲酯是极性的，不易溶于苯，但能很好地溶于氯仿、丙酮等极性溶剂中；丁腈橡胶、氯丁橡胶因含有极性基团而具有耐油性。

（2）溶解度参数相近原则

内聚能密度的平方根称为溶解度参数 δ，主要用于表征高分子间的相互作用力。因此，此原则又称为内聚能密度相近原则。其溶解规律是：对于非极性或弱极性高聚物与溶剂的溶解度参数相近时，高聚物能很好地溶解在该溶剂中，如果两者溶解度参数相差 1.5 以上，就不能溶解，借此可以作为选择溶剂的参考。对于极性高聚物，溶解度参数的规律需要修正。例如聚丙烯腈极性很强，不能溶解于与它 δ 值相近的乙醇、甲醇中；聚苯乙烯不能溶解于与它 δ 值相近的丙酮中。溶解度参数可通过计算法和实验法（黏度法和溶胀法）确定。常见高聚物及常用溶剂的溶解度参数 δ 见表 6-2 及表 6-3。

表 6-2　常见高聚物的溶解度参数

高　聚　物	$\delta_1/(J/cm^3)^{1/2}$	高　聚　物	$\delta_1/(J/cm^3)^{1/2}$
聚乙烯	15.8～17.1	聚对苯二甲酸乙二醇酯	19.9～21.9
聚丙烯	16.8～18.8	聚己二酰己二胺	27.8
聚氯乙烯	19.2～22.1	聚甲醛	20.9～22.5
聚苯乙烯	17.4～19.0	聚二甲基硅氧烷	14.95～15.55
聚乙烯醇	25.8～29.1	二硝酸纤维素	21.5
聚异丁烯	16.0～16.6	硝酸纤维素	23.6
聚偏二氯乙烯	20.3～25.0	二醋酸纤维素	23.3
聚四氟乙烯	12.7	乙基纤维素	21.1
聚三氟氯乙烯	14.7～16.2	聚氨基甲酸酯	20.5
聚乙酸乙烯酯	19.1～22.6	环氧树脂	19.8
聚丙烯酸甲酯	19.9～21.3	氯丁橡胶	16.8
聚甲基丙烯酸甲酯	18.6～26.2	丁腈橡胶	17.8～21.1
聚丙烯腈	25.6～31.5	丁苯橡胶	16.6～17.8
聚丁二烯	16.6～17.6	乙丙橡胶	16.2

表 6-3 常用溶剂的溶解度参数

溶剂	$\delta_1/(J/cm^3)^{1/2}$	溶剂	$\delta_1/(J/cm^3)^{1/2}$	溶剂	$\delta_1/(J/cm^3)^{1/2}$
正戊烷	14.4	1,2-二氯乙烷	20	乙酸乙酯	18.6
异戊烷	14.4	三氯乙烯	18.8	甲基丙烯酸甲酯	17.8
正己烷	14.9	四氯乙烯	19.1	丙酮	20.4
环己烷	16.8	氯乙烯	17.8	甲乙酮	19
正庚烷	15.2	偏二氯乙烯	17.6	环己酮	20.2
正辛烷	15.4	氯苯	19.4	二氧六环	20.4
异辛烷	14.0	水	47.4	四氢呋喃	20.2
苯	18.7	苯酚	29.6	苯胺	16
甲苯	18.2	乙二醇	32.1	吡啶	21.9
邻二甲苯	18.4	丙三醇	33.7	丙烯腈	21.3
间二甲苯	18	环己醇	23.3	硝基苯	20.4
对二甲苯	17.9	甲醇	29.6	二硫化碳	20.4
异丙苯	18.1	乙醇	26	二甲砜	29.8
苯乙烯	17.7	正丙醇	24.3	二甲亚砜	27.4
二氯甲烷	19.8	正丁醇	23.3	硝基甲烷	25
氯仿	19	正戊醇	22.3	二甲基甲酰胺	24
四氯化碳	17.6	正己醇	21.9	间甲酚	24.3
氯乙烷	17.4	正庚醇	20	乙苯	18
1,1-二氯乙烷	18.6	醋酸	25.7	异丁醇	21.9

(3) 溶剂化作用原则

溶剂化作用是指高聚物与溶剂接触时，高分子与溶剂质分子之间产生相互作用，此作用大于高分子链间的内聚力时，可使高聚物分子彼此分离而溶解于溶剂中。极性高聚物溶解在极性溶剂中的过程，就是极性溶剂分子（含亲电基团或亲核基团）和高分子的（亲核或亲电）极性基团相互吸引产生溶剂化作用，使高聚物溶解的过程。因而对于有这些基团的高聚物，要选择相反基团的溶剂。例如尼龙-6 是亲核的，要选择甲酸、间甲酚等带亲电基团的溶剂；相反聚氯乙烯是亲电的，要选择环己酮等带亲核基团的溶剂。

上述三个原则不是孤立的，实际上在选择溶剂时，要将上述三个原则综合考虑，并结合一定的实验，才能选择出适宜的溶剂。另外，选择溶剂除了要满足溶解要求外，还必须考虑高聚物的使用目的。如用作涂料或胶黏剂的高聚物溶解时，所选择的溶剂，必须是易挥发且毒性小；而选择增塑剂时，其发挥性一定要小，以确保其长期保留在高聚物中，使其性能稳定。

6.3.3 高分子溶液的性质

高分子溶液的性质主要取决于其结构，因其具有相对分子质量大及多分散性的特点，因此与小分子溶液相比复杂得多，主要表现在以下几个方面。

① 高聚物的溶解过程慢　由于高聚物分子链较长，所以溶解过程比小分子的溶解过程要缓慢得多，一般需要几小时、几天甚至几周的时间才能完全溶解。

② 高分子溶液的黏度大　液体黏度的本质是液体发生流动时所产生的内摩擦阻力。高分子溶液的流动中，由于高分子之间的相互缠结，使长链进行相对运动时的剪切摩擦力很大，造成高分子溶液在宏观上不易流动，溶液黏度很大。如浓度为 1%～2%的高分子溶液

的黏度与纯溶剂有数量级之差，5%的天然橡胶-苯溶液已成为冻胶。

③ 高分子溶液为非理想溶液　高分子溶液是平衡体系，溶解过程就是高聚物分子与溶剂分子混合使体系趋向平衡而成均匀溶液的过程，该过程可以用热力学方法来研究。由于高聚物的分子比溶剂分子大得多，相互之间作用力不可能相等，还有高分子的构象多，所以高聚物溶液是非理想溶液，它对理想溶液的行为会有较大的偏差。

④ 溶液性质随浓度变化　高分子溶液的性质随浓度不同有很大变化，高分子稀溶液为热力学稳定体系，而高分子浓溶液则稳定性较低，有时会有高聚物析出，有时会由流动态转变成半固体状的“冻胶”状态；高分子浓溶液还能抽丝或成膜。

6.3.4　高聚物平均相对分子质量及其统计意义

高聚物的相对分子质量及其分布是高分子材料最基本、最重要的参数之一，它与高分子材料的使用与加工性能密切相关；此外，在研究高聚物的聚合机理、结构与性能的关系等方面，高聚物的相对分子质量及其分布的数据也是不可缺少的。由于高聚物的相对分子质量具有多分散性的特点，因此高聚物的相对分子质量只具有统计的意义，用实验方法测定的相对分子质量也只是具有统计意义的平均值，如果统计的方法不同，所得到的数值也不同。

假定某一高聚物的总质量为 w，总物质的量为 n，不同相对分子质量的分子种类数用 i 表示，第 i 种分子的相对分子质量为 M_i，物质的量为 n_i，重量为 w_i，在整个试样中的质量分数为 W_i，摩尔分数为 N_i，则这些量之间存在下列关系：

$$\sum_i n_i = n;\qquad \sum_i w_i = w$$

$$\frac{n_i}{n} = N_i;\qquad \frac{w_i}{w} = W_i$$

$$\sum_i N_i = 1;\qquad \sum_i W_i = 1$$

$$w_i = n_i M_i$$

常用的统计平均相对分子质量的方法有以下几种。

① 数均相对分子质量　按物质的量统计的平均相对分子质量，定义式为：

$$\overline{M}_{\mathrm{n}} = \frac{w}{n} = \frac{\sum\limits_i n_i M_i}{\sum\limits_i n_i} = \sum_i N_i M_i \tag{6-1}$$

② 重均相对分子质量　按质量统计的平均相对分子质量，定义式为：

$$\overline{M}_{\mathrm{w}} = \frac{\sum\limits_i n_i M_i^2}{\sum\limits_i n_i M_i} = \frac{\sum\limits_i w_i M_i}{\sum\limits_i w_i} = \sum_i W_i M_i \tag{6-2}$$

③ z 均相对分子质量　按 z 量统计的平均相对分子质量，定义式为：

$$\overline{M}_{\mathrm{z}} = \frac{\sum\limits_i z_i M_i}{\sum\limits_i z_i} = \frac{\sum\limits_i w_i M_i^2}{\sum\limits_i w_i M_i} = \frac{\sum\limits_i n_i M_{\mathrm{i}}^3}{\sum\limits_i n_i M_i^2} \tag{6-3}$$

④ 黏均相对分子质量　用稀溶液黏度法测得的平均相对分子质量，定义式为：

$$\overline{M}_{\eta} = \left[\frac{\sum\limits_i n_i M_i^{\alpha+1}}{\sum\limits_i n_i M_i}\right]^{\frac{1}{\alpha}} = \left[\frac{\sum\limits_i w_i M_i^{\alpha}}{\sum\limits_i w_i}\right] = \left[\sum_i \overline{W_i} M_i^{\alpha}\right]^{\frac{1}{\alpha}} \tag{6-4}$$

式中，α 为 Mark-Houwink 方程中的参数，当 $\alpha=1$ 时，$\overline{M}_\eta=\sum_i W_i M_i=\overline{M}_w$；当 $\alpha=-1$ 时，$\overline{M}_\eta=\dfrac{1}{\sum_i \dfrac{W_i}{M_i}}=\overline{M}_n$，通常 α 的数值在 0.5～1.0 之间。

⑤ 相对分子质量分散系数　高聚物相对分子质量分散系数指 $\overline{M}_w$ 与 $\overline{M}_n$ 的比值，一般用 HI 值来表征，即：

$$HI=\frac{\overline{M}_w}{\overline{M}_n} \tag{6-5}$$

当 HI＝1 时，为单分散体系，$\overline{M}_n=\overline{M}_w=\overline{M}_z=\overline{M}_\eta$；当 HI＞1 时，为多分散体系，$\overline{M}_n<\overline{M}_\eta<\overline{M}_w<\overline{M}_z$。HI 值越大，相对分子质量分布越宽，HI 值越接近于 1，相对分子质量分布越窄。

6.3.5 高聚物平均相对分子质量的测定

高聚物平均相对分子质量可采用不同方法进行统计，因此其测定方法有很多种，常见高聚物平均相对分子质量测定方法见表 6-4。每种测定方法都有各自的优缺点及适用范围，黏度法因简便、快速，得到的数据比较准确，目前广泛被采用。

表 6-4 常见高聚物平均相对分子质量测定方法

测定方法	统计意义	测定原理	适用范围
端基分析法	数均	化学	3×10^4 以下
沸点升高法	数均	热力学	3×10^4 以下
冰点降低法	数均	热力学	5×10^3 以下
膜渗透压法	数均	热力学	$2\times10^4\sim1\times10^6$
气相渗透压法	数均	热力学	3×10^4 以下
光散射法	重均	光学	$2\times10^4\sim1\times10^7$
黏度法	黏均	动力学	$1\times10^4\sim1\times10^7$
超速离心沉降法	数均、重均	动力学	$1\times10^4\sim1\times10^7$
凝胶渗透色谱法	数均、重均、黏均及分布		$1\times10^3\sim1\times10^7$

6.3.5.1 数均相对分子质量的测定

（1）端基分析法

对于化学结构已知的线型高聚物，若其分子链端基带有可供定量分析的基团或元素，可通过测定已知质量样品中的链端基团的数目，就可确定大分子链数目，从而可以计算出高聚物的相对分子质量。

如果试样重 w（g），所含可测端基的物质的量为 N（mol），每个高分子中含 x 个可测端基，则此聚合物试样的数均相对分子质量可如下计算。

$$\overline{M}_n=\frac{w}{\dfrac{N}{x}}=\frac{wx}{N} \tag{6-6}$$

测定前需要将高聚物纯化，除去杂质、单体等，且要选择合适的溶剂。此法只适合于测定相对分子质量低于 2×10^4 的聚合物，因为对于线性高聚物而言，其相对分子质量越大，可供分析的端基数目就越小，测定准确度就越差。如果高分子链有支化与交联，将导致端基数目与分子链数目的关系无法确定，就得不到准确的平均相对分子质量。

（2）沸点升高及冰点降低法

沸点升高及冰点降低法的测定原理相同。其原理是在溶剂中加入不挥发性溶质后，溶液的蒸气压下降，导致溶液的沸点高于纯溶剂，冰点低于纯溶剂。

通过热力学推导可知，溶液的沸点升高值 ΔT_b 和冰点降低值 ΔT_f 均正比于溶液的浓度，而与溶质相对分子质量成反比，即：

$$\Delta T_b = K_b \frac{c}{M} \text{或} \Delta T_f = K_f \frac{c}{M} \tag{6-7}$$

式中　K_b，K_f——沸点升高常数和冰点降低常数。

对于高分子溶液，热力学性质和理想溶液偏差很大，只有在无限稀的情况下才接近理想溶液的规律，因而必须在多个浓度下测 ΔT_b 或 ΔT_f，然后以 $\Delta T/c$ 对 c 作图，外推到 $c \to 0$ 时的值来计算高聚物的相对分子质量。

$$\left(\frac{\Delta T}{c}\right)_{c \to 0} = \frac{K}{M} \tag{6-8}$$

用沸点升高法或冰点降低法测定的是高聚物的数均相对分子质量。

（3）膜渗透压法

用膜渗透压法测定高聚物的相对分子质量的关键问题在于半透膜的选择。半透膜的孔可以让溶剂分子通过，但待测的高聚物分子不能透过，且与高聚物和溶剂均不起反应，不被溶解。常用的半透膜材料有硝化纤维素、再生纤维素、聚醋酸乙烯酯膜以及聚三氟氯乙烯膜等。半透膜的渗透性决定了测定相对分子质量的精确度。

如图 6-19 是膜渗透压法原理示意图。开始时两边的液面高度相同，之后溶剂会通过半透膜渗透到溶液池中，使溶液池的液面上升而溶剂池的液面下降，达到平衡时两边液体的压力差称为溶液的渗透压，用 π 表示。

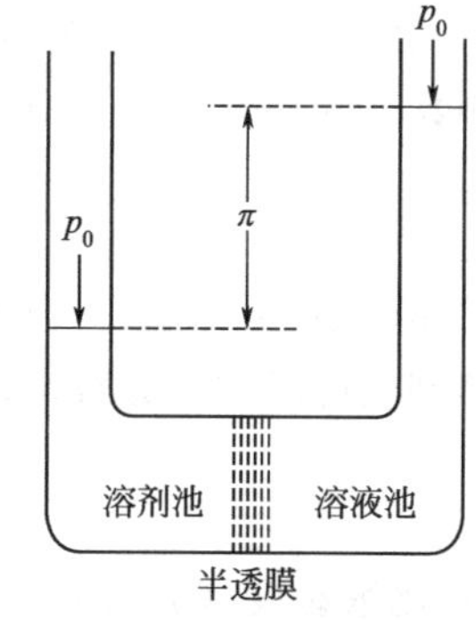

图 6-19　膜渗透压法原理示意图

对于理想溶液，渗透压用范特霍夫定律可表示为：

$$\pi = RT \frac{c}{M} \tag{6-9}$$

对于高分子溶液而言，由于与理想溶液有偏差，必须将式（6-9）修正，表示为：

$$\frac{\pi}{c} = RT\left(\frac{1}{M_n} + A_2 c + A_3 c^2 + \cdots\right) \tag{6-10}$$

式中　c——高聚物溶液浓度；

$\overline{M}_n$——高聚物的平均相对分子质量；

R——气体常数；

T——绝对温度；

A_2，A_3——第二、第三维利系数，表示与理想溶液的偏差。

当高聚物溶液浓度很稀时，c 值很小，$c^2 \to 0$，故式（6-10）可简化成为：

$$\frac{\pi}{c} = RT\left(\frac{1}{M_n} + A_2 c\right) \tag{6-11}$$

可见，$\frac{\pi}{c}$ 与 c 成线性关系，从直线的截距 $\frac{RT}{M_n}$ 便可求得平均相对分子质量 $\overline{M}_n$。

由于渗透压法测得的实验数据均涉及分子的数目，故测得的高聚物相对分子质量是数均相对分子质量。虽适应于较宽的测定范围，但相对分子质量很高时，测定的准确度会降低，因此，测定前必须先将试样分级。

6.3.5.2 重均相对分子质量的测定

当一束光通过介质时，在入射光方向以外的各个方向也能观察到光强的现象称为光散射现象，其本质是光波的电磁场与介质分子相互作用的结果。溶液的光散射强度与溶质的相对分子质量大小有关。光散射法是利用光的散射性质测定高聚物的重均相对分子质量的方法。具体测定方法请参照有关参考资料，本书不作介绍。

6.3.5.3 黏均相对分子质量的测定

高聚物的黏均相对分子质量是通过黏度法测定的。黏度法属于间接测定高聚物平均相对分子质量的方法，是常用的一种方法。高分子溶液的黏度除了与高聚物的相对分子质量有关外，同时也决定了高分子的结构、形态以及在溶剂中的扩张程度。因此，黏度法也可用于研究高分子在溶液中的尺寸、形态及高分子与溶剂分子的相互作用力等重要特征。

(1) 高分子稀溶液的黏度

液体的黏度是由于液体分子之间由于运动而产生的摩擦阻力的宏观表现。通常高分子稀溶液的黏度有四种表示方法。

① 相对黏度（η_r） 为溶液黏度（η）与纯溶剂黏度（η_0）的比值。表示溶液黏度相当于纯溶剂黏度的倍数，是一个无量纲量。

$$\eta_r=\frac{\eta}{\eta_0} \tag{6-12}$$

② 增比黏度（η_{sp}） 为溶液黏度与纯溶剂黏度之差和纯溶剂黏度的比值。表示溶液黏度比纯溶剂黏度增加的分数，是一个无量纲量。

$$\eta_{sp}=\frac{\eta-\eta_0}{\eta_0}=\eta_r-1 \tag{6-13}$$

③ 比浓黏度（η_{sp}/c） 对于高分子溶液，黏度相对增量往往随着溶液黏度的增加而增大，因此常用其与浓度之比来表征溶液的黏度，称为比浓黏度。其单位为浓度单位的倒数。

$$\frac{\eta_{sp}}{c}=\frac{\eta_r-1}{c} \tag{6-14}$$

它表示浓度为 c 时，单位浓度的增加对溶液增比黏度的贡献。其数值随溶液浓度 c 的表示方法而异，也随浓度大小而变。

④ 特性黏度（$[\eta]$） 亦称特性黏数，其单位为浓度单位的倒数，表达式如下。

$$[\eta]=\lim_{c\to 0}\frac{\eta_{sp}}{c}=\lim_{c\to 0}\frac{\ln\eta_r}{c} \tag{6-15}$$

表示当高分子溶液浓度趋于零时，单位浓度的增加对溶液增比黏度或相对黏度对数的贡献，其数值不随溶液浓度大小而改变。

(2) 高聚物黏度与相对分子质量的关系

大量实验证明，当高聚物、溶剂和温度确定以后，高聚物的特性黏度 $[\eta]$ 仅取决于高聚物的黏均相对分子质量，它们之间存在下列关系（称 Mark-Houwink-Sakurada 方程或 MHS 方程）。

$$[\eta]=K\,\overline{M}_\eta^\alpha \tag{6-16}$$

式中 K——经验常数，取决于温度和高聚物的相对分子质量的大小；

α——特性常数，取决于高分子链在溶液中的形态。

K 和 α 值都可以在实验中测得。表 6-5 列出常见高聚物溶液的 K 和 α 值。

表 6-5　常见高聚物溶液的 K 和 α 值

高聚物	溶剂	温度/℃	M 范围/$\times10^3$	测定方法	$K/\times10^{-2}$	α
尼龙-66	90%甲酸	25	6.523	端基滴定	11	0.72
聚丙烯腈	二甲基甲酰胺	25 25	4.8～270 30～260	渗透压 光散射	1.66 2.43	0.81 0.75
聚丙烯	十氢萘	135	100～1000	光散射	1.00	0.80
聚氯乙烯(乳液) 聚氯乙烯(80%转化)	环己酮	25 20	19～150 80～125	渗透压 渗透压	0.204 0.143	0.50 0
聚苯乙烯	丁酮 甲苯 苯	25 25 25	3～170 3～170 1～11	光散射 光散射 渗透压	3.9 1.7 4.17	0.57 0.69 0.60
天然橡胶	甲苯	25	0.4～1500	渗透压	5.07	0.76
聚丁二烯	甲苯	25	70～400	渗透压	11.0	0.62
三醋酸纤维素	二氯甲烷：乙醇=80：20 氯仿	25 30	20～300 30～180	渗透压	1.39 4.5	0.834 0.9

(3) 黏度法测定高聚物的相对分子质量

高聚物黏度的测量一般使用毛细管黏度计，其原理是利用毛细管黏度计测定高分子稀溶液的相对黏度，求得高分子的特性黏度，然后利用特性黏度与相对分子质量的关系式计算高聚物的黏均相对分子质量。常用的毛细管黏度计是乌氏黏度计和奥氏黏度计，如图 6-19 所示。

依据泊萧尔定律，流体黏度可如下计算。

$$\eta=\frac{\pi PR^4t}{8lV}=\frac{\pi gh\rho R^4t}{8lV}=A\rho t \tag{6-17}$$

式中 A——仪器常数，出厂有标定；

P——液体自身的重力，N；

ρ——液体密度，kg/m^3；

R——毛细管的内径，m；

l——毛细管的长度，m；

h——等效平均液柱高度，m；

V——液体流经 a、b 两刻线间的体积（图 6-20），m^3；

t——液体流经 a、b 两刻线间的时间（图 6-20），s。

假定 t 和 t_0 分别为溶液和纯溶剂的流出时间，ρ 和 ρ_0 分别为两者的密度，由于高聚物溶液的浓度很低，可以看成 $\rho=\rho_0$。由式（6-17）可得，溶液的相对黏度和增比长黏度分别为：

$$\eta_r=\frac{A\rho t}{A\rho_0 t_0}=\frac{t}{t_0} \tag{6-18}$$

$$\eta_{sp}=\eta_r-1=\frac{t-t_0}{t_0} \tag{6-19}$$

可见，只要分别测出溶液和溶剂的流出时间，就可求得溶液的相对黏度和增比黏度。

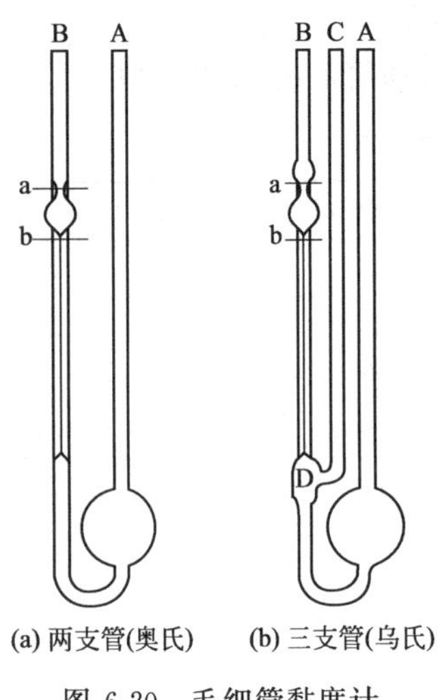

图 6-20 毛细管黏度计

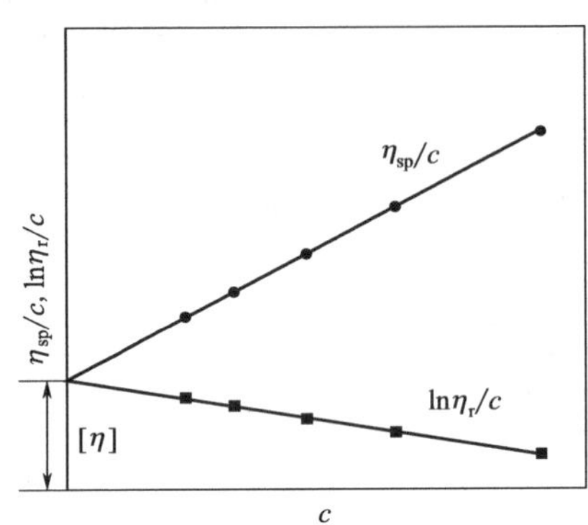

图 6-21 η_{sp}/c 和 $\ln\eta_r/c$ 对 c 作图

高聚物稀溶液的黏度与浓度之间有如下关系。

$$\frac{\eta_{sp}}{c}=[\eta]+K'[\eta]^2c \tag{6-20}$$

$$\frac{\ln\eta_r}{c}=[\eta]-\beta[\eta]^2c \tag{6-21}$$

式（6-20）和式（6-21）分别称为 Huggins 方程和 Kreamer 方程，由式（6-20）和式（6-21）可知，$\frac{\eta_{sp}}{c}$ 与 c 为线性关系，$\frac{\ln\eta_r}{c}$ 与 c 也是线性关系，两条直线的截距就是特性黏数 $[\eta]$。

实验时，通常需要测定出纯溶剂和几个不同浓度的溶液的 t_0 和 t 值，并计算出不同浓度下溶液的相对黏度 η_r 或增比黏度 η_{sp}，然后用$\frac{\eta_{sp}}{c}$-c 和$\frac{\ln\eta_r}{c}$-c 作图并外推至纵坐标轴得 $[\eta]$，如图 6-21 所示，最后用已知的 K 和 α 值，代入 MHS 方程，即可求得该高聚物的黏均相对分子质量。

上述测定聚合物特性黏数的方法称为稀释法，需测定多个浓度的高分子溶液的黏度才能得到聚合物的特性黏数，其实验工作量较大。有时测定一个浓度的高分子溶液的黏度即可求得聚合物的特性黏数，此法称为“一点法”。一点法的原理是：对于确定的高分子和溶剂体系，若 Huggins 方程和 Kreamer 方程的常数 k' 和 β 已知，令 $r=k'/\beta$，则联立式（6-20）和式（6-21）可得：

$$[\eta]=\frac{\eta_{sp}+r\ln\eta_r}{(1+r)c} \tag{6-22}$$

对于确定的线型柔性高分子-良溶剂体系，k'在 0.3～0.4 之间，且 $k'+\beta=0.5$，合并式（6-20）和式（6-21）可得：

$$[\eta]=\frac{\sqrt{2(\eta_{sp}-\ln\eta_r)}}{c} \tag{6-23}$$

由式（6-22）和式（6-23）就可用一点法来测得高分子溶液的黏度，从而求得聚合物的特性黏数，进而根据 MHS 方程即可求得聚合物的相对分子质量。

习题与思考题

1. 研究高聚物结构的目的是什么？高聚物的结构层次有哪些？

2. 高聚物的链结构主要包含哪些结构？对高聚物的性能有什么影响？

3. 什么是高聚物的构象？高分子链运动单元有哪些？

4. 解释高分子链具有柔性的原因和影响柔性的因素，并比较下列两组聚合物的柔顺性大小。

(1) 聚乙烯，聚丙烯和聚苯乙烯。

(2) 聚乙烯，聚乙二醇，聚硅氧烷。

5. 为什么高聚物只存在固态、液态而没有气态？

6. 什么是高聚物的内聚能密度？研究意义是什么？

7. 高分子的结晶形态有哪几种类型？

8. 聚乙烯在下列条件下缓慢结晶，各将产生什么样的晶体？

(1) 从极稀溶液中缓慢结晶；

(2) 从熔体中结晶；

(3) 在极高压力下固体挤出；

(4) 在溶液中强烈搅拌下结晶。

9. 影响高聚物结晶的因素有哪些？

10. 取向与结晶的异同点是什么？

11. 为什么缓慢结晶的涤纶薄片具有脆性，而迅速冷却并经拉伸后却是韧性很好的薄膜材料？

12. 如何得到取向态高聚物？取向对高聚物的性能有何影响？

13. 高聚物溶解过程的特点是什么？与哪些因素有关系？

14. 比较聚丙烯、聚苯乙烯、聚丙烯腈及顺丁橡胶溶解的特点。选择溶剂的原则是什么？

15. 为什么溶剂的溶解度参数和高聚物的溶解度参数越接近，高聚物越易溶解？如何获得高聚物的溶解度参数？

16. 说明高聚物相对分子质量的统计意义？

17. 有一聚合物试样含 300mol 大分子，其中相对分子质量为 10^4 的分子有 100mol，相对分子质量为 10^5 的分子有 100mol，相对分子质量为 10^6 的分子有 100mol，试计算高聚物的数均、重均、z 均及黏均相对分子质量和相对分子质量分布指数 HI，并进行排序。

18. 用黏度法测定聚苯乙烯的相对分子质量，温度为 30℃，溶剂为苯，若已知聚苯乙烯的浓度为 2.75×10^{-5}g/mL，测出纯溶剂的流出时间 $t_0=106.8$s，溶液的流出时间 $t=166.0$s，已知该体系的 $K=0.99\times10^{-2}$，$\alpha=0.74$，且 Huggins 方程和 Kraemer 方程的常数 k' 与 β 之和为 1/2，试计算该高聚物试样的黏均相对分子质量。

第7章　高聚物的性能

本章学习目标

知识目标

1. 掌握高聚物的物理状态及其特征、高聚物各种特征温度及其影响因素和应用，高聚物的力学性能、高弹性特征。

2. 理解高聚物分子运动单元的多重性和运动过程的对温度、时间的依赖性，高聚物力学性能的影响因素。

3. 了解高聚物的黏流特性、黏弹性（力学松弛）、电性能、光学性能、透气性能、热性能等及其应用。

能力目标

1. 能根据高聚物的形变-温度曲线类型正确判断高聚物的使用状态及其使用温度范围。

2. 能根据应力-应变曲线类型区分高分子材料的力学特性和应用场合。

3. 能正确分析高聚物材料使用过程出现力学松弛（如蠕变、应力松弛、内耗等）的原因，并能按实际情况加以避免或利用。

素质目标

1. 培养学生学生综合分析问题和解决问题的能力。

2. 培养学生用科学理论指导工作实践的习惯、较高的专业思维能力和养成良好的职业习性。

前已述及，高聚物的性能取决于高聚物的链结构与聚集态结构。不同链结构的聚合物的性能差异很大；链结构相同但聚集态不同的聚合物，在性能上也呈现很大的差别。同时，高分子的运动方式不同也将对其宏观性能产生极大的影响，因此研究高分子运动的规律可以从本质上揭示高分子结构与性能之间的关系。本章将对高分子的热运动与热性能、力学性能、流变学性能和电性能等作简单讨论。

7.1　高聚物的物理状态及热转变

高聚物的物理状态从热力学和动力学不同角度可分为相态和聚集态，不但取决于大分子的化学结构及聚集态结构，而且还与温度有直接关系。随着温度的变化，高聚物可以呈现不同的物理力学状态，在应用上，对材料的耐热性、耐寒性有着重要的意义。

7.1.1　高聚物分子运动特点

高分子热运动是联系高聚物结构与性能的桥梁，由于高分子的相对分子质量大，分子链长，故高分子的热运动与低分子的运动相比，是极其复杂的，其运动单元具有多重性，运动对时间与温度皆有依赖性。

7.1.1.1　高分子运动单元的多重性

由于高聚物具有相对分子质量多分散性的特点，其分子链长短不一，存在支化、交联、取向、结晶等现象，使高分子的运动可分小尺寸单元运动（侧基、支链、链节、链段等）和大尺寸单元运动（整个大分子链）。

（1）整个大分子链运动（布朗运动）

整个大分子链运动是以高分子链为一个整体的振动、转动与移动。这种运动导致了分子链质量中心的相对位移。在宏观上体现为聚合物溶液或熔体的流动、高聚物材料的永久变形和使用过程中尺寸的不稳定性等。

（2）链段运动

链段运动是区别于小分子运动的特殊运动形式。链段是高分子主链上能独立运动的最小单元，它们运动的结果可使大分子有着强烈伸展或卷曲的倾向，是大分子链具有柔性的根本原因。聚合物的许多独特性能都与链段运动有关。

（3）链节、侧基、支链运动（微布朗运动）

链节运动包括碳链聚合物中的曲柄运动、杂链聚物中官能团化学键的运动等。这种运动的范围小，能保持正常的键长和键角，需要能量低，可以在较低温度下观察到。侧基和支链运动是相对于主链的摆动、转动以及自身的内旋转。这些运动对材料的低温力学性能有影响。

7.1.1.2　高分子运动对时间的依赖性

在一定的外力和温度条件下，高聚物从一种平衡状态通过分子热运动过渡到新的平衡状态需要克服内摩擦力，总是需要一定时间的，这种现象即为高分子运动的时间依赖性。这个克服内摩擦力的过程称为“松弛过程”，所需时间称为“松弛时间”。例如低分子的运动是瞬变过程，只需 $10^{-10}\sim10^{-9}$ s 即可完成。但高分子的运动实质是从一种构象过渡到另一种构象，如图 7-1 所示，其松弛过程不可能瞬间完成，需要在较长时间内完成，且刚性越大的高分子链，松弛时间越长。只有当外场作用时间或实验观察时间足够长时，才能观察到高分子链的松弛过程。

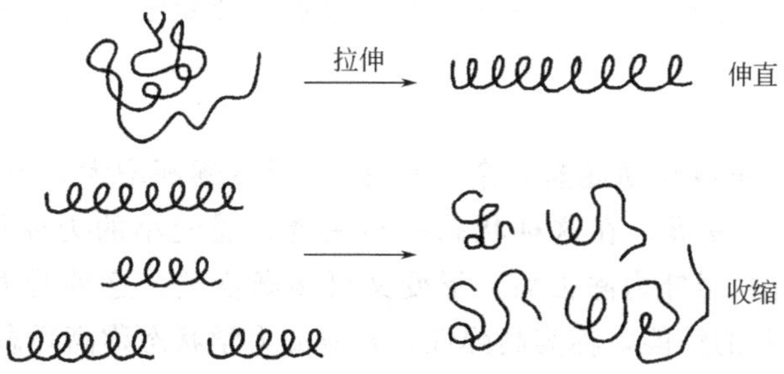

图 7-1　高分子在外力作用下的分子运动过程

7.1.1.3　高分子运动对温度的依赖性

温度升高对高分子的热运动是有利的。一方面温度升高，增加了分子热运动的能量，可活化运动单元，当达到某一运动单元运动所需的能量时，就激发这一运动单元的运动；另一方面，温度升高，高聚物发生体积膨胀，可增加分子间的自由空间，当自由空间增加到某种运动单元所需的大小时，这一运动单元便可自由运动。其结果使松弛过程加快，松弛时间减短。可见，升温与延长时间对于高分子运动是等效的。

7.1.2 高聚物的物理状态

高聚物的物理状态主要随温度而变化，温度-形变曲线（热机械曲线）可以有效地描述高聚物在不同温度下的分子运动和力学行为。

温度-形变曲线是指对高聚物试样施加一个恒定外力，在等速升温过程中得到的形变与温度的变化关系曲线。结构不同的高聚物，其温度-形变曲线的形状也不同。按高聚物的结构可以分为线型非晶高聚物温度-形变曲线、结晶高聚物温度-形变曲线两大类。

7.1.2.1 线形非晶态高聚物的物理状态

典型非晶态高聚物的温度-形变曲线如图 7-2 所示。曲线上有两个斜率突变区，分别称为玻璃化转变区和黏弹转变区。在这两个转变区之间和两侧，高聚物分别呈现三种不同的物理状态，分别是玻璃态、高弹态和黏流态。两个转变区及三种物理状态的特征及分子运动机理如下。

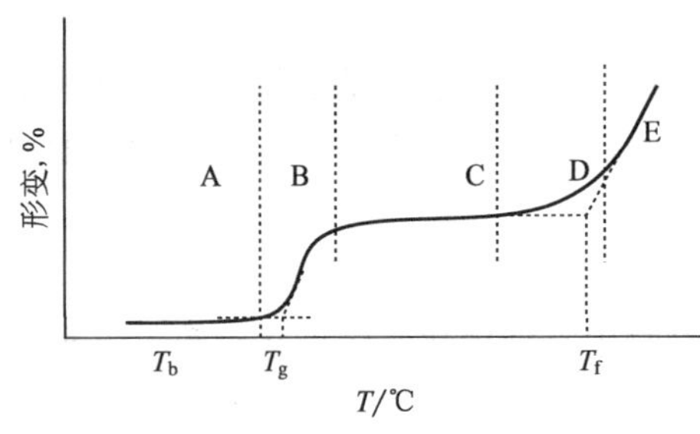

图 7-2 非晶态高聚物的温度-形变曲线

A—玻璃态；B,D—过渡区；C—高弹态；E—黏流态；T_b—脆化温度；T_g—玻璃化温度；T_f—黏流温度

（1）玻璃态

由于温度较低，分子热运动的能量很低，链段的热运动能不足以克服主链内旋转的势能，因此，链段处于被“冻结”状态，只有较小的运动单元如侧基、支链、链节等发生局部的振动及键长、键角的变化，因此高聚物在外力作用下的形变小（0.1%～1%），当外力除去后，形变又立即恢复，这种力学性质为虎克弹性行为，状态与无机玻璃相似，质硬而脆，称为玻璃态。

（2）玻璃化转变区

这个区域对温度十分敏感，在 3～5℃范围内几乎所有性质如热膨胀系数、模量、介电常数、折射率等都将发生突变，从分子运动机理看，此时链段已经开始“解冻”，链段绕主链轴的旋转使分子的形态不断变化，长链分子可以在外力作用下发生伸展或卷曲，形变迅速增加。这个由玻璃态向高弹态发生突变的区域叫玻璃化转变区，此转变温度称为玻璃化转变温度，以 T_g 表示。

（3）高弹态

温度高于 T_g 后，链段运动逐渐完全“解冻”，形变逐渐增大，当温度升高到某一程度时，链段运动得以充分发展，在这种状态的高聚物，受较小的力就可以发生很大的形变（100%～1000%），并且当外力除去后，形变又可逐渐恢复。这种受力能产生很大的形变，除去外力后能恢复原状的性能，称为高弹性，相应的力学状态称高弹态。高弹态是高聚物特有的力学状态，是高聚物的链段可以自由运动，而整个高分子链冻结的状态。高弹形变是链段运动使分子链发生伸展卷曲运动的宏观表现。

（4）黏弹转变区

这也是一个对温度敏感的转变区，由于温度的进一步升高，链段的热运动逐渐剧烈，不仅使大分子链的形态改变，而且导致大分子的重心发生相对位移，高聚物开始呈现流动性，形变迅速增加。这个由高弹态向黏流态发生突变的区域叫黏弹转变区，此转变温度称为黏流温度，以 T_f 表示。

（5）黏流态

温度高于 T_f 以后，不仅链段能够运动，整个高分子链都能运动，即产生不可逆的形变，高聚物呈现黏性流动的状态，称为黏流态。

线型非晶态高聚物的三种物理状态和两个转变温度对高聚物的加工和应用有着重要的意义。当高聚物作为塑料使用时，要求保持一定的形状和尺寸，并能承担一定的负荷，温度过高将进入高弹态而失去刚性；高聚物作为橡胶使用时，温度不能低于 T_g，否则进入玻璃态，就会发硬、变脆而失去弹性。但不论是塑料、橡胶和纤维，在加工成型时都必须加热到熔化，在黏流态下制成一定形状的制品。

线型非晶态高聚物三种物理状态的特性与材料应用的关系见表 7-1。

表 7-1　线型非晶态高聚物的物理状态对比表

物理状态	运动单元	力学行为特征	形变机理	应用	使用温度范围
玻璃态	侧基、支链、链节	普弹形变	键长、键角微变	塑料、纤维	$T_b \sim T_g$
高弹态	链段	高弹形变	链段内旋转	橡胶	$T_g \sim T_f$
黏流态	链段、整个大分子链	塑性形变	链段、整链发生相对位移	胶黏剂、涂料	$T_f \sim T_d$

线型非晶态高聚物的相对分子质量对其物理状态也有影响。例如，通过实验得到聚苯乙烯的形变-温度曲线如图 7-3 所示。

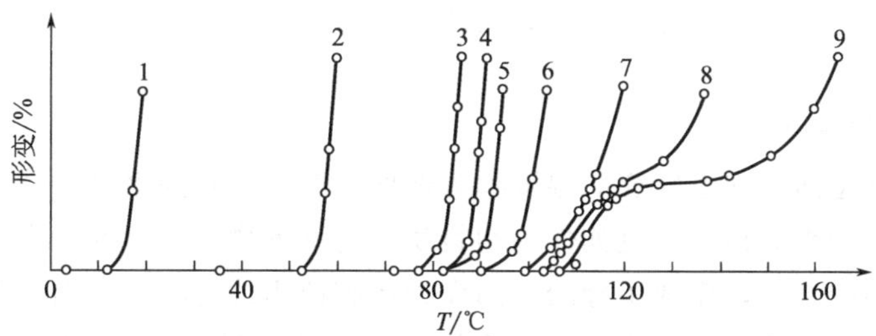

图 7-3　聚苯乙烯的形变-温度曲线

相对分子质量依次为：1—360；2—440；3—500；4—1140；5—3000；6—40000；7—12000；8—550000；9—638000

由图 7-3 可见，当平均相对分子质量较低时（曲线 1～7），链段与整个分子链的运动是相同的，无高弹态；当平均相对分子质量增大时（曲线 8、9）出现高弹态，但 T_g 基本不随平均相对分子质量而变化，但 T_f 却随平均相对分子质量的增大而增高，高弹区也随着平均相对分子质量的增大而变宽。

7.1.2.2　结晶高聚物的物理状态

结晶高聚物的形变-温度曲线可以分为一般相对分子质量和相对分子质量很大两种情况，如图 7-4 所示。

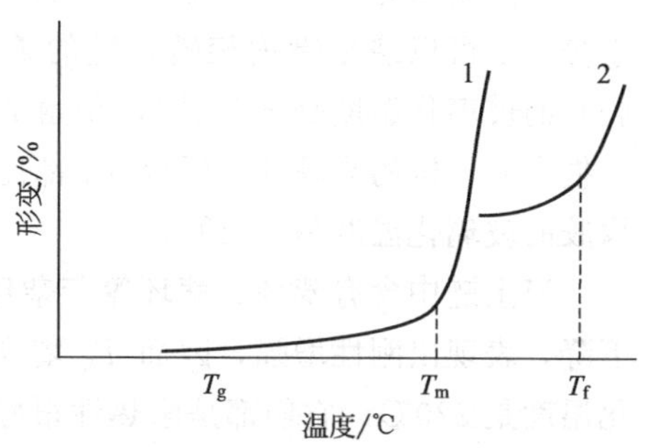

图 7-4　结晶高聚物的形变-温度曲线

1—一般相对分子质量；2—很大相对分子质量

一般相对分子质量的结晶高聚物形变-温度曲线如曲线 1 所示，低温时，晶态高聚物的高分子链段由于受晶格能的限制难以运动，所以形变很小，因此在熔融之前，高聚物整体表现不出高弹态。当温度增高到熔融后，高分子的热运动克服了晶格能，整个高分子链运动起来，进入了黏流态。所以高聚物的熔点 T_m 又是黏流温度。当晶态高聚物的相对分子质量很大，如曲线 2 所示，温度到达 T_m 时，还不能使整个大分子发生流动，只能发生链段运动，进入高弹态，等到温度升高到 T_f 时才进入黏流态。结晶高聚物的物理状态特性与材料应用的关系见表 7-2。

表 7-2 结晶高聚物的物理状态对比表

温度范围	物理状态		性 能
	一般相对分子质量	相对分子质量很大	
$T<T_g$	结晶态	玻璃态	硬塑料
$T_g<T<T_m$	结晶态	高弹态	韧塑料(皮革态)
$T>T_m$	黏流态	黏流态	加工状态

由于结晶高聚物高温下存在高弹态，一般不便成型加工，而且温度高了又容易分解，使成型产品的质量降低，为此，晶态高聚物的相对分子质量不宜太高。晶态高聚物相对分子质量虽低，但其使用温度是高聚物的熔点，高于其玻璃化温度，因此，晶态高聚物的耐热性仍比非晶态高聚物要高，这就是结晶高聚物作为塑料使用的最大优点。晶态高聚物一般不作高弹性材料使用。

7.1.3 高聚物的玻璃化转变

高聚物的玻璃化转变是指非晶态高聚物从玻璃态向高弹态的转变，对晶态高聚物是指非晶态部分的这种转变。

7.1.3.1 玻璃化温度 T_g

高聚物从玻璃态向高弹态转变的温度称为玻璃化温度，是高聚物的特征温度之一，可作为表征高聚物性能的重要指标。例如作为塑料使用的高聚物，当温度升高到发生玻璃化转变时，便失去了塑料的性能，变成了橡胶；而作为橡胶使用的材料，当温度降低到发生玻璃化转变时，便丧失橡胶的高弹性，变成硬而脆的材料。所以 T_g 既是塑料的最高使用温度，又是橡胶的最低使用温度。

7.1.3.2 影响玻璃化温度的因素

从分子运动的角度看，玻璃化温度是高聚物链段从“冻结”到开始运动的一个转变温度，而链段运动是通过主链上单键的内旋转实现的，因此，凡是影响高分子链柔性的因素，均对 T_g 有影响。

(1) 主链结构的影响

主链结构为—C—C—、—C—N—、—Si—O—、—C—O—等单键的非晶态聚合物，由于分子链可以绕单键内旋转，链的柔性大，所以 T_g 较低。例如，聚二甲基硅氧烷（硅橡胶）的玻璃化温度是－123℃，是耐低温性能最好的合成橡胶。如果主链中引入孤立双键，可提高分子链的柔顺性，所以 T_g 都比较低，例如，顺丁橡胶的玻璃化温度是－70℃，丁苯橡胶的玻璃化温度是－61℃。

当主链中含有苯环、萘环等芳杂环时，链中可内旋转的单键数目减少，分子链的柔顺性下降，表现出刚性增强，因而 T_g 增高。例如，聚碳酸酯的璃化温度是 150℃，聚苯醚的璃化温度是 220℃，它们都是耐热性很好的工程塑料。

(2) 侧基的影响

以烯烃类高聚物为例，当侧基为极性基团时，对分子链的内旋及分子间作用力都会产生很大的影响。极性越强，T_g 越高。

若侧基是非极性基团，产生影响的主要是空间位阻效应。侧基体积越大，内旋转越困难，分子链的柔性下降，所以 T_g 升高。

若侧基是对称双取代，可提高分子链柔顺性，使 T_g 下降。部分高聚物侧基对 T_g 影响见表 7-3。

表 7-3　部分高聚物侧基对 T_g 的影响

高聚物	重复结构单元	T_g/K	高聚物	重复结构单元	T_g/K
聚乙烯	$-CH_2-CH_2-$	205	聚丙烯	$-CH_2-CH(CH_3)-$	263
聚丙烯酸	$-CH_2-CH(COOH)-$	379	聚氯乙烯	$-CH_2-CH(Cl)-$	360
聚丙烯腈	$-CH_2-CH(CN)-$	377	聚苯乙烯	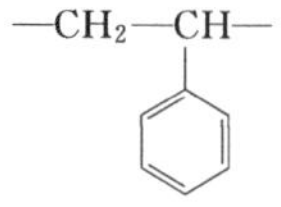 $-CH_2-CH(C_6H_5)-$	373
聚乙烯基咔唑	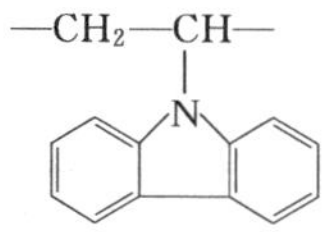 $-CH_2-CH-$ N	481	聚偏二氯乙烯	$-CH_2-CCl_2-$	254
聚异丁烯	$-CH_2-C(CH_3)_2-$	203			

(3) 相对分子质量的影响

当高聚物平均相对分子质量较低时，T_g 随平均相对分子质量增加而增加，这种影响较为显著；当平均相对分子质量达到某一临界值时，T_g 几乎不再改变。T_g 与$\overline{M}$的关系可用数学经验公式来表示。

$$T_g = T_g^{\infty} - \frac{K}{\overline{M}} \tag{7-1}$$

式中　T_g——高聚物的玻璃化温度；

T_g^{∞}——相对分子质量为无限大时的玻璃化温度；

K——常数。

由于常用高聚物的相对分子质量要比临界值大得多，因此，相对分子质量对高聚物的玻璃化温度基本无影响。

(4) 共聚的影响

共聚物的 T_g 介于两种（或几种）均聚物的 T_g 之间，并随其中某一组分的含量增加而呈线性或非线性变化。共聚对玻璃化温度的影响主要取决于共聚方法、共聚物组成及共聚单体的结构。无规和交替共聚物只能有一个玻璃化温度；接枝和嵌段共聚物，一般都有两个或多个玻璃化温度。例如苯乙烯与丁二烯共聚后，由于在主链中引入了柔性较大的丁二烯链，使 T_g 下降。因此，可以通过共聚合的方法，对高聚物的玻璃化温度进行调整。双组分共聚物玻璃化温度的计算通常可用下式表示。

$$T_g = V_A T_{gA} + V_B T_{gB} \tag{7-2}$$

$$\frac{1}{T_g}=\frac{W_A}{T_{gA}}+\frac{W_B}{T_{gB}} \tag{7-3}$$

式中　T_g——共聚物的玻璃化温度；

T_{gA}，T_{gB}——单体A均聚物和单体B均聚物的玻璃化温度；

V_A，V_B——单体A、B共聚时的体积分数；

W_A，W_B——单体A、B共聚时的质量分数。

（5）交联的影响

当分子间存在化学交联时，会阻碍高分子链段的运动，因而会使高聚物的玻璃化温度升高。交联度越大，T_g 增加越大。天然橡胶用硫交联、聚苯乙烯用二乙烯苯交联时，交联剂的用量对高聚物 T_g 的影响见表7-4。

表7-4　交联剂的用量对高聚物 T_g 的影响

硫/%	硫化天然橡胶 T_g/K	二乙烯基苯/%	交联聚苯乙烯 T_g/K
0	209	0	360
0.25	208	0.6	362.5
10	233	0.8	365
20	249	1.0	367.5

可见，当交联度不大时，玻璃化温度变化不大；当交联度增大时，玻璃化温度随之增大。

（6）增塑剂的影响

增塑剂是一种具有挥发性的低分子有机化合物，加入高聚物中，可以改进高聚物的某些物理力学性能，为成型加工带来很大的方便。其作用机理是增塑剂能降低高聚物的玻璃化温度及增加其流动，称为增塑作用。

增塑剂对 T_g 的影响是很显著的，一般增塑剂分子与高分子具有较强的亲和力，会使高分子链间的作用力减弱，因此 T_g 下降。增塑剂加入的原则是极性增塑剂加入极性高聚物之中；非极性增塑剂加入非极性高聚物之中。目前，在塑料制品中增塑剂加入量最大的是聚氯乙烯。因为纯聚氯乙烯的 T_g 为78℃，室温下为硬塑性，只可制成板材，但加入20%～40%增塑剂（邻苯二甲酸二辛酯）后，T_g 可降至－30℃，室温下呈高弹态。表7-5列出了增塑剂用量对聚氯乙烯 T_g 的影响。

表7-5　增塑剂的用量对聚氯乙烯 T_g 的影响

增塑剂(邻苯二甲酸二辛酯)用量/%	聚氯乙烯 T_g/K	增塑剂(邻苯二甲酸二辛酯)用量/%	聚氯乙烯 T_g/K
0	351	30	276
10	323	40	257
20	302	50	233

（7）外界条件的影响

高聚物的玻璃化转变是一个松弛过程，与过程相关，因此升温或冷却速率、外力的大小及其作用时间的长短对玻璃化温度都会产生影响。

升温或冷却速率越快，玻璃化温度越高；对高聚物施加的外力越大，有利于链段的运动，玻璃化温度下降越低。外力作用时间越长，玻璃化温度越低。

由上述可见，影响高聚物玻璃化温度的因素很多，在选用高聚物时要综合考虑。

7.1.4　结晶高聚物的熔融与熔点

物质从结晶态转变为液态的过程称为熔融。结晶高聚物的熔融过程与小分子晶体的熔融过程极其相似，但也有不同之处。

7.1.4.1　结晶高聚物的熔融过程

如图 7-5（a）、（b）所示分别为高聚物和小分子结晶熔融的体积（或比热容）随温度的变化曲线。

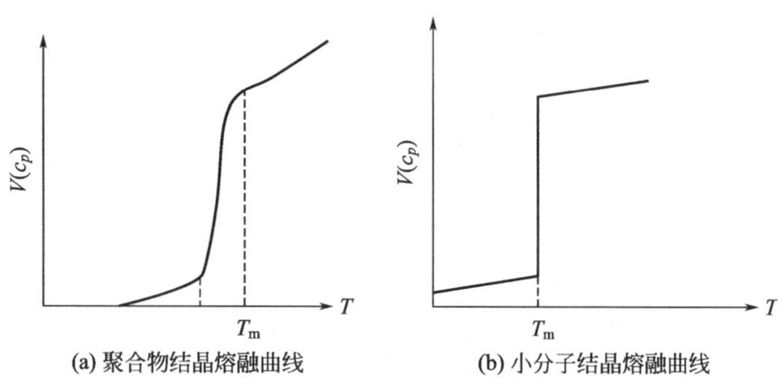

图 7-5　结晶物质熔融过程的体积（或比热容）随温度的变化曲线

从两条曲线对比可以明显看到，结晶高聚物和小分子晶体的熔融过程都存在热力学突变。但小分子晶体在熔融过程中，体系的热力学函数随温度的变化范围很窄，一般只有 0.2℃左右，可名副其实地称为熔点。结晶高聚物的熔融过程，呈现一个较宽的熔融温度范围，称为“熔限”，在这个温度范围内，会发生边熔融边升温的现象，直到晶相全部熔融为止。

7.1.4.2　结晶高聚物的熔点

结晶高聚物的熔点是指在平衡状态下晶体完全消失时的温度，用 T_m 表示。高聚物的熔融过程，从热力学上来说，它是一个平衡过程，可用热力学函数关系来描述，通常被定义为熔化焓与熔融熵之比。

$$T_m=\frac{\Delta H}{\Delta S} \tag{7-4}$$

7.1.4.3　影响熔点的因素

（1）结晶温度对熔点的影响

结晶高聚物的熔化范围会因其结晶温度的不同而发生变化。人们用天然橡胶做实验时，得到了如图 7-6 的曲线。从曲线变化趋势可以看出，结晶温度越高，熔点也越高，熔化温度范围越窄；反之，结晶温度越低，熔点也越低，熔化温度范围越宽。主要原因是当高聚物在较高的温度下结晶时，由于高分子链的运动能力较强，结晶比较充分，生成的晶体比较规整，所以熔点较高，熔化温度范围较窄。

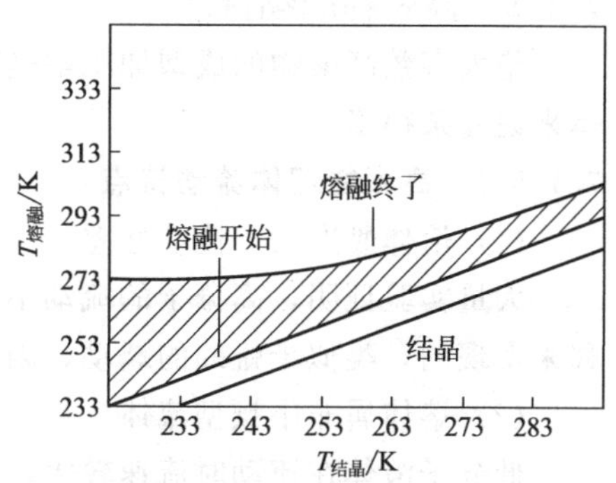

图 7-6　天然橡胶的熔化温度与结晶温度的关系曲线

高聚物的结晶和熔融都是高分子链段运动的结果，都必须在玻璃化温度以上才能发生，所以结晶高聚物的熔点和结晶温度都比玻璃化温度高，这对提高塑料和纤维的耐热性非常有利。

(2) 高分子结构对熔点的影响

熔化过程的实质是打破结晶的有序结构，必须克服分子之间的作用力，因此，熔化的难易与高分子链的柔性及分子间作用力有关。表 7-6 列出了部分高聚物分子结构对熔点的影响。

表 7-6 部分高聚物分子结构对熔点的影响

高聚物	重复结构单元	T_m/K	高聚物	重复结构单元	T_m/K
聚乙烯	$-CH_2-CH_2-$	410	聚甲醛	$-CH_2-O-$	454
聚丙烯	$-CH_2-\underset{CH_3}{\underset{\mid}{CH}}-$	449	聚氯乙烯	$-CH_2-\underset{Cl}{\underset{\mid}{CH}}-$	483
聚苯乙烯	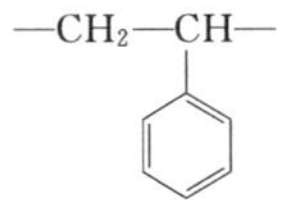 $-CH_2-\underset{C_6H_5}{\underset{\mid}{CH}}-$	513	聚丙烯腈	$-CH_2-\underset{CN}{\underset{\mid}{CH}}-$	590
尼龙-66	$-NH(CH_2)_6NHCO(CH_2)_4CO-$	538	聚对二甲苯	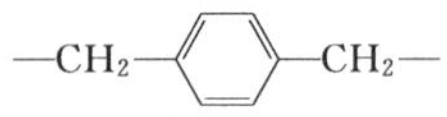 $-CH_2-C_6H_4-CH_2-$	648
聚对苯二甲酸乙二醇酯	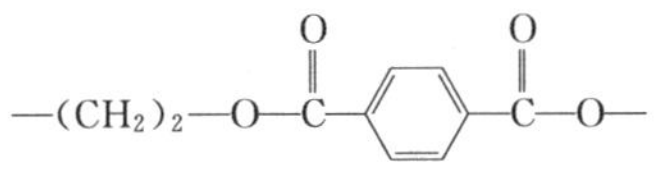 $-(CH_2)_2-O-\overset{O}{\overset{\parallel}{C}}-C_6H_4-\overset{O}{\overset{\parallel}{C}}-O-$	538	聚对亚苯基	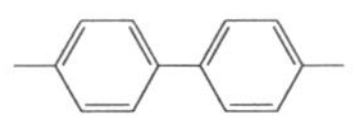 $-C_6H_4-C_6H_4-$	803
聚异戊二烯(顺式)	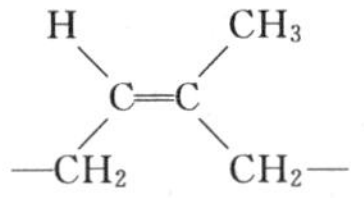 $\begin{matrix} H & & CH_3 \\ & C{=}C & \\ -CH_2 & & CH_2- \end{matrix}$	301	聚异戊二烯(反式)	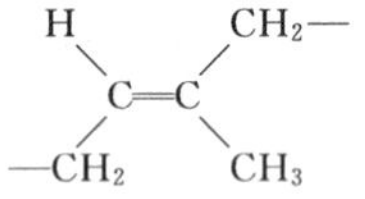 $\begin{matrix} H & & CH_2- \\ & C{=}C & \\ -CH_2 & & CH_3 \end{matrix}$	347

在主链或侧链上引入极性基团或形成氢键，可使分子间作用力增大，其结果是熔点提高。

在主链上引入环状结构、共轭双键或刚性取代基，使高分子链柔性下降，熔点提高。通过引入环状结构以获得高熔点高聚物是目前提高高聚物耐热性的重要途径之一。

增加主链的对称性和规整性，可使高分子排列得更为紧密，使熔点提高。反式高聚物比相应的顺式结构的熔点高一些，例如反式聚异戊二烯熔点为 74℃，而顺式结构的只有 28℃。

(3) 稀释剂对熔点的影响

在结晶性聚合物中加入稀释剂，如增塑剂或溶剂，也能使熔点降低，其降低的程度与稀释剂的性质和用量有关。

7.1.5 高聚物的黏流态

绝大多数高聚物的成型加工都是在熔融状态下进行的，其熔体的流动行为比起小分子液体来说复杂得多。

7.1.5.1 高聚物熔体流动特点

(1) 熔体黏度大，流动性差

大量实验证明，高分子的流动不是简单的整个高分子链的迁移，而是通过链段的相继迁移来实现的，类似于蚯蚓的蠕动，因此黏度大，流动性差。

(2) 熔体属非牛顿型流体

低分子液体在流动时流速较大，受到的阻力也大，即剪切应力与剪切速率成正比，黏度不随剪切应力和剪切速率的大小而改变，始终保持常数，这样的流体称为牛顿型流体。低分子液体和高分子的稀溶液都属于这一类。

高聚物熔体在流动过程中，黏度随剪切速率而变化，剪切速率增大，黏度增大或变小，不再呈现线性关系，称为非牛顿型流体。牛顿型流体与非牛顿型流体之间在性质上并不存在突变。根据非牛顿型流体的流变曲线，将流变行为与时间无关的非牛顿型流体分为假塑性流体、胀塑性流体和宾汉型流体。牛顿型流体与非牛顿型流体的流动曲线如图 7-7 所示。

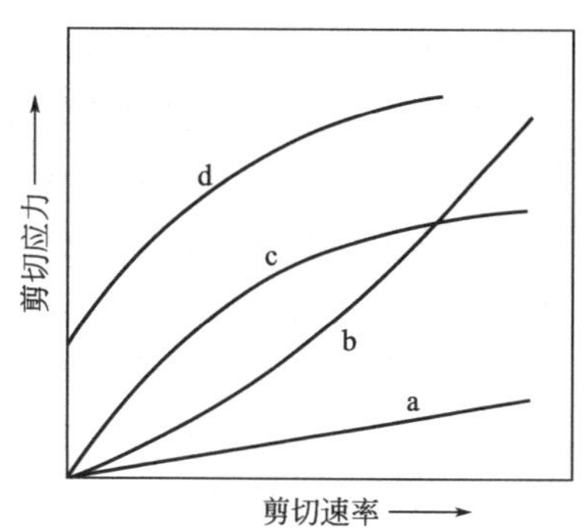

图 7-7　各类流体的流动曲线

a—牛顿流体；b—膨胀性流体；c—假塑性流体；d—宾汉型流体

假塑性流体的表观黏度随剪切速率的增大而减少（图 7-7 中曲线 c）。大多数的高聚物熔体及浓溶液都属于假塑性流体。可利用此性质，改善高分子材料的加工工艺性。如在塑料挤出、注射工艺中，在不提高温度的情况下，适当提高螺杆的转速，可以降低高分子熔体的剪切黏度，从而提高熔体的流动性。

膨胀性流体和假塑性流体正好相反，表观黏度随剪切速率的增大而增大（图 7-7 中曲线 b）。这种情况比较少见，如高浓度聚氯乙烯的悬浮溶液在高剪切应力下的作用，玉米粉、糖溶液及湿沙等高浓度的粉末悬浮液均属于这类流体。

宾汉型流体也称塑性流体，其流动曲线如图 7-7 曲线 d 所示，具有明显的塑性行为，即在受到的剪切应力小于某一临界值（屈服应力）时根本不发生流动，相当于虎克固体，当剪切应力超过屈服应力之后才开始流动，呈牛顿流体或非牛顿流体流动。像聚氯乙烯糊的凝胶体、纸浆、牙膏等均属于这类流体。

（3）熔体流动伴有高弹形变

低分子液体流动时，产生的形变是完全不可逆的，但在高聚物流动过程发生的形变中一部分是可逆的。因为高聚物熔体的流动并不是高分子链之间简单相对滑动的结果，而是各个链段分段运动的总结果。在外力的作用下，高分子链沿外力方向发生伸展，当外力消失后，分子链又由伸展变为卷曲，使形变部分恢复，表现出弹性行为。

高弹形变的恢复过程也是一个松弛过程，恢复的快慢与高分子链的柔顺性及温度有关。柔顺性越好，温度越高，恢复得越快。这种高弹形变在高聚物的挤出成型中，表现出型材截面的实际尺寸与口模的尺寸往往有差异，一般型材截面的实际尺寸比口模尺寸要大，原因是由于外力消失后，高聚物熔体在流动过程中发生高弹形变回缩引起的。

因此，在成型加工过程中必须予以充分的重视，例如在设计制品时，应尽量使各部分的厚薄相差不要过分悬殊，否则容易造成制件变形，将得到不合格的产品。

7.1.5.2　高聚物的黏流温度

高聚物从高弹态向黏流态的转变温度称为黏流温度，以 T_f 表示，是高聚物成型加工的最低温度，像塑料、橡胶和纤维的成型加工都必须在黏流温度以上才能进行。因此，黏流温度的高低，对高聚物材料的成型加工有很重要的意义。

7.1.5.3　影响黏流温度的因素

（1）高分子结构对黏流温度的影响

影响黏流温度的主要因素是大分子链的柔顺性，凡是能提高高分子链柔顺性的结构因素均可使黏流温度下降。

高分子链存在极性基团的高聚物具有较高的黏流温度，极性越大，黏流温度越高。例如聚氯乙烯由于存在极性基团，致使它的黏流温度很高，甚至高于分解温度，成型加工时，必须要加入增塑剂降低它的黏流温度或加入稳定剂提高它的分解温度，才能进行加工。聚丙烯腈的黏流温度也高于分解温度，所以只能采用溶液纺丝而不能采用熔融纺丝。

高分子链的刚性越大，黏流温度也越高。例如聚苯醚、聚碳酸酯、聚砜等高分子链的刚性很强，它们的黏流温度都较高。

(2) 平均相对分子质量的影响

高聚物的平均相对分子质量越大，分子间内摩擦越大，整个分子链的相对位移越困难，因此，黏流温度越高。从成型加工的角度看，不希望平均相对分子质量过大，否则，会使黏流温度过高而影响产品的质量。

(3) 外界因素的影响

增加外力大小及其作用时间，有利黏性流动，会使黏流温度降低。此外，加入增塑剂可降低聚合物的黏流温度。

高聚物的成型加工温度应高于 T_f，但不宜过高，否则会引起树脂的分解而影响制品的质量。因此，高聚物的成型加工温度必须在黏流温度与分解温度之间，并且两者相差越大，越有利于成型加工。

7.2 高聚物的力学性能

高聚物的力学性能是其对外力作用的力学响应，是高聚物最主要的物理性能，如形变大小、形变的可逆性及抵抗破坏的性能等。高聚物的力学性能是其一系列物理性能的基础。

7.2.1 描述力学行为的基本物理量

7.2.1.1 应力与应变

高分子材料在外力作用下将发生变形，内部会产生一种与外力相抗衡的附加内力，以使材料保持原状，当形变达到平衡时，材料单位面积上的附加内力称为应力，其数值与单位面积上所受的外力相等，单位为 Pa。应力总可以分解为正应力和切应力，正应力可使材料发生拉伸或压缩形变，切应力使材料发生切应变。而材料在单位长度（面积、体积）所发生的几何形状和尺寸变化称应变（亦称形变），用 γ 或 ε 表示。

高分子材料受力的方式不同，发生的形变方式也不同。对各向同性的材料有三种基本类型，即简单拉伸、简单剪切和均匀压缩。这里所谓的“简单”，是指只有一种形变，不涉及同时发生其他类型的形变，内应力与外力存在简单的对应关系。

在简单拉伸的情况下，材料受到的外力 F 是垂直于材料截面的大小相等、方向相反并作用于同一直线上的两个力。此时产生的形变称为拉伸应变（也称张形变）。拉伸形变一般用单位长度伸长（或伸长率）来定义，设材料的起始长度为 l_0，形变后的长度为 l，由于拉伸形变为 ε：

$$\varepsilon=\frac{l-l_0}{l_0}=\frac{\Delta l}{l_0} \tag{7-5}$$

式中 Δl——绝对伸长，m；

ε——伸长率，无量纲。

这种拉伸应变的定义在工程上被广泛应用。

当材料发生拉伸应变时，材料的应力称为拉伸应力，相对应的工程应力 σ 定义为：

$$\sigma=\frac{F}{A_0} \tag{7-6}$$

式中　A_0——起始截面积，m^2。

当材料发生较大形变时，材料的截面积亦发生较大的变化，工程应力与真应力有较大的偏差。这时应以真实截面积 A 代替起始截面积 A_0，得到的应力为真应力 σ'：

$$\sigma'=\frac{F}{A} \tag{7-7}$$

在简单剪切的情况下，材料受到的外力 F 是平行于截面的大小相等、方向相反的两个力，此时材料将发生偏斜，偏斜角的正切值定义为切应变 γ（$\gamma=\tan\theta$，为无量纲），此时的应力称（剪）切应力。

在均匀压缩时，材料受到的是围压力（流体静压力）P，发生体积形变，体积由 V_0 缩小至 V。压缩应变 ε_V 定义为：

$$\varepsilon_V=\frac{V_0-V}{V_0}=\frac{\Delta V}{V_0} \tag{7-8}$$

应变的三种基本类型如图 7-8 所示。

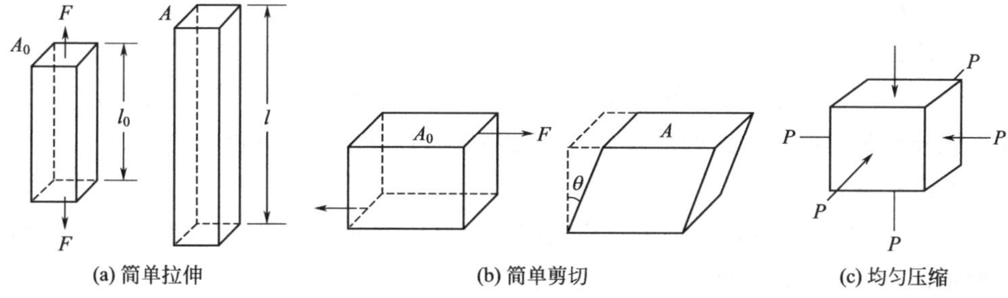

图 7-8　应变的三种基本类型示意图

7.2.1.2　弹性模量

弹性模量（亦称刚度）是指在弹性形变范围内单位应变所需应力的大小。它表征高分子材料抵抗形变能力的大小，弹性模量越大，越不容易变形，材料刚性越大。

高分子材料对于不同的受力方式，对应的模量分别为杨氏模量（单位：Pa 或 MPa）、剪切模量（单位：Pa 或 MPa）和体积模量（单位：N 或 kN），可以表示为：

杨氏模量：

$$E=\frac{\sigma}{\varepsilon}=\frac{\dfrac{F}{A_0}}{\dfrac{\Delta l}{l_0}} \tag{7-9}$$

剪切模量：

$$G=\frac{\sigma_s}{\gamma}=\frac{F}{A_0\tan\theta} \tag{7-10}$$

体积模量：

$$B=\frac{P}{\left(\dfrac{\Delta V}{V_0}\right)} \tag{7-11}$$

对于各向同性的材料而言，通过数学推导可得出上述三种模量之间的关系如下：

$$E=2G(1+\nu)=3B(1-2\nu) \tag{7-12}$$

式中 ν——泊松比。

泊松比是在拉伸试验中材料横向应变与纵向应变的比值的负数，是反映高分子材料性质的重要参数。一般材料的 $\nu=0.2\sim0.5$，应变时若体积无变化，则 $\nu=0.5$，橡胶拉伸时，就属于此类情况。

7.2.1.3 硬度

硬度表示高分子材料抵抗其他较硬物体压入的性质，是衡量材料表面抵抗机械压力能力的指标，可用以反映材料承受应力而不发生形状变化的能力。

7.2.1.4 机械强度

机械强度是指在一定条件下，高分子材料所能承受的最大应力，单位为 MPa，是衡量高分子材料抵抗外力破坏的能力。根据外力作用方式不同，主要有以下三种。

(1) 拉伸强度 σ_t

拉伸强度（σ_t）是指在规定的温度、湿度和实验速度下，对标准试样上沿轴向施加拉力直到试样被拉断为止，断裂前试样所承受的最大负荷与试样横截面之比，它是衡量材料抵抗拉伸破坏能力的指标，又称抗张强度。

(2) 弯曲强度 σ_f

弯曲强度（σ_f）是指在规定的试验条件下，对标准试样施加静止弯曲力矩，直至试样断裂为止，试样断裂前所能承受的最大负荷，也称挠屈强度或抗弯强度。

(3) 冲击强度 σ_i

冲击强度（σ_i）是指试样受冲击负荷而破裂时单位截面积所吸收的能量，是衡量材料韧性的一种指标，也称抗冲强度。

7.2.2 玻璃态高聚物与结晶高聚物的力学性能

高聚物在非极限范围内的小形变，可用模量来表示其形变特性，但如果是极限范围内的大形变，应该用应变随应力的变化情况来反映其力学性质，因此常用应力-应变关系曲线来描述。高聚物的力学性能与温度和力的作用速率有关，应标明温度和施力速率。

7.2.2.1 玻璃态高聚物的应力-应变曲线

玻璃态高聚物被拉伸时，典型的应力-应变曲线如图 7-9 所示。由图可见，在曲线上有一个应力出现极大值的转折点 Y，叫屈服点，此时应力达到极大值，称为屈服应力（σ_Y）。

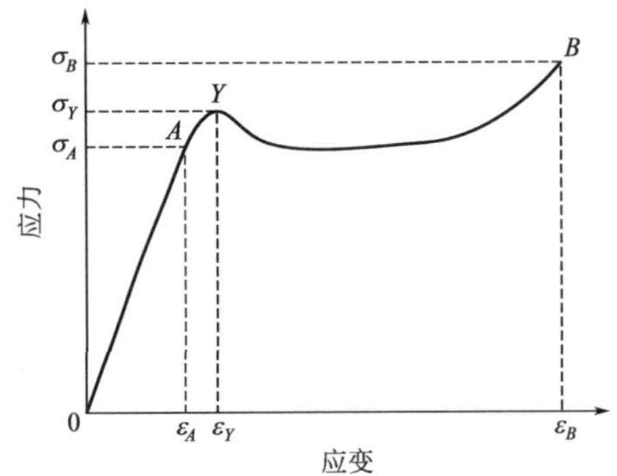

图 7-9 玻璃态高聚物的应力-应变曲线

在屈服点（Y 点）之前，应力与应变基本成正比，经过屈服点后，即使应力不再增大，但应变仍保持一定的伸长；当继续被拉伸时，材料将发生断裂，对应的应力称断裂应力（σ_B），应变称为断裂伸长率（ε_B）。

在拉伸过程中，高分子链的运动分别经过三个过程：

① 弹性形变 试样从拉伸开始到弹性极限之间，应力的增加与伸长率的增加成正比，所以，A 点也称为比例极限。曲线在此阶段为一条直线，符合虎克定律。此阶段主要是由分子链内键长、键角的变化所导致的普弹性能，有时

也包括高弹形变。

② 强迫高弹形变　这阶段曲线经过一个最高点——屈服点 Y，由于应力不断增加，此时已达到克服链段运动所需的势垒，因而发生链段运动。对常温处于玻璃态的高聚物，链段运动是不能发生的，由于施以强力，强迫链段运动，因此这种高弹形变称为强迫高弹形变。在强迫高弹形变发生之后，如果除去外力，由于高聚物本身处于玻璃态，在无外力时，链段不能运动，因而高弹形变被固定下来，成为“永久形变”，因此屈服强度是反映塑料对抗永久形变的能力。

强迫高弹形变可达 300%～1000%。这种形变从本质上讲是可逆的，但对塑料来说，则需要加热至高于玻璃化温度才有可能消除。

③ 黏流形变　在应力的持续作用下，链段沿外力方向运动，伴随发生分子间的滑动，在应力集中的部位，可能发生部分链的断裂。应力急剧增大，才能使拉伸保持等速伸长，直到最后试样断裂。该阶段的形变是不可逆的，于是产生永久形变。由于黏流形变是在强力下和实验温度下发生的分子位移，因此有时被称为“冷流”。

玻璃态高聚物被破坏有两种方式，分别是脆性断裂和韧性断裂。它们通常可以从拉伸应力-应变曲线的形状和破坏时截面的形状来区分。试样在出现屈服点之前发生断裂及断裂表面光滑的称为脆性断裂；试样在拉伸过程中有明显的屈服点及断裂表面粗糙的称为韧性断裂。

根据玻璃态高聚物的力学性能及其应力-应变曲线特征，可将其应力-应变曲线大致分为六类，如图 7-10 所示。

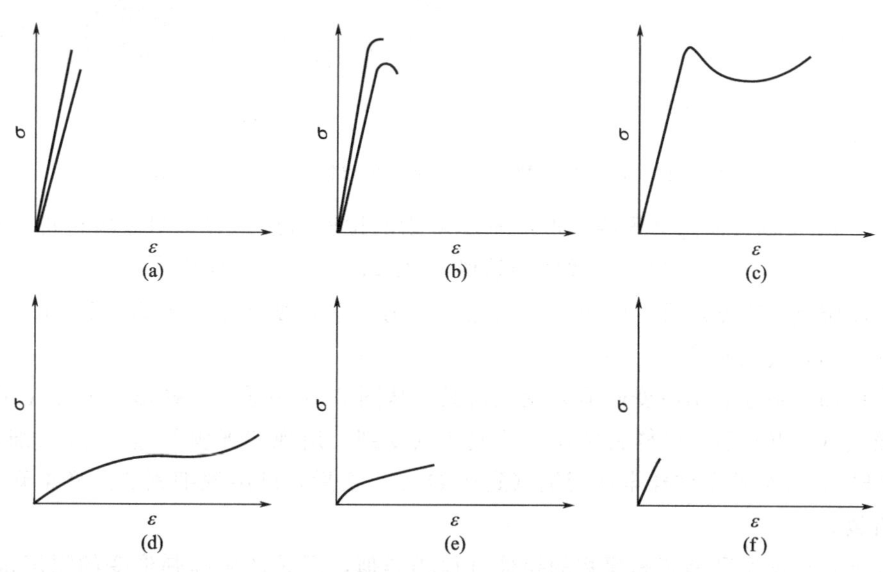

图 7-10　玻璃态高聚物的应力-应变曲线

① 硬而脆　在较大应力作用下，材料仅发生较小的应变，并在屈服点之前发生断裂，具有高模量和拉伸强度，但断裂伸长率很小，受力时呈脆性断裂，冲击强度低，如图 7-10（a）所示。常见的高聚物材料有聚苯乙烯、聚甲基丙烯酸甲酯及酚醛树脂等。

② 硬而强　在较大应力作用下，材料发生较小的应变，在屈服点附近断裂，具有高模量和拉伸强度，断裂伸长率也很小，如图 7-10（b）所示。常见的高聚物材料有硬质聚氯乙烯。

③ 强而韧　具有高模量和拉伸强度，断裂伸长率较大，材料受力时，属韧性断裂，受力部位会发白，如图 7-10（c）所示。常见的高聚物材料有聚甲醛、ABS 树脂、聚碳酸酯等。

上述三种类型的材料，由于强度较大，可作工程塑料用。

④ 软而韧　模量低，屈服强度低，断裂伸长率大，断裂强度较高，可用于要求形变较大的材料，如图 7-10（d）所示。常见的高聚物材料如硫化橡胶、增塑聚氯乙烯等。

⑤ 软而弱　模量低，屈服强度低，中等断裂伸长率，如图 7-10（e）所示。如未硫化的天然橡胶。

⑥ 弱而脆　一般为低聚物，不能直接用作材料使用，如图 7-10（f）所示。

从以上看出，由断裂强度的大小可判断材料的强弱，模量的大小反映材料的软硬，至于韧与脆则视应力-应变曲线下面所包围面积的大小而定。

7.2.2.2　结晶高聚物的应力-应变曲线

晶态高聚物在单向拉伸时典型的应力-应变曲线如图 7-11 所示。

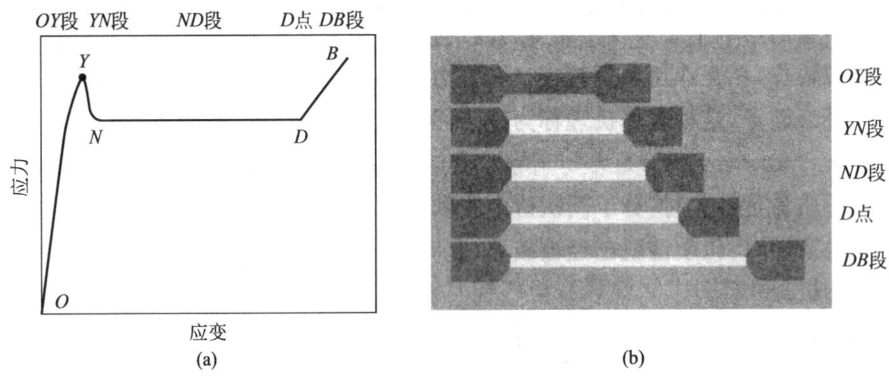

图 7-11　晶态聚合物应力-应变曲线和各阶段试样形状图

由图 7-11 可见，晶态高聚物比玻璃态高聚物的拉伸曲线具有更明显的转折。整个曲线有两个转折点（Y 点、D 点），曲线的初始段（OY 段），应力随应变直线增加，试样均匀伸长；达到屈服点（Y 点）后，应变不断增加而应力几乎不变或增大不多，达到 D 点后，应力随应变增加，直至断裂点 B 为止。

为了更加清晰地看出应变随应力变化情况，从图 7-11 中通过试样形状的变化可以看出，超过屈服点（Y 点）后，试样突然在某处或几处变细，出现“细颈”，然后进入细颈发展阶段（ND 段），直至整个试样全部变细（到达 D 点）之后，已出现细颈的试样重新被均匀拉伸直至断裂。

实际上，玻璃态和晶态高聚物的拉伸过程相类似，只是产生高弹形变的温度范围不同，而且在玻璃态高聚物中拉伸只使分子链发生取向，而在晶态高聚物中拉伸伴随着聚集态的变化，包含结晶熔化、取向、再结晶等。

7.2.2.3　高聚物力学性能的影响因素

在高聚物的合成和加工过程中只要可能改变高聚物结构的一切因素都将影响到高聚物的力学性能，归纳起来主要有以下几个方面。

（1）内在因素

主要指结构因素，包括高聚物的相对分子质量及分布、高分子链的支化与交联、高聚物的结晶与取向等的影响。

① 高聚物的相对分子质量及分布　高聚物的相对分子质量对高聚物的力学性能起决定性作用。随着高聚物相对分子质量的增大，分子间作用力增大，其力学性能也随着发生巨大变化，如拉伸强度、断裂伸长率等显著提高。其变化规律是相对分子质量增大，高聚物强度明显增加，但增高到一定程度后，影响不大，强度逐渐趋于一个极限值。

相对分子质量分布对力学性能的影响不大，主要考虑低聚物部分，低聚物部分增多，就会导致受力时的分子间断裂而使强度下降。

② 高分子链的支化与交联　高分子链的支化程度增加，分子间距离增加，分子间作用力减弱，高聚物的拉伸强度降低。例如，高压法制得的低密度聚乙烯支化程度比低压法制得的高密度聚乙烯高，故低密度聚乙烯的拉伸强度比高密度聚乙烯低。

高聚物的适度交联，可以有效地增加分子链间的作用力，有利于强度的提高。但过度交联，在受外力时，会使应力集中反而强度降低。例如对橡胶的适度交联可提高其强度。

③ 高聚物的结晶与取向　结晶对高聚物力学性能的影响十分显著，其影响程度主要取决于结晶度、晶粒大小以及晶体的结构。通常情况下，结晶度增加，高聚物的屈服应力、强度、模量和硬度等均有提高，而断裂伸长率和冲击韧性则下降，结晶使高聚物变硬变脆。这是由于结晶使分子链排列紧密有序，分子间作用力增强所造成的。晶粒的尺寸和晶体结构对材料强度的影响更大。球晶是高聚物熔体结晶的主要方式，大球晶使断裂伸长率和韧性降低；均匀小球晶能使材料的强度、伸长率、模量和韧性等得到提高。球晶的大小通常采用冷却速率来控制，缓慢冷却和退火有利于形成大球晶，熔体淬火会形成小的球晶。纤维状晶体强度大于折叠晶体强度。

取向对高聚物的所有力学性能都有影响。在加工过程中分子链沿一定方向取向，使高分子材料的力学性能产生各向异性，并在取向方向得到增强。取向在合成纤维加工和薄膜生产中起着重要的作用。

(2) 外在因素

主要包括低分子填充物、增塑剂、材料本身的缺陷等的影响。

① 低分子填充物　高聚物加工过程中，有时为了降低成本，在高聚物中添加一些只起稀释作用的惰性填料，如在高聚物中加入粉状碳酸钙。惰性填料往往使高聚物材料的强度降低。适当填充活性填料可以增加材料的强度。例如橡胶中填充炭黑、玻璃钢中填充玻璃纤维等。

② 增塑剂　增塑剂的加入能降低强度，但对脆性高聚物而言，少量加入低分子物质，能增加强度。

③ 材料本身的缺陷　高分子材料产生缺陷的原因有多种，如高聚物中的小气泡、生产过程中混入的杂质、高聚物收缩不均匀而产生的内应力等。当材料受到外力作用时，在缺陷处产生应力集中，致使材料断裂、破坏，使强度降低。

(3) 高聚物增强的途径

通过在高聚物中添加增强材料，可以有目的地提高高聚物的力学性能。如炭黑增强橡胶、纤维增强塑料、橡胶增强塑料等。

7.2.3　高聚物的高弹性

处于高弹态的高聚物呈现出具有高度的弹性形变能力，这种独特的力学性能称为高弹性。这是高聚物有别于金属和其他低分子物质的特有性质。常见的高弹态材料有橡胶和类橡胶等。

7.2.3.1 高弹性的主要特征

（1）弹性模量小，弹性形变大

高弹态聚合物的弹性模量较小，高的仅为 $10^5 \sim 10^6$ MPa，而一般金属材料的弹性模量可达 $10^{10} \sim 10^{11}$ MPa。高弹态聚合物在拉力作用下可以发生很大的弹性形变，可伸长100％～1000％，当除去外力时形变还可以恢复，而一般金属材料的弹性形变不会超过1％。

（2）弹性模量与温度成正比

高弹态高聚物的弹性模量随温度上升而增加，而一般金属材料的弹性模量随着温度升高而下降。

（3）形变时有明显的热效应

高弹态材料拉伸时放热，材料自身温度会上升；而压缩时吸热，材料自身温度会降低。一般金属材料则相反。

（4）形变与时间有关

高弹态材料受到外力（应力恒定）压缩或拉伸时，形变总是随时间而发展的，最后达到最大形变，这种现象叫蠕变。也就是说在一般情况下高弹态材料的形变总是落后于外力，即形变需要时间。

7.2.3.2 高弹性与高分子链结构的关系

对于相对分子质量足够大的线型高聚物，能否在常温下呈现出高弹性，这与其分子链结构特征密切相关。

（1）高分子链柔性与高弹性的关系

高聚物之所以呈现出高弹性，主要原因是由于高分子链在常温下能充分显示出柔性。但并不是柔性好的必定会形成高弹性材料。例如聚乙烯、聚甲醛都是柔性链，在常温下并没有显示出高弹性，而是具有一定刚性的塑料。其原因是它们在室温下都能结晶，也就是说，只有在常温下不易结晶且由柔性链组成的高聚物，才可能成为具有高弹性的橡胶。

对常温下易结晶的柔性链高聚物，可以设法改变其部分结构使其失去结晶能力，就可以变为具有高弹性的橡胶类物质。例如乙烯和丙烯的无规共聚，可以得到很好的高弹性材料——乙丙橡胶。

（2）交联与高弹性的关系

橡胶硫化的主要目的是为了克服橡胶的塑性形变，提高弹性。未硫化的橡胶，整个分子的位移运动需要克服分子间的摩擦阻力，弹性损失、永久形变更大，强度也低，所以必须经过硫化才能具有使用价值。

硫化交联是橡胶制品工业中极为重要的工序，可以解决未交联的生胶容易发生“冷流”的问题以及生胶制品尺寸稳定性的问题。

7.2.3.3 热塑性弹性体

热塑性弹性体（TPE）是一种兼有塑料和橡胶的特性，在常温下显示橡胶的高弹性，高温下又能塑化成型的高分子材料，又称为第三代橡胶。其产品既具备传统硫化橡胶的高弹性、耐老化、耐油性等各项优异性能，同时又具备普通塑料加工方便的特点。典型的热塑性弹性体是阴离子聚合得到的苯乙烯-丁二烯-苯乙烯三元嵌段共聚物（SBS），在室温下为弹性体，高温下发生黏性流动，可以塑化成型，已广泛应用于塑料改性、制鞋工业及胶黏剂等。

7.2.4　高聚物的黏弹性

7.2.4.1　黏弹性

前已述及，对于理想弹性体，应力与应变呈线性正比，其应力-应变关系服从虎克定律。对于理想黏性液体（牛顿型流体），在外力作用下形变随时间呈线性变化，其应力-应变行为服从牛顿定律，当除去外力时形变不可逆。实际上，任何实际物体均同时存在弹性和黏性两种性质，只是因外界条件而使其中一种占主导地位而已。高分子材料同时呈现两种性质则尤为显著，即便在常温和通常的加载时间，也常常同时呈现弹性和黏性，即黏弹性（图7-12），也就是说，高聚物材料的形变与时间有关，但不呈线性关系，两者的关系介于理想弹性体和理想黏性体之间。它是高分子材料的又一个重要特性。

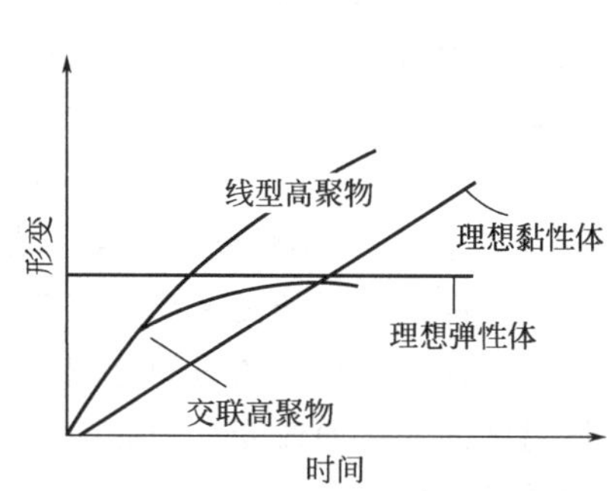

图 7-12　不同材料在恒定应力下的形变-时间曲线

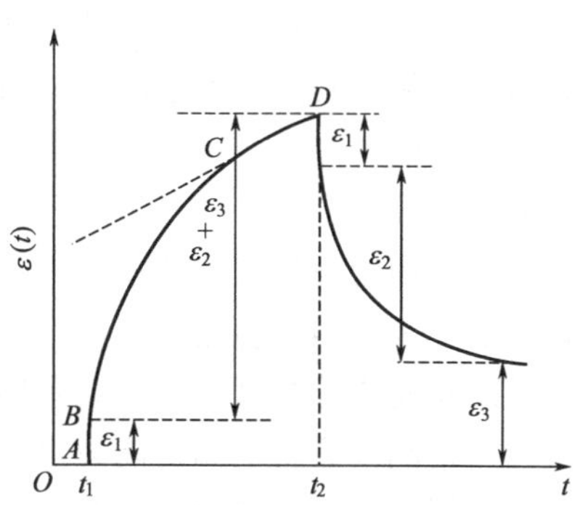

图 7-13　线型高聚物的蠕变曲线

7.2.4.2　高聚物的黏弹现象

高聚物的黏弹性现象（亦称力学松弛）视应力或应变是否为时间的函数而分为静态与动态两种。若应力或应变完全恒定，此时表现出的黏弹现象称静态黏弹性，它有两种表现形式，即蠕变与应力松弛；当高聚物所受的应力或应变随时间而变，此时表现出的黏弹现象称动态黏弹性，主要有滞后现象和力学损耗（内耗）。

（1）蠕变

蠕变是指在一定的温度和较小的恒定应力作用下，材料的形变随时间的增加而逐渐增大，最终达到平衡的现象。若应力除去，形变又随时间而变化，称为蠕变回复。例如用软质聚氯乙烯丝垂直挂一个重物，可以看到聚氯乙烯丝会慢慢伸长；重物解下后，聚氯乙烯丝会慢慢回缩，这就是蠕变和回复现象的表现。

如图 7-13 所示为未交联橡胶的蠕变曲线，图中 t_1 是加载时间，t_2 是去载时间，t_1-t_2 间曲线分为三段。*AB* 段：应力刚一施加，应变马上产生，如同虎克弹性体一样，应力-应变服从虎克定律，相应的应变为 ε_1。*BC* 段：随着时间的延长，形变开始发展很快，然后逐渐变慢最后达到平衡，为高弹形变，应力-应变服从高弹形变规律，相应的应变为 ε_2。*CD* 段：形变随时间逐渐发展且不可逆，这是一种塑性流动，应力-应变服从牛顿流动定律，相应的应变为 ε_3。

D 点以后的蠕变曲线是去掉应力后的形变过程，依然表现出三种形变，回复的普弹形变 ε_1、回复的高弹形变 ε_2 和不可回复的塑性形变 ε_3。

由此可见高聚物受到外力作用发生的总形变为上述三种形变之和，即 $\varepsilon=\varepsilon_1+\varepsilon_2+\varepsilon_3$。三种应变量相对大小依具体条件而定。

温度 T 对蠕变的影响很大，当 $T<T_g$ 时，链段运动的松弛时间很长，分子间的内摩擦

阻力很大，ε_2 和 ε_3 都很小，当 $T_g<T<T_f$ 时，松弛时间随温度升高而变小，链段运动加快，但黏度仍然很大，ε_2 很大，ε_3 仍很小，都主要表现为普弹形变与高弹形变，因此总形变 $\varepsilon\approx\varepsilon_1+\varepsilon_2$；当 $T>T_f$ 时，不但松弛时间很小，体系黏度也减小，普弹形变、高弹形变和黏性流动都比较显著，因此总形变 $\varepsilon=\varepsilon_1+\varepsilon_2+\varepsilon_3$。由于黏性流动是不可逆形变，所以对于线型高聚物来讲，外力除去后，总会留下一部分不可恢复的永久形变。

外力作用时间对蠕变的影响也很大，对于线型高聚物而言，在 $T>T_g$ 条件下，只要加负载时间比聚合物松弛时间长得多，在加负载的时间内，高弹形变就能充分发展，能达到平衡高弹形变，因而图 7-13 中的蠕变及其回复曲线的最后部分就是纯粹的黏流形变，由这段的斜率 $\Delta\varepsilon/\Delta t=\sigma/\eta$，可以算出试样的本体黏度。

温度与外力大小对蠕变现象的观察影响很大，温度过低、外力太小，蠕变很慢、很小，短时间内不易觉察；温度过高、外力太大，形变过快，也观察不到蠕变现象；在稍大于 T_g 的温度和适中的外力作用下，链段可以运动，但内摩擦力较大，只缓慢运动，此时能观察到明显的蠕变现象。

不同结构的高聚物，其蠕变行为也不同。如主链含芳杂环的刚性链高聚物，蠕变比较小，适合作工程塑料使用，可以代替金属材料加工机械零件；交联的高聚物，蠕变会大大减少，像酚醛树脂等高度交联的高聚物，不容易发生蠕变，并且在很长的时间范围内尺寸都是稳定的；结晶高聚物的蠕变能力也是很小的，但会随温度的变化而改变。因此，高分子材料在实际应用时，要充分考虑其蠕变的能力，对于作为纤维使用的高聚物，要求必须在常温下不易发生蠕变，否则织物的稳定性差；作为精密仪器的零部件使用的高分子材料，蠕变越小越好。由此可见，对高聚物的蠕变性能的研究，有助于合理选用材料。

(2) 应力松弛

在恒定温度和形变保持不变的情况下，高聚物内部的应力随时间增加而逐渐衰减的现象称为应力松弛。应力随时间变化的曲线称为应力松弛曲线，如图 7-14 所示。

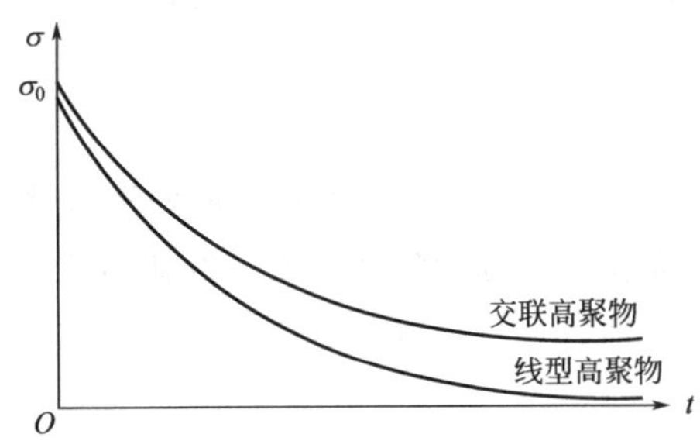

图 7-14 高聚物的应力松弛曲线

应力松弛与蠕变一样反映聚合物内分子的三种不同运动。其产生的原因是由于试样所承受的应力逐渐消耗于克服链段运动的内摩擦力。因此，应力松弛的本质是比较缓慢的链段运动所导致的分子间相对位置的调整。

与蠕变现象相同，应力松弛过程与温度和外力大小有很大关系，当温度过低，外力过小时，应力松弛很小且很慢，一般很难觉察；当温度过高，外力过大时，应力松弛过程极快，也不易察觉；只有温度在玻璃化温度附近且外力适中时，应力松弛现象才较为明显。如增塑聚氯乙烯丝开始用较大力拉伸并将两端固定，随时间增长，用来固定的力逐渐变小，最后不加力，形变也不变。交联聚合物分子间不能滑移，应力不会松弛到零，所以橡胶制品必须硫化（交联）才适用。

(3) 滞后现象

高聚物在交变应力作用下，形变落后于应力变化的现象称为滞后。高聚物作为结构材料，在实际应用时，常常是在交变应力作用的场合下工作的。例如汽车在行驶中，轮胎要不停地承受着交变负荷的作用，它的形变也将交替地变化。

产生滞后现象的主要原因是链段在运动时要受到内摩擦力的作用，当外力变化时链段的运动跟不上外力的变化，形变落后于应力。

高聚物的滞后现象主要受两个方面的影响。一是与其本身的化学结构有关，通常橡胶类的柔性高分子，滞后现象比较严重；塑料类的刚性高分子滞后现象很小。二是受外界条件的影响，主要是外力作用频率与温度的影响，若外力作用频率低，链段运动能跟上应力变化，则滞后现象很小；若外力作用频率很快，高分子链段根本来不及运动，高分子材料就像一块刚硬体，滞后现象也很小；只有外力变化频率适中时，高分子链段可以运动，但又跟不上外力变化时，才出现明显的滞后现象。温度的影响与外力相似，当温度很低时，链段运动速度慢，基本无滞后现象；温度很高时，链段运动很快，滞后现象也几乎不存在；只有在 T_g 附近温度下，链段可以运动，但又跟不上应力变化，滞后现象才比较严重。因此，增加频率与降低温度对滞后现象会产生相同的效果。

（4）力学损耗

高分子材料在交变应力作用下产生严重滞后现象时，在每一循环变化中都要消耗功，称为力学损耗或内耗。力学损耗是因为外力在改变高分子链构象的同时还要克服其内摩擦力，使一部分功转化成热能而损耗掉的缘故。

内耗大小直接取决于高分子链段运动时的内摩擦力大小，归根到底取决于高聚物本身的结构。若结构简单，主链所带侧基少或没有，链段运动的内摩擦就较小，力学损耗也较小，如顺丁橡胶；若链结构中含有刚性基团或极性基团，它们链段运动的内摩擦都较大，力学消耗也较大，如丁苯橡胶、丁腈橡胶等；像丁基橡胶，虽无庞大和强极性基团，但是其侧甲基数量极多，内摩擦严重，其内耗也很大，甚至超过丁苯或丁腈橡胶。橡胶内耗越大，吸收冲击能量越大，回弹性就越差，选择使用橡胶时应注意这个问题。

另一方面，力学损耗也受使用温度与外力作用频率的影响，当温度较高或外力作用频率较低时，高聚物的链段完全能跟得上外力的变化，力学损耗很小，高聚物表现出橡胶的高弹性；当温度很低或外力作用频率很高时，链段完全能跟不上外力的变化，力学损耗很大，高聚物呈现刚性。

由于内耗能使高聚物材料发热而过早老化，有时甚至造成高聚物的热分解而破坏，因此，对于作轮胎的橡胶而言，希望力学损耗小，硫化可减少橡胶的力学损耗。对于用作隔音材料和吸音材料，力学损耗能吸收振动能并转化为热能，因此要求在音频范围内有较大的力学损耗，如采用泡沫塑料或泡沫橡胶等。

7.3　高聚物的其他性能

本节主要介绍高聚物的热性能、电性能、光学性能及透气性能。

7.3.1　高聚物的热性能

高聚物的热性能主要包括耐热性、热稳定性、导热性能和热膨胀性能等。

7.3.1.1　高聚物的耐热性

高聚物的耐热性主要指高聚物受热情况下的变形性。从高聚物的形变-温度曲线可以看出，高聚物的热变形温度与玻璃化温度、黏流温度和熔点有关，因此，表征高聚物的耐热性的主要参数是玻璃化温度、黏流温度和熔点。

只要能使高聚物的玻璃化温度、黏流温度和熔点提高，即可提高高聚物的耐热性。归纳起来主要有以下三个方面的因素。

(1) 提高高分子链的刚性

玻璃化温度是高分子链柔顺性的宏观表征。提高高聚物分子链的刚性，玻璃化温度会有所提高，对提高高聚物的耐热性特别有效。在高分子主链上减少单键，引入共轭双键、三键以及苯环，均能提高高聚物的耐热性。像芳香尼龙、聚酰亚胺、聚苯并咪唑等都是优良的耐高温材料。

(2) 提高高聚物的结晶度

结构规整的高聚物或者分子间作用力很强的高聚物均具有较大的结晶能力，其耐热性很强，结晶能力越大，高聚物的熔融温度越高，耐热性越好。例如采用配位聚合得到的等规立构聚苯乙烯熔点很高，耐热性很强。

(3) 采用交联结构

高聚物交联将使高分子链的运动受阻，刚性提高，因此提高了其耐热性。例如辐射交联聚乙烯、交联结构的热固性树脂都具有较好的耐热性。

(4) 采用复合方法

在高聚物基体中添加增强纤维如玻璃纤维或碳纤维等，不仅增加了高聚物的强度，其耐热性也会大大提高。例如将尼龙-66 与增强纤维复合后，不仅强度提高，热变形温度也会提高三倍多。

7.3.1.2 高聚物的热稳定性

高聚物的热稳定性主要指高聚物在受热情况下，由于化学变化从而引起高聚物性能的改变，如高温下高聚物可以发生交联和降解反应。适度交联，可以改善高聚物的耐热性和力学性能，但过度交联，会使高聚物发硬变脆。降解使高聚物的相对分子质量下降，结果会使高聚物的力学性能变坏。

高聚物的交联和降解是化学键的断裂或生成，与高分子链的结构密切相关。因此，要想提高高聚物的热稳定性，可以从以下几个方面考虑。

(1) 避免弱键

增加高聚物的键能，避免弱键的存在，能够提高高聚物的热稳定性。如聚氯乙烯中含有弱键 C—Cl，受热时易脱出 HCl，热稳定性较低；而聚四氟乙烯，由于含有键能高的 C—F 键，所以热稳定性较高。当高聚物中的碳原子被氧取代时，热稳定性会降低。

(2) 引入环状结构

在高分子链中引入环状结构而避免长串连接的亚甲基，可增加高聚物的热稳定性。如聚酰亚胺的热分解温度高达 500℃。

(3) 元素有机高聚物

元素有机高聚物通常有很好的热稳定性，如以硅氧键为主链的高聚物，热稳定性较好。

(4) 合成“梯形”结构

由于“梯形”结构的高聚物的主链不是一条，不容易被打断，具有很好的热稳定性，但难于加工成型。

7.3.1.3 高聚物的导热性

高聚物的导热性用热导率来衡量，热导率是表征材料热传导能力大小的一个重要的参数。通常，高聚物的热导率很小，是优良的绝热保温材料。影响高聚物的热导率主要有以下几个方面。

（1）相对分子质量

非晶态高聚物的热导率随着相对分子质量的增大而增大；结晶高聚物的热导率较高。

（2）增塑剂

低分子增塑剂的加入，会使高聚物的热导率降低。

（3）温度

温度对高聚物的热导率影响很小，波动范围一般不超过 10%。

（4）取向

取向将引起高聚物热导率的各向异性，沿取向方向热导率将增大，径向减少。例如将聚氯乙烯拉伸伸长 300%时，轴向方向的热导率要比径向方向的要大一倍多。

（5）微孔

微孔结构的高聚物热导率都非常低，并且随着密度的下降而减小。

7.3.1.4 高聚物的热膨胀性

热膨胀是由于温度变化而引起的材料尺寸和外形的变化。热膨胀是物体固有物理性质之一，包括线膨胀、面膨胀和体膨胀。热膨胀性通常用膨胀系数来表征，是指试样单位体积的膨胀率。

高聚物材料与其他物体一样，膨胀系数随温度的升高而增大，但一般不是温度的线性函数。高聚物的热膨胀比其他物体的热膨胀要严重些，这个特性对塑料使用性能将会产生不良影响，但在高聚物中加入增强剂或填充改性后，一般可将高聚物的膨胀系数降低 2～3 倍。

7.3.2 高聚物的电性能

高聚物的电性能是指高分子材料在外加电场作用下，表现出的介电性能、导电性能、电击穿性能及静电性能等。绝大多数高聚物是绝缘体，具有卓越的电绝缘性能，其介电损耗和电导率低，击穿强度高，是电器工业中不可缺少的介电材料和绝缘材料。高聚物的电性能主要受其化学结构的影响，如聚四氟乙烯、聚氯乙烯、环氧树脂、酚醛树脂等都是极好的电器材料，可用于制造电容器、仪表绝缘部件等。高分子材料的种类繁多，造成了其电学性能的丰富多彩。

7.3.2.1 高聚物的介电性能

高聚物的介电性是指在外加电场作用下，由于分子极化而引起电能贮存和损耗的性能，通常用介电常数和介电损耗来表征。研究高聚物的介电性能可以探讨高聚物结构与介电性能的关系，以便满足电工电子技术的需求，因此，具有重要的实际意义。

（1）介电常数

介电常数是指含有电介质的电容器电容与相应真空电容器的电容之比，是一个无量纲的量，表示电介质在电场中被电场极化的程度，介电常数越大，绝缘材料贮存电能的能力越强。当要求电容器单位体积内有较大的贮电能力时，就需要使用介电常数较大的电介质。

产生介电现象的主要原因是分子极化，包括电子极化、原子极化及取向极化。因此，介电常数的大小取决于电介质的极化情况，分子的极性越强，极化程度越高，介电常数亦越大。

（2）介电损耗

电介质在交变电场的作用下，将一部分电能转变为热能将会引起能量损失。介质损耗是指在每一个周期内高聚物损耗的能量与其贮存的能量之比值，是一个无量纲的量，其数值不随电场形态而改变，是物质本身的一种特性。一般用电介质的损耗角正切值来表示。

造成介电损耗的主要原因是非极性高聚物电介质因含有杂质而产生漏导电流或者是极性高聚物电介质在电场中发生极化取向，极化取向与外加电场有相位差而产生的极化电流损耗。

（3）影响高聚物介电性能的因素

选用高分子材料作为电器工程材料时，必须考虑高聚物的介电损耗。若用作电工绝缘材料、电缆包皮、护套或电容器介质材料时，应该是介电损耗越小越好，否则，会造成消耗较多电能，引起材料本身的发热，加快材料老化，很容易引发生产事故。若需要利用介电损耗进行材料的干燥、高频焊接等，应该是选择较大介电损耗的高分子材料。

① 高分子结构的影响　高聚物的介电性能首先取决于高聚物的极性大小。通常，非极性高聚物的介电常数和介电损耗较小；而极性高聚物具有较高的介电常数和介电损耗。

同一种高聚物，处于不同的聚集态，其介电性能也有所不同。例如同一高聚物处在高弹态下的介电常数和介电损耗要比玻璃态下大。原因是处在玻璃态时，链段运动被冻结，结构单元上极性基团的取向受链段牵制，取向能力降低，造成介电常数和介电损耗下降。

高聚物的交联结构将会妨碍极性基团的取向，使介电常数和介电损耗下降。例如交联结构的酚醛树脂的介电常数和介电损耗均较小，但支化结构却能使分子间作用力减弱，反而使介电常数增大。

② 温度的影响　对于极性高聚物，温度对其的取向极化会存在两种相反的作用。温度升高能降低分子间的相互作用力，利于取向极化，介电常数增大；但过高的温度使分子热运动剧烈，对偶极取向会产生干扰作用，反而使介电常数减小。因此，温度对极性高聚物介电常数影响应视具体情况而定。

对于非极性高聚物，温度对其的取向极化影响很小，可以不予考虑。

③ 电场频率的影响　高聚物的介电性能随交变电场频率而变。当电场频率较低时，取向程度较高，介电常数大，介电损耗小；中等频率范围内，取向的位相落后于电场变化的位相，一部分电能转化为热能而损耗，介电损耗增大，介电常数随电场频率的增加而减少；在高频区内，介电常数和介电损耗都很小。

④ 杂质的影响　杂质的存在对高聚物的介电性能影响很大。对于非极性高聚物，杂质是产生介电损耗的主要原因。尤其是导电杂质和极性杂质的存在会大大增加高聚物的导电电流，使介电性能变坏。因此，对介电性能要求较高的高聚物，在成型加工中应尽量避免引入杂质。

⑤ 增塑剂的影响　增塑剂的加入会使体系的黏度降低，使链段运动容易发生，介电性增大。

7.3.2.2 高聚物的导电性能

由于高聚物材料的结构特点和少量杂质的存在，使其绝缘性能受到影响，具有一定的导电性，一般用体积电阻系数和表面电阻系数来表征。

就导电性而言，高聚物可以是绝缘体、半导体、导体和超导体。高聚物根据导电机理的不同，可以分为电子导电型、离子导电型和氧化还原导电型。

从应用上看，电子导电型高聚物主要用在导电材料、可充电电池电极材料、光电显示材料、信息记忆材料、化学反应催化剂以及有机电子器件等方面；离子型导电高聚物最主要的应用是在各种电化学器件中代替液体电解质使用，特别适合用于植入式心脏起搏器，计算机存储器支持电源，大规模集成电路等场合。氧化还原型导电高聚物主要用途是作为各种电极材料，用于微电子器件、有机光电显示器件的制备等方面。

7.3.2.3　高聚物的电击穿性能

随着电场的增加，电介质的极化增大，当外电压达到某一极限值以后，高分子材料内部突然形成局部导电，电介质完全失去绝缘性能，这种现象称为电击穿。此时电介质能承受的最大电压称为介电强度或击穿强度。击穿时，在击穿点上可以产生电弧，会使高分子材料的化学结构受到破坏，产生焦化或烧毁。

工业上，多采用耐压试验来检验高聚物的耐高压性能。在高聚物试样上加一个额定电压，经过规定时间后观察试样是否被击穿，未被击穿即为合格产品。

高聚物的击穿可以是纯粹的电过程（电击穿），也可以是热过程（热击穿）。热击穿是由于介电损耗所产生的热量积累使温度升高，电导率增大，促使温度进一步上升，最后导致高聚物氧化、焦化破坏而击穿。

高聚物的击穿强度数值不仅取决于其本身的结构，还与外界测试条件有关。

7.2.3.4　高聚物的静电性能

两种电性不同的物体相互接触和摩擦时，会有电子的转移而使一个物体带正电荷，另一个物体带负电荷，这种现象称为静电现象。静电现象在高聚物的生产、加工和使用过程中是普遍存在的，尤其在成型加工过程中较为明显。

（1）静电的产生

高聚物在生产、加工及使用时，会存在相互之间、与其他材料、与金属器件等发生接触以致摩擦而产生静电。摩擦起电的机理比较复杂，实验表明，高分子材料与金属的摩擦起电，其带电情况与金属中电子克服原子核的吸引而从物质表面逸出所需的最小能量有关，最小能量被称为逸出功。对逸出功大的金属，高分子材料带正电，对逸出功小的金属，高分子材料带负电。高分子材料与高分子材料摩擦时的带电情况与高分子材料的介电常数有关，介电常数大的高分子材料带正电，介电常数小的带负电。

（2）静电的危害

摩擦起电是一个动态平衡，摩擦时高分子材料不断产生电荷，同时电荷也会不断消除。由于一般高聚物的电绝缘性很好，表面电阻高，一旦带上静电，则这些电荷的消除会很缓慢。例如聚乙烯、聚四氟乙烯、聚苯乙烯及聚甲基丙烯酸甲酯等的静电可以保持数月不消失。这种静电的积聚，将给高聚物的加工和使用带来种种问题，一般来说是有害因素。

① 影响加工工艺　例如在聚丙烯腈纤维的纺丝过程中，纤维与金属导辊之间因摩擦产生的静电将使后续的牵引、加捻、织布等各道工序难以进行，从而影响整个加工过程的进行。

② 影响产品质量　静电的存在往往影响产品质量。例如录音磁带由于涤纶片基的静电放电会产生杂音；电影胶片由于表面静电吸尘会影响其放映时的清晰度；绝缘材料生产时由于静电吸附尘粒，会使产品的电性能大幅度下降；人们日常生活中穿着的衣物也会由于静电而易吸附灰尘。

③ 发生生产事故　静电作用有时也有可能危害人身和设备的安全。例如高聚物加工时静电电压有时高达上千甚至上万伏，如果遇到易燃易爆物品，很容易爆炸，造成重大的生产事故；输送易燃液体的塑料管道、矿井用橡胶运输带都可能因摩擦而产生火花放电，导致事故发生。

（3）静电的防止

静电会给高聚物的加工和使用带来很多的危害，因此，应尽量减少静电的发生或设法尽快消除已产生的静电。

常用的消除静电方法是在高分子材料中加入抗静电剂来提高材料的表面电导率，使带电的高聚物迅速放电以防止静电的积聚。抗静电剂是带有两亲结构的表面活性剂，按使用方法可分为外用型和内用型两类。外用型抗静电剂在高聚物表面喷涂，其疏水基团向内，亲水基团向外吸附空气中的水分子，形成一层导电水膜，使高聚物表面的静电从水膜中被带走。内用型抗静电剂适合在塑料成型加工之前加入，存在于制品之中，成为制品表面的组成部分，特点是效果好，时间长。此外，在高分子材料基体中填充导电材料如炭黑、金属粉、导电纤维等也同样能起到抗静电作用。

高聚物带有静电也有有利之处，例如人们利用静电进行塑料的静电喷涂、静电印刷、静电照相和静电吸尘等。

7.3.3 高聚物的光学性能

一般光学材料的性能主要包括透过、吸收、反射、偏振等性能。与高聚物电性质一样，高聚物的光学性质受其结构的影响。

7.3.3.1 折射

当光由一种介质射入另一种介质时，由于光在两种介质中的传播速度不同而产生折射现象，通常以折射率来表征。高聚物的折射率一般在 1.5 左右。结构上各向同性的非晶态高聚物，在光学上也是各向同性的，即只有一个折射率；而结晶高聚物和其他各向异性的材料，折射率沿主轴方向有不同数值，称为双折射。非晶态高聚物在拉伸后，造成各向异性，不仅产生双折射，而且还有使光变成偏振光的能力。拉伸程度越大，在取向方向上折射率与垂直方向的折射率的差值就越大。

7.3.3.2 光的吸收

大多数高聚物不吸收可见光谱范围内的辐射，当不含结晶、杂质时，玻璃态高聚物通常是无色透明的，如聚甲基丙烯酸甲酯、聚苯乙烯及聚碳酸酯等，它们对可见光的透明程度可达 92%以上。部分结晶高聚物含有晶相和非晶相，由于光的散射，透明度很低，呈现乳白色。在高聚物中加入染料、颜料，均会使颜色变化。

7.3.3.3 光的反射

照射到透明材料上的光线，除有部分折射进入物体内部外，还有一部分在物体表面发生反射。反射是由物体表面和内部的不均匀性引起的，如裂纹、杂质、结晶等都减少光的透过量，使透明度降低。结晶高聚物材料随结晶度提高，晶粒超过可见光波的 1/2 波长时，透光率降低。

7.3.3.4 高聚物的光导

非晶性透明高聚物材料作为光导材料的使用，已被广泛重视。常用的高聚物材料有本体聚合的聚甲基丙烯酸甲酯、聚苯乙烯等。1964 年，美国杜邦公司首先开发成功以聚甲基丙烯酸甲酯为纤芯的有机光导纤维，并在光纤产品中占有重要地位。

(1) 光导原理

光学纤维传送光的原理，可以用全反射定律给予说明。当入射光投射在两种不同折射率的物质（$n_1>n_2$）界面时，入射角小时，光线在 n_2 上发生折射；入射角增大到临界值 ϕ_0 时，根据入射光的入射角大于临界角时光线将在介质 n_1 内发生反射，而在介质 n_2 中不发生折射的原理，光线在棒材的边上发生全反射。经过多次全反射后，光线就从棒材的另一端射出，完成了对光线的传导过程，如图 7-15 所示。如光线在有机玻璃管中传送时，在钠光下其传导临界角为 42°左右，只要有机玻璃管材的弯度不超过临界角，就能使光线从一端射入而从另一端传播出来。

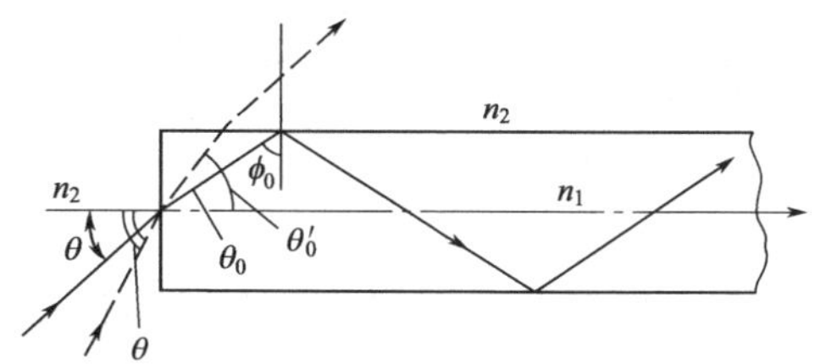

图 7-15　光在直线型棒中的传播

（2）光导纤维

高聚物光纤材料基本上由两部分组成：一为高度透明的芯材；二为与之匹配的鞘层材料。前者常采用高度透明的高分子材料，如聚甲基丙烯酸甲酯、聚苯乙烯、聚碳酸酯等作为芯材；而鞘层材料采用比芯材折射率低的聚烯烃树脂、有机硅树脂、含氟树脂等。高聚物光导纤维主要用于通信、仪表、医学照明显示、室内装饰等领域。随着光导纤维性能的改善，其应用领域将不断开拓，电信传输线路应用已成为主要发展趋向，在宇宙、军事、空间等高技术领域也找到了潜在的应用前景。

7.3.4　高聚物的透气性能

塑料、橡胶、纤维的制品如服装、车胎、气球、包装薄膜及分离膜等在实际应用方面都存在透气性的问题。对透气性能的要求视高聚物材料的用途而定，有的要求透气性越小越好（如车胎），有的要求透气性越大越好（如某些包装薄膜），有的要求有选择地透过某些气体或液体（如分离膜）。目前，膜分离技术在海水淡化、污水处理、富氧气体、化学化工物料分离等诸多方面具有广泛的应用。

当气体或蒸汽透过高聚物薄膜时，先是气体溶解在固体薄膜内，然后在薄膜中向低浓度处扩散，最后从薄膜的另一侧逸出。因此，薄膜的透气性取决于扩散系数和气体在高聚物薄膜中的溶解度。气体通过高聚物膜的扩散除了与高聚物的结构和形态有关外，也与气体的性质有关。一般而言，气体分子直径小的容易扩散。在高聚物分子中引入极性原子或取代基，将使气体的渗透系数比无极性取代基高聚物的渗透系数低。例如天然橡胶、聚丁二烯、丁苯橡胶、氯丁橡胶、丁腈橡胶的渗透系数就是依次降低的。

习题与思考题

1. 高聚物分子运动的特点有哪些？

2. 请用非晶高聚物在定负荷下的形变-温度曲线分析其物理状态、运动单元、力学行为及其应用。

3. 解释非晶高聚物玻璃化温度的定义，并指明其影响因素和使用价值。

4. 解释结晶高聚物熔点的含义，说明小分子结晶与高分子结晶的异同点。

5. 说明高聚物熔体流动的特点。

6. 解释黏流温度的含义，说明其影响因素和使用价值。

7. 解释下列名词：应力，应变，弹性模量，拉伸强度，弯曲强度、强迫高弹形变，力学松弛，蠕变，应力松弛。

8. 如图（a）～（d）所示为四种不同高分子材料拉伸时的应力-应变曲线，试分析这四种高分子力学性能的特征、结构特点和使用范围。

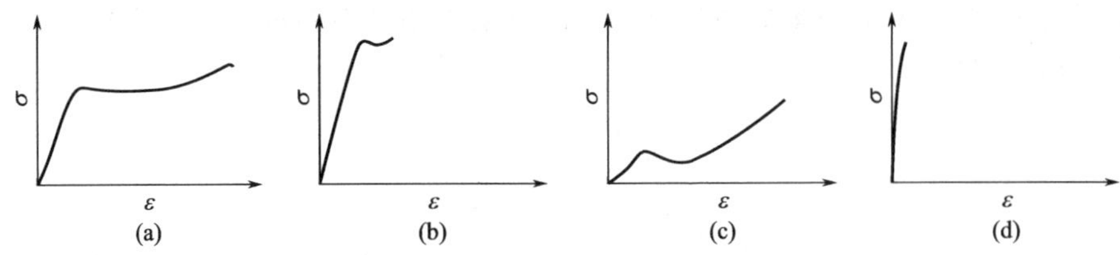

9. 高聚物的结构对其力学性能有何影响？

10. 解释高聚物的高弹性，其主要特征是什么？与高分子链结构有何关系？

11. 什么是松弛现象？对高聚物性能有何影响？

12. 提出改善高分子材料下列力学性能的方案：(1) 提高结构材料的耐蠕变性能；(2) 减小橡胶材料的力学损耗；(3) 提高材料的拉伸强度；(4) 提高材料的耐冲击强度。

13. 高聚物的电性能体现在哪些方面？有何应用？

14. 高聚物的光学性能和透气性能具体应用如何？

15. 高聚物的热性能包括哪些方面？有何应用？

第8章　高分子材料

本章学习目标

知识目标

1. 了解三大合成材料——塑料、橡胶及纤维的分类；涂料与胶黏剂的作用与分类、基本组成与功能。

2. 掌握高聚物成纤条件和高聚物弹性体的基本特征与主要性能。

3. 掌握三大合成材料中常用典型品种的合成方法、结构特征、性能及应用。

4. 了解功能高分子的类型、性能及应用。

5. 了解纳米材料的基本知识及纳米技术在高分子材料中的应用。

能力目标

1. 能根据三大合成材料中常用典型品种的结构特征与主要性能特征初步分析其的使用范围。

2. 能对涂料和胶黏剂等以高分子为基体的材料及其应用有一般了解。

3. 能对功能高分子、纳米高分子材料有一定认识和了解。

素质目标

1. 通过了解各种高分子材料在工业及实际生活中的应用，丰富学生的专业素养。

2. 通过对功能高分子材料、纳米高分子材料等新材料及其发展趋势的学习与了解，培养学生不断学习和终身学习的习惯，拓展专业视野和培养创新意识。

高分子材料虽然相对于其他材料出现较晚，但其发展迅猛，且种类繁多，性能各异，应用遍及国民经济各部门。按性能和用途可将高分子材料分为三大合成材料（塑料、橡胶与合成纤维）、涂料与胶黏剂、功能高分子材料、纳米高分子材料、高分子基复合材料等。

8.1　塑料

8.1.1　塑料概述

以合成或天然高聚物为基本成分，配以一定的高分子助剂（如填料、增塑剂、稳定剂、着色剂等），经加工塑化成型，并在常温下保持其形状不变的材料，称为塑料。作为塑料基础成分的高聚物，不仅决定了塑料的种类而且决定了塑料的主要性能，当然同种高聚物，由于制备条件、制备方法以及加工工艺的不同，可作为塑料，也可作为纤维或橡胶使用，如尼龙既可用作塑料又可用作纤维。一般来说，塑料用高聚物的内聚能介于纤维和橡胶之间，使用温度范围在其脆化温度和玻璃化温度之间。

塑料按其受热行为可分为热塑性塑料和热固性塑料，其中热塑性料占塑料总量的80％。按树脂的化学结构分，可分为聚烯烃类、聚苯乙烯类、丙烯酸类、聚酰胺类、聚酯类、聚砜类、聚酰亚胺类等。

按塑料的使用功能分，可分为通用塑料、工程塑料和特种塑料。通常把产量大、价格便宜、原料来源丰富、应用面广的称为通用塑料，一般有聚乙烯、聚丙烯、聚氯乙烯、聚苯乙烯、酚醛和氨基塑料，占塑料总量的80%，其力学性能、热性能都比较差，主要作为非结构材料使用。一般把可以作为结构材料使用，具有优异的力学性能、热性能、尺寸稳定性或能满足特殊要求的某些塑料称为工程塑料，如聚酰胺、聚碳酯、聚甲醛、聚苯醚、ABS塑料等。把一些生产难度大、产量小、性能优异、价格较贵、在某些特殊场合使用的塑料称为特种塑料，如聚四氟乙烯、有机硅树脂、环氧树脂、芳香环树脂等。当然它们有时难以有绝对的界限，某些通用塑料如聚丙烯、聚苯乙烯经改性之后也可以作为结构材料使用。

塑料根据组分数目又可分为单组分和多组分塑料。单组分塑料基本是由高聚物组成，典型的是聚四氟乙烯，不加任何助剂。大多数塑料是多组分体系，除高聚物这一基本成分外，还加入添加剂（高分子助剂），助剂能改善材料的加工性能、使用性能以及降低成本。其主要的助剂有填料和增强剂、增塑剂、稳定剂、阻燃剂、发泡剂等。

8.1.2 通用塑料

产量最大的通用塑料品种主要为聚烯烃（主要包括PE、PP）、聚氯乙烯和聚苯乙烯。

8.1.2.1 聚烯烃塑料

(1) 聚乙烯

聚乙烯（PE）是由乙烯单体经自由基聚合或配位聚合而获得的聚合物。自1965年以来产量一直高居第一，占合成树脂总量的20%左右。2005年，全世界PE总产量为6700万吨，其中国内产量为475万吨。

① PE的结构与性能　聚乙烯按树脂合成工艺的不同，可分为低密度聚乙烯（LDPE）、高密度聚乙烯（HDPE）、超高相对分子质量聚乙烯（UHMWPE）、线型低密度聚乙烯（LLDPE）和茂金属聚乙烯，此外，还有改性品种如乙烯-醋酸乙烯（EVA）和氯化聚乙烯（CPE）等。

PE是仅含有碳、氢两种元素的长链脂，单体对称，结构单元在大分子链中以反式键接。但由于聚合方法的不同，也表现在大分子的支化程度及结构有较大的差异（图8-1），因而在性能上有明显的不同。

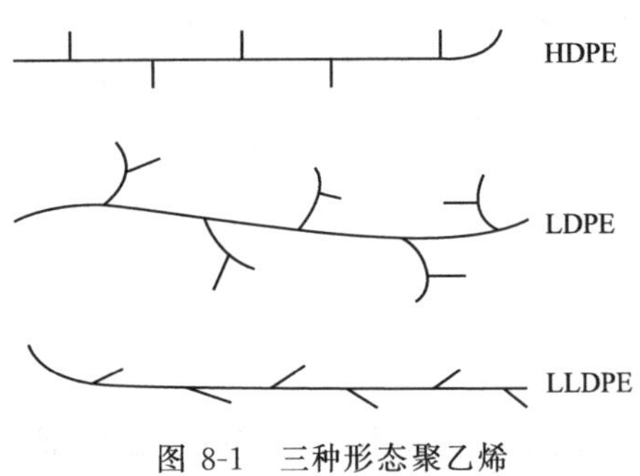

图8-1　三种形态聚乙烯

LDPE是通过高压聚合法得到的。高压法是自由基聚合机理，在反应中容易发生大分子间和大分子内链转移，导致LDPE支化度高，长短支链不规整，呈树枝状，相对分子质量低（25000～50000），相对分子质量分布宽，故结晶度低（50%～60%），机械强度低。

HDPE是通过低压聚合法得到的。低压法是配位机理聚合，使得HDPE支化度低，为线型结构，相对分子质量高（约350000），相对分子质量分布窄，因而结晶度高（>85%），制品的耐热性好，机械强度比LDPE高。

LLDPE是采用低压气相本体法制得的，为配位聚合机理，生成具有规整的短支链结构。此类结构的PE，虽然结晶度和密度与LDPE相似，但耐撕裂性和耐应力开裂性比LDPE和HDPE高。

UHMWPE 也是通过低压聚合法得到的，只是在聚合体系中不加 H_2 调节分子量。由于巨大的相对分子质量（>1500000），增加了大分子间的缠绕程度，其结晶度、密度介于 LDPE 和 HDPE 之间，但冲击强度和拉伸强度都成倍增加，并具有高的耐磨性、自润滑性，使用温度在 100℃以上。

聚乙烯为不透明或半透明的蜡状固体，无毒，无臭，无味，几乎不吸水，密度比水小，聚乙烯的物理力学性能依赖于结晶度，具体数据见表 8-1。

表 8-1　各种聚乙烯性能比较

性　能	LDPE	HDPE	LLDPE	UHMWPE
密度/(g/cm³)	0.91～0.92	0.94～0.96	0.91～0.92	0.92～0.94
透明性	半透明	不透明	半透明	不透明
洛氏硬度	D41～46	D60～70	D40～50	R55
拉伸强度/MPa	7～15	21～37	15～25	30～50
拉伸模量/GPa	0.17～0.35	1.3～1.5	0.25～0.35	1～7
缺口冲击强度/(kJ/m²)	80～90	40～70	>70	>100
熔点/℃	105～115	131～137	122～124	135～137
热变形温度/℃	50	78	75	95
脆化温度/℃	−80～−55	−140～−100	<−120	<−137
介电常数	2.25～2.35	2.30～2.35	2.25～2.35	2.30～2.35
介电损耗角正切	$<5\times10^{-4}$	$<10^{-4}$	$<5\times10^{-4}$	$<2\times10^{-4}$

② PE 的应用　聚乙烯主要是制成板材、管、薄膜、贮槽和容器等，用于工业、农业及日常生活用品。但 LDPE、HDPE 和 LLDPE 三者都存在蠕变大、尺寸稳定性差等缺点，不能作结构件使用。UHMWPE 是强而韧的材料，具有优异的性能，耐磨、自润滑、蠕变低，可以作传动零件。

聚乙烯具有突出的电绝缘性和介电性，特别是高频绝缘性极好，并不受湿度和频率的影响，故常用作电器零部件、电线及电缆护套。

(2) 聚丙烯

聚丙烯（PP）是丙烯单体在齐格勒-纳塔催化剂和一定的温度与压力条件下，经配位聚合而得。自 1957 年意大利 Montecatini 公司首先生产以来，已成为发展速度最快的塑料品种，其产量仅次于 PE、PVC 和 PS 而位居第四。

① PP 的工业生产方法与品种　聚丙烯工业合成方法有溶液法（淤浆法）、液相本体法和气相本体法。本体聚合工艺发展迅速，已超过传统的淤浆聚合而成为 PP 的主要工业生产方法。以液相本体法为例，该法以液态丙烯为反应介质与原料，在催化剂作用下，在 60～70℃和 2.5～3.3MPa 的条件下发生聚合，产物浆液连续出料，在回收丙烯单体和适当加入塑料助剂后，经造粒制得 PP 粒料。

目前工业生产的聚丙烯 95%皆为等规聚丙烯，通常其结晶度为 70%左右，相对分子质量为 2×10^5～7×10^5；间规聚丙烯是采用特殊 Ziegler 催化剂在低温下聚合而得的；而无规聚丙烯是生产等规聚丙烯的副产物。与 PE 一样，丙烯也可使用茂金属催化剂聚合得到茂金属聚丙烯（mPP），也可共聚合得到 PP 共聚物。

② PP 的性能　聚丙烯树脂大多为乳白色蜡状颗粒物，无毒，无臭，无味，透明性好，几乎不吸水，在水中 24h 的吸水性仅为 0.01%，密度 0.89～0.91g/cm³，是常用树脂中最

轻的一种。PP具有较好化学稳定性，除能被浓硫酸和浓硝酸侵蚀外，对其他各种化学试剂都比较稳定；且其化学稳定性随结晶度的增加而有所提高，与PE和PVC相比，在80℃以上还能耐70%以上硫酸、硝酸、磷酸及各种浓度盐酸和40%的氢氧化钠溶液，甚至在100℃以上还能耐稀酸和稀碱。

PP具有优良的力学性能，其拉伸、压缩强度和硬度、弹性模量等都优于HDPE。但在室温及低温下，由于分子结构的规整度高，因而耐冲击强度较差，其耐磨性能与尼龙相近。

PP具有良好的耐热性，熔点为165～170℃，所以制品能在100℃以上进行消毒灭菌，受外力作用时在150℃也不变形；但其耐寒性较差，脆化温度约为－15℃。

PP具有优良的电性能。具有优良的电绝缘性能，且不受湿度影响；同时具有较高的介电常数和介电强度，可以用作受热的电气绝缘件和电器零件。

PP耐紫外线、耐候性和耐燃性不理想。通常需加入相应的助剂以改善其性能，如通过添加防老剂（抗氧剂）及光稳定剂，改善PP的易老化和光氧老化的缺点；加入阻燃剂以提高PP的耐燃性。

通过填充与增强改性可以提高聚丙烯的耐热性、强度、模量及耐疲劳性能，用纤维增强的效果优于填充改性。通过采用共聚或共混技术可改善聚丙烯的低温脆性，乙丙共聚物已成为聚丙烯耐低温性的一类产品。另外，在聚丙烯中加入韧性高的塑料如聚酰亚胺塑料或橡胶（乙丙橡胶或SBS热塑性弹性体），可以提高聚丙烯的低温冲击强度。为了改善相容性，利用丙烯酸或马来酸酐对聚丙烯接枝，使聚丙烯带有极性，再与极性高分子共混，增加与极性高分子的相容性，提高了改性效果。

③ PP的加工与应用　聚丙烯宜采用注射、挤出吹塑等方法成型加工，用途广泛，主要用于制造薄膜、电绝缘体、容器、包装品等，还可以用作机械零件如法兰、接头、汽车零件、管道等，可用作家用电器如电视机、收录机外壳、洗衣机内衬等，由于其无毒及具有一定耐热性，广泛应用于医药工业如注射器及药品包装、食品包装等，并且聚丙烯可拉丝成纤维，用于制作地毯及编织袋等。

8.1.2.2 聚氯乙烯塑料

聚氯乙烯（PVC）是由氯乙烯通过自由基聚合而得。聚氯乙烯是工业化生产较早（1931年）的通用塑料，目前年产量仅次于聚乙烯而居第二。

（1）PVC的工业生产方法与品种

根据工业生产方法与工艺的不同，PVC的主要品种有悬浮法PVC和乳液法PVC，且均有多种牌号。悬浮法PVC通过悬浮聚合方法而得，为白色或略带黄色的粉状物料，称粉状PVC，根据粉状颗粒大小与内部孔隙率高低，又可分为疏松型PVC和紧密型PVC；目前工业以生产疏松型PVC为主。乳液法PVC则通过乳液聚合方法合成得到，大多数为糊状物，称糊状PVC。以PVC树脂为基体的塑料称为PVC塑料。

（2）PVC的结构与性能

PVC为线型高聚物，其相对分子质量对成型加工和材料性能有较大影响，通常其聚合度在500～2000。由于聚氯乙烯是极性聚合物，分子间力较大，固体表现出良好的力学性能，是一种硬质及低温脆性的材料。PVC塑料的力学性能不仅取决于相对分子质量的大小，还与所添加的助剂种类及数量有关，尤其是增塑剂的用量，当增塑剂用量＜5%时，制得的PVC塑料称硬质PVC（UPVC或PVC-U），当增塑剂用量＞25%时，制得的PVC塑料称软质PVC（SPVC或PVC-P），介于两者之间的称为半硬质PVC。其综合性能见表8-2。

表 8-2　PVC 塑料的综合性能

性　能	硬质 PVC	软质 PVC	性　能	硬质 PVC	软质 PVC
相对密度	1.35～1.46	0.16～1.35	最高工作温度/℃	70	50～100
吸水率(浸 24h)/%	0.07～0.5	0.15～0.8	热导率/[W/(m·K)]	0.126～0.293	0.126～0.167
拉伸强度/MPa	35～52	10～24	线膨胀系数/($\times10^{-5}$/K)	5～18	7～25
伸长率/%	<40	100～500	体积电阻率/Ω·cm	$10^{12}\sim10^{16}$	$10^{11}\sim10^{14}$
弯曲强度/MPa	70～112		介电损耗角正切(10^6 Hz)	0.0579	0.0579
压缩强度/MPa	55～85	约 8.8	介电常数(60～10^6 Hz)	2～3.6	4～9
悬臂梁冲击强度/(J/m)	21.5～105.8		介电强度/(kV/mm)	≥18	≥14
邵氏硬度	D75～85	A50～95			

PVC 具有良好的化学稳定性和阻燃性。除浓硫酸（90%以上）和浓硝酸（50%以上）以外，无增塑的 PVC 能耐大多数无机酸、碱、盐溶液，能耐大多数油类、醇类和脂肪烃类的侵蚀，但不耐芳烃、氯代烃、酮类、酯类和环醚等有机溶剂。PVC 的耐化学品性随温度的升高而下降。PVC 阻燃性良好，其氧指数高达 40%，在空气中能自熄。

PVC 电性能良好。悬浮法 PVC 是体积电阻率和介电强度较高、介电损耗较小的电绝缘材料之一。电绝缘性可与硬橡胶相媲美，但随温度升高电绝缘性下降，PVC 塑料一般只能用作低频绝缘材料。

PVC 的热性能较差。特别是其耐热稳定性差，软化点为 80℃，于 130℃开始分解变色，并析出氯化氢，同时加热时容易吸附在金属表面上。因而聚氯乙烯要有实用价值，需加入各种添加剂，如热稳定剂、增塑剂、润滑剂、增强剂等。对于提高聚氯乙烯的热稳定性，除了严格控制和调节聚合反应，以减少和消除副产物外，最有效的方法是加入热稳定助剂。其主要作用有：吸收与中和因受热分解所放出的氯化氢；置换分子中不稳定的氯原子，抑制脱氯化氢反应；能与聚烯烃中生成的双键进行加成；防止聚烯烃结构的氯化等。最常用的热稳定剂有：碱式铅盐和金属皂类。碱式铅盐有：三碱式硫酸铅（$3PbO \cdot PbSO_4 \cdot H_2O$）、二碱式亚磷酸铅（$2PbO \cdot PbHPO_3 \cdot 1/2H_2O$）、二碱式硬脂酸铅[$(C_{17}H_{35}COO)_2Pb \cdot 2PbO$]、二碱式苯二甲酸铅［$2PbO \cdot Pb(C_8H_4O_4)$］等；金属皂类有硬脂酸钙[$(C_{17}H_{35}COO)_2Ca$]、硬脂酸镉[$(C_{17}H_{35}COO)_2Cd$]、硬脂酸锌[$(C_{17}H_{35}COO)_2Zn$]、硬脂酸钡[$(C_{17}H_{35}COO)_2Ba$]等。金属皂类稳定剂不仅具有稳定化作用，还兼有润滑作用。此外，在制备透明 PVC 制品时常需要加入有机锡类稳定剂。

(3) PVC 的应用

聚氯乙烯塑料主要用于：软制品，主要是薄膜和人造革，薄膜制品，主要是农膜、包装材料、防雨材料、台布等；硬制品，主要是硬管、瓦楞板、衬里、门窗、墙壁装饰物；电线、电缆的绝缘层；地板、家具、录音材料等。

8.1.2.3　聚苯乙烯类塑料

聚苯乙烯（PS）于 1930 年在德国首先工业化生产。苯乙烯类塑料是以苯乙烯树脂为基体成分的塑料，其中包括均聚物和以苯乙烯为主的共聚物。目前产量仅次于聚乙烯和聚氯乙烯而位居第三。

(1) 苯乙烯均聚物及其性能和应用

PS 是由苯乙烯通过自由基聚合、离子型聚合等方式合成得到，工业应用较多的是采用本体聚合和悬浮聚合方法。工业生产的 PS 相对分子质量为 40000～200000，相对分子质量的大小及分布与聚合方法与条件有关，对PS的力学性能有较大影响。

PS树脂为非晶态粒状物，无毒、无色透明，透明度高达88%～92%，密度为1.05g/cm^3、折射率为1.59～1.60，吸水性低，吸水率约为0.05%，易燃，燃烧时软化，有浓黑烟，并伴有苯乙烯单体的甜香味。

由于PS分子链上苯环的空间位阻，影响大分子链段的内旋转和柔顺性，因此，PS的力学性能表现为脆而硬，是刚性和脆性都较大的塑料品种，PS制品在使用中常表现出较低的机械强度。此外，聚苯乙烯的耐磨性亦较差。

由于PS分子链的刚性结构，其耐热性能较差，它的热变形温度为60～80℃，脆化温度约－30℃。PS的热导率较低，为0.04～0.15W/(m·K)，且几乎不随温度而改变，是良好的绝热材料。

PS具有优良的电绝缘性能。有高的体积电阻率和表面电阻率，介电损耗小，是良好的高频绝缘材料，由于PS的吸水性低，所以上述电性能随温度和湿度的改变仅有微小的变化。

PS具有一定的化学稳定性。能耐某些矿物油、有机酸、盐、碱及其水溶液。PS能溶于苯、甲苯等芳烃中。PS在热、氧和大气条件下易发生老化现象，尤其是在PS中含有微量单体、硫化物等杂质时更易造成大分子链的断裂与显色，这是PS在长期使用中变黄变脆的原因。但PS的老化性能并不像预想得那样差，在聚烯烃类聚合物中它是比较稳定的一种，原因是庞大苯环的体积效应与共轭效应削弱了α位氢原子的反应活性。

PS极易着色，具有良好的印刷性能；此外还具有优异的加工性能。

由于PS具有上述性能，故被广泛应用于工业装饰、各种仪器仪表零件、灯罩、电子工业中高频零件、透明模型、玩具、日用品等。另外还用于制备泡沫塑料材料，作为重要的绝缘和包装材料。

(2) 苯乙烯共聚物（改性PS）

为了克服聚苯乙烯脆性大、耐热性低的缺点，工业上还开发了一系列改性聚苯乙烯，其中主要有ABS、MBS、AAS、ACS、AS等。

ABS树脂是丙烯腈（A)、丁二烯（B)、苯乙烯（S）三种单体组成的热塑性塑料，其成分较复杂，不仅仅是三种单体的共聚物，也可以含有某种单体的均聚物及其混合物。ABS的制备方法主要有接枝共聚法、机械混炼法和接枝混炼法三种。

接枝共聚法包括乳液接枝和悬浮接枝，其中以乳液接枝为主，它是先用丁二烯和苯乙烯制成丁苯胶乳，然后加入丙烯腈和苯乙烯使之接枝共聚，接枝点是在丁苯胶乳的双键以及与苯基相连的碳原子的α-H上，当然在接枝共聚的同时也存在丙烯腈和苯乙烯的均聚物，所以是接枝共聚物和均聚物的混合物。

机械混炼法是用乳液聚合的方法分别制得AS树脂（丙烯腈-苯乙烯共聚物）和丁腈橡胶，然后两者进行机械混炼，可得ABS。这种方法制得的ABS实际上是塑料与橡胶的共混物。

接枝混炼法是由乳液接枝共聚制得的ABS树脂和另一乳液制备的AS乳胶，将两种乳胶按不同比例混合、凝聚、水洗、干燥，在混炼机上进行机械混炼，由于比例不同，可得不同性质和型号的ABS。

ABS由于制备方法、单体比例及接枝情况不同，性能有所差异。但总体来讲，ABS树脂具有坚韧、硬质、刚性大等优异的力学性能，特别是冲击强度高，并且也大大提高了耐磨性。使用温度范围为－40～100℃，具有良好的电绝缘性和一定的化学稳定性，但耐候性差。

ABS 应用广泛，可用于制造齿轮、泵叶轮、轴承、把手、管道、电机外壳、仪表壳、冰箱衬里、汽车零部件、电气零件、纺织器材、容器、家具等，也可用作 PVC 等高聚物的增韧改性。

AAS 是丙烯腈（A）-丙烯酸酯（A）-苯乙烯（S）的三元共聚物。AAS 的性能和成型加工及应用性能与 ABS 相近。由于用不含双键的丙烯酸酯代替丁二烯，所以 AAS 的耐候性要比 ABS 高 8～10 倍。

ACS 是丙烯腈（A）-氯化聚乙烯（C）-苯乙烯（S）的三元共聚物，一般是经悬浮聚合而得。其组成一般为：丙烯腈 20%，氯化聚乙烯 30%，苯乙烯 50%。ACS 的性能、加工及应用与 ABS 相近。

MBS 是甲基丙烯酸甲酯（M）-丁二烯（B）-苯乙烯（S）的三元共聚物。由于用 MMA 代替丙烯腈，因此透明性好，其性能与 ABS 相仿，故有透明 ABS 之称。AS 是丙烯腈-苯乙烯共聚物，BS 是丁二烯-苯乙烯共聚物，两者都改进了聚苯乙烯的韧性。

高抗冲聚苯乙烯（HIPS）是在苯乙烯单体中加入合成橡胶，以自由基引发聚合制得。当然随着橡胶品种及用量不同，HIPS 有不同的性能，如苯乙烯与顺丁二烯橡胶及丁苯嵌段共聚橡胶（SBS 热塑性弹性体）接枝共聚，可制得高抗冲击型 HIPS；苯乙烯与丁苯橡胶（SBR）接枝共聚，可得中抗冲击型 HIPS。抗冲聚苯乙烯具有聚苯乙烯的大多数优点，拉伸强度提高一倍，软化点有所下降。

8.1.3 工程塑料

随着科学技术的进步和对高性能材料的需求日益增长，自 20 世纪 80 年代以来，工程塑料得到了快速发展，产量以每年 15%的速度增长，超过了通用塑料的增长速度。但就其产量而言仅占塑料总产量的 5%～7%。根据长期使用温度的高低，工程塑料有通用工程塑料（使用温度 100～150℃）和特种工程塑料（使用温度＞150℃）之分。目前，通用工程塑料品种主要有聚酰胺、聚碳酸酯、聚甲醛、热塑性聚酯和聚苯酯。以下仅介绍通用工程塑料的主要品种。

8.1.3.1 聚酰胺

聚酰胺（PA，俗称尼龙）是指大分子链结构单元中含有酰氨基—CONH—的一类聚合物的总称。PA 按其主链结构可分为脂肪族 PA、半芳香族 PA、全芳香族 PA、含杂环芳香族 PA 等。目前塑料工业常用的是脂肪族 PA，主要品种有：聚己内酰胺、聚己二酰己二胺、聚癸二酰己二胺、聚癸二酰癸二胺、聚十一内酰胺、聚十二内酰胺等。其中聚癸二酰己二胺是 1941 年由美国杜邦公司首先工业化生产的，聚己内酰胺于 1943 年由德国法本公司首先工业化生产。这两种 PA 的产量最大，约占 PA 总产量的 90%。聚癸二酰癸二胺于 1959 年由我国首先工业化生产，此后我国又先后自行开发了聚己二酰己二胺、聚癸二酰己二胺、聚己内酰胺、聚十二内酰胺等品种。

(1) PA 的合成方法与结构特点

PA 主要是通过相应的二元酸与二元胺缩聚而成，或是由氨基酸或相应的内酰胺合成得到，也可由多种二元胺、二元酸或内酰胺进行共缩聚制得。

脂肪族 PA 为线型聚合物，由于分子链上具有极性的酰氨基，可以使分子链间形成氢键，从而使分子间力增大，内聚能高达 $744J/cm^2$，加之 PA 分子结构规整，故易于结晶。PA 相对分子质量不高，一般不超过 5 万。但由于分子链间能形成氢键和易于结晶，因而具有工程塑料的优良性能。

(2) PA的性能

PA无毒、无味、不霉烂，外观为半透明或不透明的乳白色或淡黄色粒料。密度一般在1.02～1.36g/cm³之间，吸水率为0.3%～9.0%，随着链节中碳原子数的增加，密度和吸水率下降。但由于酰氨基的存在，PA类聚合物都显示出耐磨和易吸湿的共性。

PA是典型的硬而韧的聚合物，综合性能优于前面介绍的各种通用塑料。与金属材料相比，PA的比拉伸强度大于金属，比压缩强度与金属相当，但刚性较低。可代替某些金属材料使用。

PA的拉伸强度、弯曲强度和硬度随温度和吸水率的增大而降低，冲击强度则明显提高。PA的品种不同，强度受温度和吸水率的影响也不同，随酰氨基之间亚甲基数的增加，受温度和吸水率的影响减弱。玻璃纤维增强PA的强度受温度和吸水率的影响较小。

优良的耐磨性是PA力学性能的一个显著特点。尤以PA-1010的耐磨性最佳。它的密度约为铜的1/7，而耐磨性却是铜的8倍。各种PA的摩擦系数差别不大，通常在0.1～0.3之间。在自润滑性以及冲击韧性方面，尼龙的性能也很好。

在化学性能上，PA能耐大多数盐类，耐油、耐芳烃类化合物方面也较好，但不耐强酸和氧化剂。

尽管PA的熔点较高（180～280℃），但热变形温度较低，使得其长期使用温度不高，连续使用一般温度在80～120℃（视不同品种而变化）；大多数PA具有自熄性，少数品种虽具有可燃性，但对火焰的传播速度很慢。

PA最大的缺点是吸水性较大。PA材料吸水后其力学性能及电性能皆会变劣，PA制品的尺寸也会发生变化。

表8-3中列入一些主要PA品种的性能。

表8-3 主要PA品种的性能

项目	PA-66	PA-6	PA-610	PA-612	PA-1010	PA-11	PA-12
密度/(g/cm³)	1.14	1.14	1.09	1.07	1.05	1.04	1.02
熔点/℃	260	220	213	210	200～210	187	178
成型收缩率/%	0.8～1.5	0.6～1.6	1.2	1.1	1.0～1.5	1.2	0.3～1.5
拉伸强度/$\times10^5$Pa	800	740	600	620	550	550	500
拉伸模量/$\times10^9$Pa	2.9	2.5	2.0	2.0	1.6	1.3	1.3
伸长率/%	60	200	200	200	250	300	300
弯曲模量/$\times10^9$Pa	3.0	2.6	2.2	2.0	1.3	1.0	1.4
冲击强度(缺口)/(J/m)	40	56	56	54	40～50	40	50
洛氏硬度	118	114	116	114	95	108	106
热变形温度/℃	70	63	57	60		55	55
连续使用温度/℃	105	105			80	90	90

(3) PA的加工与应用

聚酰胺的成型加工方法很多，可采用注射、挤出、吹塑、烧结及冷加工等方法，还可进行特殊的单体浇注（MC尼龙）新工艺。

聚酰胺工程塑料广泛用于各种工业部门中制作机械、化工和电气绝缘等方面的零部件。如齿轮、轴承、辊轴、泵叶轮、风扇叶片、涡轮、高压密封圈、垫片、电池箱电缆、电器线圈和接头等。现今在建筑业、交通运输业及生活用品方面也取得了广泛的应用。

8.1.3.2 聚碳酸酯

在分子主链中含有结构 $\left[ORO-\overset{\overset{O}{\|}}{C} \right]_n$ 的线型高聚物为聚碳酸酯（PC）。根据 R 的不同，可分成脂肪族、脂环族、芳香族和脂肪-芳香族聚碳酸酯，但目前作为工程塑料的产品仅指芳香族聚碳酸酯，并且主要是指双酚 A 型聚碳酸酯。聚碳酸酯首先由德国 Bayer 公司在 1958 年工业化生产，20 世纪 60 年代发展成为一种新型的热塑性工程塑料。目前已成为仅次于 PA 的第二大工程塑料产品。

（1）PC 的工业生产方法

工业生产双酚 A 型 PC 主要采用光气法和酯交换法，以光气法为主。具体反应原理见本书 2.2.4.2。PC 的相对分子质量对其性能与加工影响较大，光气法生产的 PC 的相对分子质量一般控制在 100000 以内。

（2）PC 的结构与性能

聚碳酸酯是一种新型的工程塑料，具有很好的综合性能，是一种无味、无臭、无毒的无定形热塑性聚合物，密度约为 $1.2g/cm^3$，吸水率小于 0.2%，透明度达 90%，仅次于 PMMA，它刚硬而有韧性，蠕变值很小，具有高耐冲性和尺寸稳定性；使用温度很宽，具有良好的电绝缘性和耐热性。燃烧缓慢，离火自熄。它的最大缺点是很容易形成应力集中，使产品容易开裂。此外，它耐药品腐蚀性较差，高温易水解，无自润滑性，疲劳强度与耐磨性一般。其具体的性能技术指标见表 8-4。

表 8-4 聚碳酸酯的性能指标

性 能	指 标	性 能	指 标
密度/(g/cm^3)	1.18～1.20	连续耐热温度/℃	120
拉伸强度/MPa	66	比热容/$[\times10^3 J/(kg\cdot K)]$	1.17
压缩强度/MPa	85	体积电阻率(120℃)/$\Omega\cdot cm$	2×10^{14}
弯曲强度/MPa	105	介电强度/(kV/mm)	>100
断裂伸长率/%	50～100	介电常数(50MHz)	3.1
冲击强度(缺口)/(kJ/m^2)	25 左右	介电损耗角正切	3×10^{-4}
冲击强度(无缺口)/(kJ/m^2)	不断裂	耐弱酸性	好
硬度(布氏 HB)	1.55	耐强酸性	缓慢作用
热膨胀系数/$\times10^{-5}℃^{-1}$	5～6	模塑收缩率/%	0.5～0.8

（3）PC 的加工与应用

PC 可采用注射、挤出、吹塑、热成型和流延等工艺进行复杂形状产品的加工。可制成透明、半透明和不透明制品。

聚碳酸酯被广泛用于以下方面。

① 光学应用 计算机用光盘，如 CD、VCD、DVD 盘的基础材料；光学照明器材，可用来制作大型灯罩、防护玻璃、光学仪器、左右目镜筒；光学玻璃，如眼镜片、防护镜片、飞机上的透明材料等。

② 汽车工业 可用于生产汽车前灯、侧灯、尾灯、镜面、透镜、车窗玻璃；PC/PBT 合金用于轿车的保险杠，PC/ABS 等合金广泛用于汽车内外装饰件。

③ 电子电器 广泛用作接线柱、插头、线圈框架、墙壁插板、管座、绝缘套管、矿灯电池壳，以及电子计算机终端机、电视机、录像机、电话、音响设备的零件和壳体等。

④ 机械设备　用于制作传递中、小负荷的机械零件，如齿轮、齿条、蜗轮、蜗杆、凸轮、棘轮、直轴、曲轴、杠杆；以及受力不大的紧固件和转速不太高的耐磨件，如螺钉、螺帽、铆钉、轴套、管套、保持架、导轨、防护壳体。

⑤ 医疗器材　用于制造高压注射器、血液采集和分离器、牙科器械、药品容器、手术器械以及医用杯、筒、瓶等。

⑥ 其他方面　用于制作大水瓶、奶瓶、餐具、玩具、防护头盔、家用器具部件等，尤其是 PC 中空板，可用作公路隔声板、阳光板、警察盾牌等。

8.1.3.3　聚甲醛

聚甲醛（POM）是指分子链中以—CH_2O—链节为主的线型聚合物。自 20 世纪 60 年代初工业化生产以来，因具有优异的综合力学性能、良好的尺寸稳定性和成型加工性，获得了较快发展，现在已成为工程塑料中的一个重要品种，产量在工程塑料中仅次于 PA 和 PC，居第三位。

（1）POM 的种类与合成方法

POM 分为均聚甲醛和共聚甲醛两种，前者是甲醛或三聚甲醛的均聚体，后者是三聚甲醛和少量共聚单体（常用 1，3-二氧五环）的共聚物。反应式如下。

均聚反应：

$$n\mathrm{HCHO} \longrightarrow \left[\!-\mathrm{CH_2O}-\!\right]_n$$

共聚反应：

$$\frac{1}{3}n\ \begin{matrix} & \mathrm{O} & \\ \mathrm{CH_2} & & \mathrm{CH_2} \\ | & & | \\ \mathrm{O} & & \mathrm{O} \\ & \mathrm{CH_2} & \end{matrix} \ +m\ \begin{matrix} \mathrm{CH_2} & - & \mathrm{CH_2} \\ | & & | \\ \mathrm{O} & & \mathrm{O} \\ & \mathrm{CH_2} & \end{matrix} \longrightarrow \left[\!-\left(\mathrm{CH_2O}\right)_n\!\left(\mathrm{CH_2-O-CH_2-CH_2-O}\right)_m\!-\right]$$

虽然均聚甲醛的结晶度、密度、机械强度较高，但热稳定性不如共聚甲醛，且共聚甲醛合成工艺简单、易成型，所以，目前工业生产以共聚甲醛为主。常用的聚合方法有溶液聚合和本体聚合。

采用溶液聚合、本体聚合的 POM 都带有不稳定的半缩醛端基和聚合时产生的低聚物，受热后容易从端基开始解聚，导致 POM 的降解。因此，必须进行封端处理，通常采用的是氨水法、高醇法和熔融法。处理后，再加入稳定剂，经造粒而得到产品。

（2）POM 的结构

POM 的分子结构与 PE 较相似，链节结构简单、对称，无支化现象，因而容易结晶，是典型的结晶聚合物。POM 大分子链上 C—O 键的键长较小（C—C 键为 0.154nm，C—O 键 0.146nm），有极性，因而它的分子敛集紧密，显示出比 PE 高得多的刚度和硬度。同时，C—O 键的存在使大分子的内旋转容易，因而 POM 的熔体流动性好，固体冲击强度高。

与均聚甲醛比较，共聚甲醛的分子结构中具有部分 C—C 键，因而其大分子链的敛集紧密程度和规整性稍差，影响了它的结晶性，通常，均聚甲醛的结晶度为 75%～85%，共聚甲醛为 70%～75%，这也正是共聚甲醛的机械强度不如均聚甲醛的原因。但共聚甲醛中的 C—C 键对降解有终止作用，使其具有较好的热稳定性，而均聚甲醛则较差。

POM 的聚合度在 1000 以上，相对分子质量超过 3 万。相对分子质量增大机械强度提高，但成型加工性能下降。

（3）聚甲醛的主要性能

POM 原料外观呈淡黄或白色，为粉状或粒状固体物，密度为 1.42g/cm^3，吸水率小于 0.25%。POM 易燃，燃烧时，火焰上端呈黄色，下端呈蓝色，有熔融滴落现象，并伴有刺激性甲醛味和鱼腥臭味。

POM 具有优良的综合力学性能。POM 硬度大、模量高，表现出了较好的刚性；冲击强度、弯曲强度、疲劳强度和耐磨性均较优异。POM 这种既具有刚性又具有较高的冲击强度、疲劳强度及耐磨性的特点在工程塑料中是很宝贵的，这使其在很多领域中可替代钢、铝、铜等有色金属材料，因而俗称“赛钢”。

POM 的表面硬度与铝合金接近，具有自润滑作用和优良的耐磨性，适用于作长期经受滑动的部件；POM 的耐蠕变性与 PA 及其他工程塑料相似。

POM 具有较高的热形变温度，均聚甲醛与共聚甲醛的热形变温度分别为 170℃ 和 158℃。但 POM 为热敏性聚合物，其热稳定性差，故 POM 的长期使用温度不宜过高，一般不超过 100℃；若在受力较小的情况下，短时使用温度可达 140℃。

POM 有良好的耐溶剂性，特别能耐非极性有机溶剂，对油脂类也有较好的稳定性；均聚甲醛只能耐弱碱，共聚甲醛能耐强碱和碱性洗涤剂，但都不耐强酸与强氧化剂。

POM 的耐候性较差，经大气环境下和日光曝晒会使分子链降解，表面粉化，变脆变色。一般需加入适当紫外线吸收剂或抗氧剂，以提高它的耐候性。

(4) POM 的加工与应用

POM 为热塑性塑料，可以进行注射、挤出、中空吹射、压制等成型加工，其中以注射成型应用最为广泛。

POM 的比强度与比刚度与金属十分接近，其制品 80%以上用于代替铜、锌、铝等有色金属和合金制造各种零部件，广泛应用于汽车工业、机械制造、精密仪器、电子电器、化学工业、农业和日用制品等方面，也可以挤出片材、棒和管材等制品。此外，POM 无毒卫生，还可用于医疗方面，如人工心脏瓣膜、起搏器及假肢等医用修补物。

限于篇幅，本书对特种塑料不作介绍，读者可以参考相关资料。

8.2 橡胶

8.2.1 橡胶概述

橡胶是所有高分子弹性体的总称。橡胶按其来源可分为天然橡胶和合成橡胶。按橡胶的性能与应用分，除天然橡胶外（天然橡胶是最典型的通用橡胶），合成橡胶可分为通用合成橡胶（简称通用橡胶）和特种合成橡胶（简称特种橡胶），凡性能与天然橡胶相近，广泛用于制造轮胎及其他大量制品的合成橡胶则称通用合成橡胶，如丁苯橡胶、顺丁橡胶、丁基橡胶等。凡具有特殊性能的如耐候性、耐热性、耐油性、耐臭氧性等，并用于制造特定条件下使用的橡胶制品的称为特种合成橡胶，如丁腈橡胶、硅橡胶、氟橡胶、聚氨酯橡胶等。某些特种橡胶，随着成本下降，应用扩大，也可以作为通用合成橡胶使用，如乙丙橡胶等。按大分子主链的化学组成，又可将橡胶分成碳链弹性体和杂链弹性体，碳链弹性体又可分为二烯类橡胶和烯烃类橡胶。二烯类橡胶的主要品种有丁苯橡胶、丁腈橡胶、聚丁二烯橡胶、聚异戊二烯橡胶和聚戊二烯橡胶等；烯烃类橡胶的主要品种有丁基橡胶、乙丙橡胶等；杂链弹性体的主要品种有硅橡胶、聚氨酯橡胶等。以下将主要介绍常见的合成橡胶品种。

弹性与强度是橡胶材料的主要性能指标。分子链柔顺性越大，T_g 越低，橡胶的弹性就越好。橡胶相对分子质量越高，弹性与强度越大，所以橡胶的相对分子质量通常为 10^5 ～ 10^6，比塑料和纤维要高。一般橡胶材料的主要特点是：能在很宽的温度范围内保持优良弹性，伸长率大（1000％以上）而弹性模量小；有较高的强度、较好的气密性及防水性、耐热性、耐磨性、电绝缘性及其他的优良性能。

未经硫化的橡胶大分子是线型或支链型结构，所得制品强度很低，弹性小、遇冷变硬、遇热变软、遇溶剂溶解，无使用价值。所以橡胶必须经过硫化变成网状或体型结构才有实用价值。对橡胶进行适当的硫化，既可以保持橡胶的高弹性，又可以使橡胶具有一定的强度。同时，为了增加制品的硬度、强度、耐磨性和耐撕裂性等，在加工过程中需要加入惰性填料（如氧化锌、黏土、白垩、重晶石等）和增强填料（如炭黑）等。

所有橡胶及弹性体，在橡胶工业上都称为生胶，而由废旧橡胶“脱硫”制造的再生橡胶称为再生胶。以生胶与再生胶为主要原料，配以其他填料与助剂，加工制造成的各种成品称为橡胶制品。橡胶制品的品种繁多，可制成轮胎、胶管、胶鞋以及其他橡胶工业制品，如胶辊、胶布、胶板、油封等。

8.2.2 通用合成橡胶

8.2.2.1 聚丁二烯橡胶

聚丁二烯的单体为丁二烯，可分为顺式-1,4-聚丁二烯、反式-1,4-聚丁二烯和乙烯基丁二烯橡胶，分别如下所示：

顺式-1,4-聚丁二烯：～～CH_2(H)C=C(H)CH_2～～

反式-1,4-聚丁二烯：～～CH_2(H)C=C(H)CH_2～～

聚乙烯基丁二烯橡胶：～～CH_2—CH～～（侧基 CH=CH_2）

聚丁二烯橡胶（BR）最早是由自由基聚合来制备的，但选择性差，在聚合物中有各种异构体存在。自 Ziegler-Natta 催化剂使用后，可得规整性好的二烯类橡胶。按聚合方法不同，可分为溶聚丁二烯橡胶、乳聚丁二烯橡胶以及苯酮聚合的丁钠橡胶。在聚合过程中采用不同的催化剂可制成高顺式聚丁二烯、中顺式聚丁二烯、低顺式聚丁二烯和反式聚丁二烯橡胶不同的品种。

聚丁二烯橡胶中最重要的品种是溶聚高顺式丁二烯橡胶（即顺丁橡胶），是世界上用量仅次于丁苯橡胶的第二大通用合成橡胶。我国采用环烷酸镍-三异丁基铝-三氟化硼乙醚络合物引发体系，采用低级芳烃或溶剂油为溶剂，进行配位溶液聚合而得。其性能特点是：弹性高，是当前橡胶中弹性最高的一种；耐寒性好，其玻璃化温度为－150℃，是通用橡胶中耐低温性能最好的一种；耐磨性能优异；滞后损失小；耐屈挠性好；与其他橡胶相容性好。其缺点是：拉伸强度和撕裂强度低于天然橡胶和丁苯橡胶，用于轮胎在湿路面上易打滑，另外加工性能差。高顺式丁二烯橡胶主要用于制造轮胎、胶鞋、胶带、胶辊等耐磨制品。

丁二烯橡胶的新品种主要有：含有 35％～55％乙烯基结构的丁二烯橡胶，其耐湿滑性能和热老化性能优于高顺式丁二烯，但强度和耐磨性稍有下降；约含有 70％乙烯基结构的高乙烯基丁二烯橡胶，耐湿滑性高，适用于制造轿车的车轮胎面胶；超高顺式丁二烯橡胶，其顺式 1,4 结构含量大于 98％，拉伸时结晶速率快，结晶度高，分子量分布宽，因此黏着性、强度和加工性能好。

8.2.2.2 聚异戊二烯橡胶

异戊橡胶（IR）是由异戊二烯单体在催化剂作用下，经溶液聚合而制得的顺式-1,4-聚异戊二烯。

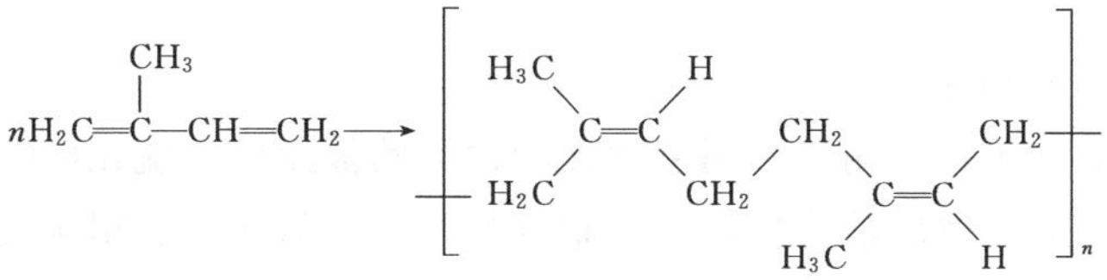

$$nH_2C{=}\overset{\displaystyle CH_3}{\overset{|}{C}}{-}CH{=}CH_2 \longrightarrow \left[\begin{array}{c} H_3C \quad\quad H \\ \diagdown \quad \diagup \\ C{=}C \quad\quad CH_2 \quad\quad CH_2 \\ \diagup \quad \diagdown \quad \diagup \quad \diagdown \quad \diagup \\ -H_2C \quad\quad CH_2 \quad\quad C{=}C \\ \diagup \quad \diagdown \\ H_3C \quad\quad H \end{array} \right]_n$$

催化体系采用 Ziegler-Natta 型，如 $AlR_3/TiCl_4$，其顺式 1,4 结构的含量为 93%～98%；采用丁基锂，顺式 1,4 结构含量为 92%～93%；采用 AlR_3/VCl_3，则可得反式结构含量为 98%，这是一类在室温下呈硬固体状态的硬橡胶。

因顺式-1,4-聚异戊二烯分子结构和性能与天然橡胶相似，是天然橡胶的最好代用品，故也称为“合成天然橡胶”，其产量占合成橡胶的第三位。

异戊橡胶是一种综合性能最好的通用合成橡胶，具有优良的弹性、耐磨性、耐热性、耐撕裂性及低温屈挠性。与天然橡胶相比又具有生热低、耐龟裂的特性，因吸水性小，因此电绝缘性好及耐老化性能好。但其硫化速率较天然橡胶慢，此外炼胶时易粘辊，成型时黏度大，而且价格昂贵。其主要用于制作轮胎、医疗制品、胶管、胶鞋、胶带、运动器材等。

其他异戊橡胶主要有：充油异戊橡胶，是在异戊橡胶中填充各种不同分子量的油（如环烷油、芳烃油），以改善性能（如流动性，以便于制作复杂的模型制品）和降低成本；反式-1,4-聚异戊二烯橡胶，在常温下呈结晶状态，具有较高的拉伸强度和硬度，但由于成本高，尚未广泛应用；聚异戊间二烯橡胶是由异戊间二烯聚合而成的。

8.2.2.3 丁苯橡胶

以丁二烯为主体可制成一系列共聚物，其中丁二烯-苯乙烯橡胶（即丁苯橡胶，SBR）已经成为目前世界上产量最大的通用合成橡胶，其产量约占合成橡胶总产量的 55%。其典型结构式为：

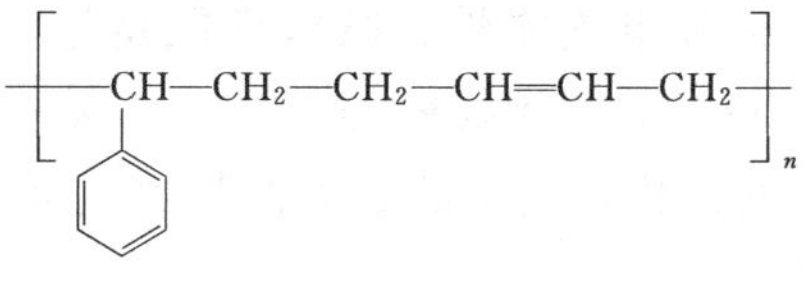

$$\left[\underset{\displaystyle C_6H_5}{\underset{|}{CH}}{-}CH_2{-}CH_2{-}CH{=}CH{-}CH_2 \right]_n$$

(1) SBR 的工业合成方法及品种

目前，丁苯橡胶的合成方法主要有低温自由基乳液聚合和阴离子溶液聚合，所得产品分别称乳聚低温丁苯橡胶和溶聚丁苯橡胶。

① 乳聚低温丁苯橡胶　采用丁二烯 72 份和苯乙烯 28 份，以水为分散相，脂肪酸皂为乳化剂，异丙苯过氧化氢为引发剂，十二硫醇为分子量调节剂，在 5℃下进行自由基聚合，可得丁苯乳胶。当转化率达到 30%时加入终止剂二甲基二硫醇代氨基甲酸钠即终止反应，然后回收丁二烯，再经破乳（食盐水溶液）、凝聚、干燥即得成品。所得胶乳中苯乙烯的含量为 23.5%。若在凝聚前，填充油或炭黑或同时填充油或炭黑，可制得充油丁苯橡胶、丁苯橡胶炭黑母炼胶和充油丁苯橡胶炭黑母炼胶等系列产品。低温丁苯橡胶性能好，产量大，占丁苯橡胶产量的 80%左右。

② 溶聚丁苯橡胶　在有机溶剂中，以丁二烯、苯乙烯为单体，烷基锂为催化剂，进行阴离子共聚得丁苯橡胶。但溶剂不同其竞聚率不同，产物也不同，当以烃类为溶剂时，丁二烯与苯乙烯的竞聚率之比 $r_B : r_S = 50 : 1$，所以先形成丁二烯聚合物，随后与苯乙烯共聚，

得到的是嵌段共聚物；而当采用极性溶剂时，$r_B=1.03$，$r_S=0.74$，所以得到的是无规共聚物。

(2) SBR 的性能与应用

丁苯橡胶的耐磨、耐热、耐油、耐老化性能比天然橡胶好，硫化曲线平坦，不易焦烧和过硫，与天然橡胶、顺丁橡胶混容性好。其缺点是弹性、耐寒性、耐撕裂性和黏着性能均较天然橡胶差，纯胶强度低，滞后损失大，生热高。由于分子链中双键少，所以硫化速率慢。由于成本低廉，当与天然橡胶并用时可改善性能，主要用于制造各种轮胎及其他工业橡胶制品，如乳胶带、胶管、胶鞋等，可以部分或全部代替天然橡胶。

8.2.2.4 丁基橡胶

丁基橡胶（BR）是丁烯和少量异戊二烯的共聚物，为白色或暗灰色的透明弹性体，又称异丁橡胶，产品生产初期是作为特种橡胶使用，但其发展很快，已成为通用橡胶之一。其结构式为：

$$\left[\begin{array}{c} CH_3 \\ | \\ C \\ | \\ CH_3 \end{array}\!\!-CH_2\right]_x\!\!-CH_2-\overset{\displaystyle CH_3}{\overset{|}{C}}=CH-CH_2\!-\left[\begin{array}{c} CH_3 \\ | \\ C \\ | \\ CH_3 \end{array}\!\!-CH_2\right]_y$$

按不饱和度（即异戊二烯含量）不同可分成：0.6%～1.0%、1.1%～1.5%、1.6%～2.0%、2.1%～2.5%、2.6%～5.5%五类。

丁基橡胶是以异丁烯和少量的异戊二烯为单体进行阳离子聚合生产的，以氯甲烷为溶剂，以路易斯酸（如 $AlCl_3$）为催化剂，在－100℃下进行反应，即得胶浆，蒸馏除去未反应的单体及溶剂，经脱水、干燥即得制品。

丁基橡胶硫化后几乎不存在双键，所以有高度的饱和度。因此具有高度的耐热性，最高使用温度可达 200℃；优异的耐候性，能长时间地暴露在阳光和空气中而不易损坏；很好的抗臭氧性能，是天然橡胶、丁苯橡胶的 10 倍；化学稳定性好，能耐酸、碱和极性溶剂；耐水性能优异，水渗透率极低，另外电绝缘性、减震性能良好。丁基橡胶是气密性最好的橡胶，其透气率约为天然橡胶的 1/20，顺丁橡胶的 1/30。丁基橡胶的主要缺点是硫化速率慢，需采用强促进剂和高温、长时间硫化，由于缺乏极性基团，所以自黏性差，与其他橡胶相容性差，难以并用，耐油性不好。

丁基橡胶主要用于气密性制品，如汽车内胎、无内胎轮胎的气密层等，也广泛用于蒸汽软管、耐热输送带、化工设备衬里、耐热耐水密封垫片、电绝缘材料及防震缓冲器材等。

为了提高硫化速率，必然要提高它的活性；另外为了提高它的自黏性和相容性，也必然要引入极性基团，所以用丁基橡胶的卤化来改性，可得氯化丁基橡胶和溴化丁基橡胶，其卤化反应一般认为是取代反应而不是加成反应。

8.2.2.5 乙丙橡胶

乙丙橡胶（EPR）是以乙烯、丙烯及少量非共轭二烯类为单体在引发剂作用下进行溶液聚合或悬浮聚合所得到的无规共聚弹性体。乙丙橡胶包括二元乙丙橡胶（乙烯、丙烯共聚物，EPM）和三元乙丙橡胶（乙烯、丙烯及少量非共轭双烯共聚物，EPDM）两类。EMP 分子链中不含双键，不能以硫黄硫化，只能用过氧化物进行交联，使得硫化速率慢并且所得胶的性能也差。EPDM 分子链中由于引入了第三单体（一般使用量为总单体的 3%～8%），使之在主链中引入了含双键的侧基，所以可用硫黄进行硫化交联。

目前工业上常用溶液法和悬浮法生产乙丙橡胶，溶液法是以乙烯、丙烯及第三单体在正己烷溶剂中，采用三氯氧钒和倍半卤化烷基铝为催化剂，以氢气为分子量调节剂，在适宜的温度和压力下进行配位聚合。此溶液法的缺点是乙丙共聚反应凝聚现象较为严重，另外共聚物溶于溶剂中成为黏稠的溶液（即胶液），所以为传质和传热带来了问题，限制了溶液法向大型化方向发展。于是发展了悬浮法，悬浮法主要是在液态丙烯中（熔点－47.7℃）中加入乙烯和催化体系进行共聚。由于乙丙共聚物不溶于丙烯，成为悬浮粒子（粒径 1mm）悬浮于丙烯中，乙丙共聚物-液态丙烯体系的黏度为液态丙烯本身的黏度，而与其中所含乙丙共聚物的数量无关，从而解决了上述问题。悬浮法为乙丙橡胶工业生产大型化及流程简化，带来了广阔的前景。这里应注意的是因为乙烯的竞聚率 $r_1=18.0$，而丙烯 $r_2=0.068$，可见丙烯竞聚率远小于乙烯，所以丙烯本身不可能自聚，仅能在乙烯的诱导下与乙烯发生共聚。

乙丙橡胶基本上是一种饱和橡胶，因而构成了它的独特性能。三元乙丙橡胶虽然引入了少量不饱和基团，但双键处于侧链上，因此基本性质仍保留乙丙橡胶的特点。其耐老化性能是通用橡胶中最好的一种，包括具有突出的耐臭氧性、耐候性、能长期在阳光下曝晒而不开裂；具有较高的弹性，其弹性仅次于天然橡胶和顺丁橡胶；耐热性好，能在 120℃下长期使用，最低使用温度可达－50℃；电绝缘性能优良，超过丁基橡胶，尤其是耐电晕性，因为其吸水性小，所以浸水后电绝缘性能仍良好；化学稳定性好，对酸、碱和极性溶剂有较大的耐性；单体易得，密度小，可以混入大量填料和油类，实行高填充配合，而性能下降不大。乙丙橡胶的主要缺点是硫化速率慢，不易与不饱和橡胶并用，自黏性和互黏性差，耐燃性、耐油性和气密性差。由于黏着性差，所以主要用于非轮胎方面，如汽车零件、电气制品、建筑材料、橡胶工业制品及家庭用品等。

乙丙橡胶可进行溴化、氯化、氯磺化，所得改性乙丙橡胶改进了乙丙橡胶的硫化速率及黏着性，用丙烯腈接枝所得的改性乙丙橡胶具有很好的耐油性。

8.2.3　特种合成橡胶

丁腈橡胶（NBR）是特种合成橡胶中最常用的品种。以丁二烯和丙烯腈为单体，经自由基乳液聚合而制得的高分子弹性体，即为丁腈橡胶（NBR）。其结构式为：

$$\left[\left(CH_2-CH=CH-CH_2\right)_x\left(\underset{\displaystyle CN}{CH_2-\underset{|}{CH}}\right)_y\right]_n$$

按丙烯腈的含量，丁腈橡胶可分为五类（表 8-5）。另外也可以按分子量的大小进行分类，以及按聚合温度分类，可分为热聚丁腈橡胶（25～50℃）和冷聚丁腈橡胶（5～20℃）。

表 8-5　各种丁腈橡胶中丙烯腈的含量

品种	超高丙烯腈 NBR	高丙烯腈 NBR	中高丙烯腈 NBR	中丙烯腈 NBR	低丙烯腈 NBR
丙烯腈含量/%	≥43	36～42	31～35	25～30	≤24

目前主要是以乳液聚合并以冷聚丁腈橡胶为主，乳液聚合是以松香皂或脂肪酸钾盐为乳化剂，以十二碳硫醇为分子量调节剂，所不同的是热聚合其聚合温度为 25～50℃，以过硫酸盐为引发剂；而冷聚合其聚合温度为 5～20℃，以氧化还原体系等为引发体系。聚合后经盐水凝乳、水洗、干燥即可得到产品。

丁腈橡胶的主要特点是具有优良的耐油性和耐非极性溶剂性能，另外其耐热性、耐腐蚀性、耐老化性、耐磨性及气密性均优于天然橡胶。但其耐臭氧性、电绝缘性和耐寒性较差。丁腈橡胶主要用于各种耐油制品，丙烯腈含量高的丁腈橡胶可用于直接与油接触的制品，如密封垫圈、输油管、化工容器衬里；丙烯腈含量低的丁腈橡胶可适用于低温耐油制品和耐油减震制品。

丁腈橡胶的改性制品主要有羧基丁腈橡胶，是丁二烯、丙烯腈和丙烯酸类三元共聚物，其主要特点是具有突出的高强度、良好的黏着性和耐老化性能。由丁二烯、丙烯腈和二乙烯基苯共聚，可制得部分交联和交联型丁腈橡胶，其主要和丁腈橡胶并用，以改善胶料的加工性能。

8.3 合成纤维

8.3.1 纤维概述

纤维是指长度比其直径大很多倍，并且有一定柔软性的纤细的物质。典型的纺织纤维直径为几微米到几十微米，而长度超过 25mm。

8.3.1.1 纤维的分类

纤维可分为两大类：一类是天然纤维，如棉花、羊毛、丝和麻等；另一类是化学纤维，化学纤维又可分为人造纤维和合成纤维。人造纤维是以天然高聚物经化学处理与机械加工而制成的纤维（又称再生纤维），人造纤维根据化学组成不同可分为再生纤维素纤维、纤维素酯纤维和再生蛋白质纤维。合成纤维素是由合成的高分子化合物加工制成的纤维。根据大分子主链的化学组成，又分为杂链纤维和碳链纤维，纤维的分类如图 8-2 所示。本节仅介绍合成纤维。

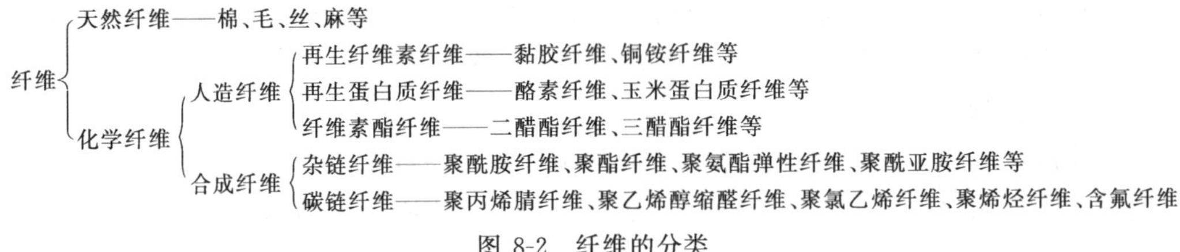

图 8-2 纤维的分类

8.3.1.2 成纤高聚物的结构特征

纤维的性质既取决于原来高聚物的性质，也取决于经加工后的纤维的结构。纺织纤维用高聚物，即成纤高聚物，应具有下列结构特征。

① 可伸展且无庞大侧基的线型大分子链　这样大分子链可沿着纤维方向进行有序的排列，以赋予纤维较高的拉伸强度、延伸率和其他物理性能。

② 分子链间必须有足够的次价力　大分子链间的作用力愈大，纤维的强度愈高，次价力大于 20.92kJ/mol 者，才适用于作纤维材料。

③ 应具有形成半结晶结构的能力　为使纤维具有最佳的综合性能，高聚物成纤后应能结晶，并具有适合的结晶度。这当然与加工条件有着密切的关系。这种超分子形态中的无定形区决定了纤维的弹性、染色性和对各种物质的吸收性等重要性能。

④ 具有相当高的相对分子质量和比较窄的相对分子质量分布　一般来讲，纤维的物理力学性能随相对分子质量的增大而提高，当相对分子质量低于下限数值时，就不可能制得强度和弹性好的纤维。但当相对分子质量高于一定值后，其性能提高并不多，反而对纺丝和后加工不利，所以成纤高聚物要求有一个适合的相对分子质量。比塑料和橡胶低。表 8-6 列出了几种主要成纤物质的相对分子质量。

表 8-6　几种主要成纤物质的相对分子质量

高聚物名称	尼龙-6 或尼龙-66	聚酯	聚丙烯腈	聚乙烯醇	等规聚丙烯
平均相对分质量	16000～22000	16000～20000	50000～80000	60000～80000	180000～300000

成纤高聚物的相对分子质量分布对纤维的性能影响很大。对于缩聚型的成纤高聚物，通常相对分子质量多分散系数为 1.5～3.0，而加聚型成纤高聚物相对分子质量多分散性则较大。例如，生产中采用的成纤聚丙烯，其多分散系数可达 5～7。

⑤ 应具有可溶性和熔融性　欲将高聚物制成纤维，必先将其溶解或熔融，再经纺丝、凝固或冷却形成纤维。因此要求高聚物具有可溶性或熔融性，否则不能制成纤维。

8.3.1.3　纤维的主要性能指标

(1) 纤度

表示纤维粗细的指标称纤度，有以下 3 种表示方法。

① 支数　单位质量（以 g 计）的纤维所具有的长度称支数。如 1g 重的纤维长 100m，称 100 支。对于同一种纤维，支数越高，表示纤维越细。但对不同纤维，因它们的密度不同，故它们的粗细不能用支数直接比较。

② 细度　一定长度的纤维所具有的质量。细度的单位是特克斯（tex），是指 1000m 长纤维所具有质量（g）。纤维越细，细度越小。如 1000m 长的纤维质量 5g，即为 5tex。

③ 旦（den）　旦是指 9000m 长的纤维所具有的质量（g）。如 9000m 长的纤维质量 3g，即为 3den。

(2) 断裂强度

纤维被拉断时所受的力称为纤维的断裂强度，可用下式表示。

$$P=\frac{F}{D} \tag{8-1}$$

式中　P——断裂强度，N/tex；

F——纤维被拉断时的负荷，N；

D——纤维的纤度，tex。

(3) 断裂伸长率（延伸率）

纤维的断裂伸长率是指纤维或试样在拉伸至断裂长度比原来增加的百分数，一般用 ε 表示。

$$\varepsilon=\frac{L-L_0}{L_0} \tag{8-2}$$

式中　L_0——纤维的原长，mm；

L——纤维拉伸至断裂时的长度，mm。

(4) 弹性模量（初始模量或杨氏模量）

纤维的弹性模量是指每单位截面积的纤维延伸原来的 1%所需的负荷，单位是 N/tex。弹性模量大的纤维尺寸稳定性好，不易变形，制成的织物抗皱性好；反之弹性模量小的纤维制成的织物容易变形。

(5) 回弹率

将纤维拉伸产生一定伸长，然后除去负荷，经松弛一定时间，测定纤维弹性回缩后的剩余伸长，可回复的弹性伸长与总伸长之比称为回弹率。

$$回弹率=\frac{L_D-L_R}{L_D-L_0}\times100\% \tag{8-3}$$

式中 L_0——纤维原来的长度，mm；

L_D——纤维拉伸后的长度，mm；

L_R——纤维除去负荷，经一定时间后恢复的长度，mm。

（6）吸湿性

纤维的吸湿性是指在标准温度和湿度（20℃±3℃，相对湿度65%±3%）条件下纤维的吸水性。一般用回潮率（R）或含湿率（亦称含水率，M）表示。

$$R 或 M=\frac{G_0-G}{G}\times100\% \tag{8-4}$$

式中 G——纤维干燥后的质量，g；

G_0——纤维未干燥的质量，g。

吸湿性低的纤维容易产生静电，不但给加工带来困难，而且易使织物附着尘土而被沾污。另外，吸湿性差的纤维制成织物，不易吸收人体排出的潮分，使人有闷热和潮湿的感觉。

除上述性能指标外，还有许多反映纤维实用性能的指标，如耐磨性、耐热性、燃烧性、耐候性、染色性、电绝缘性、耐腐蚀性等。

8.3.2 合成纤维的主要品种

合成纤维工业是在20世纪40年代才发展起来的。由于合成纤维性能优异、原料丰富、价格便宜、用途广泛，生产不受自然条件和气候的限制，因此合成纤维工业得到了迅速发展。目前，合成纤维的品种繁多，但其中最主要是聚酰胺、聚酯和聚丙烯腈三大类，三者的产量占合成纤维总产量的90%以上，此外，常用的还有聚丙烯纤维、维尼纶和芳纶等。

8.3.2.1 聚酰胺纤维

聚酰胺纤维是最早投入工业化生产的合成纤维，是指大分子主链中含有酰胺键的一类合成纤维。中国的商品名为锦纶，国外商品名有尼龙、卡普隆等，其产量位居第二。聚酰胺纤维一般有两大类：一类是由二元胺和二元酸缩聚而得，主链结构为：$\mathrm{+\!\!\!\!(NHR_1NHOCR_2CO)\!\!\!\!+_n}$，如己二胺和己二酸缩聚而得的PA-66（尼龙-66或锦纶-66）、由己二胺和癸二酸缩聚而得的PA-610等；另一类是由ω-氨基酸脱水缩聚或由内酰胺开环聚合而得，主链结构为：$\mathrm{+\!\!\!\!(NHRCO)\!\!\!\!+_n}$，如由己内酰胺开环聚合而得的PA-6（尼龙-66或锦纶-66）。

聚酰胺纤维主要品种有PA-6和PA-66，其物理性能相差不多。PA纤维最大的特点耐磨性特别好，强度很高，弹性恢复能力大，耐疲劳性好，经得起上万次折叠而不损坏，吸湿性和染色性都比涤纶好，耐碱而不耐酸，但PA的耐光性和保型性较差，长期暴露在日光下其纤维强度会下降，易变形不挺括。

锦纶有40%用于工业，主要用途是轮胎帘子线、渔网、运输带、绳索、滤布以及降落伞等军事用品。其他用于丝袜、衣料、纺织品等，尼龙鬃丝（即粗丝）用于做牙刷、网袋等。

8.3.2.2 聚酯纤维

聚醋纤维是大分子链中各链节通过酯基相连的成纤高聚物纺制而成的纤维（英文缩写为PET）。我国将含聚对苯二甲酸乙二酯组分大于85%的合成纤维称为聚酯纤维，商品名为涤纶。1941 年 Whinfield 和 Dickeon 用对苯二甲酸二甲酯（DMT）和乙二醇（EG）合成了聚对苯二甲酸乙二酯（PET），这种聚合物可通过熔体纺丝制得性能优良的纤维。1953 年美国首先建厂生产聚酯纤维。目前，聚酯纤维已成为发展速度最快、产量最大的合成纤维品种，占世界合成纤维总产量的 55%以上。随着有机合成和高分子科学与工业的发展，聚酯纤维新品种不断涌现，如具有高伸缩弹性的聚对苯二甲酸丁二酯（PBT）纤维及聚对苯二甲酸丙二酯（PTT）纤维，具有超高强度、高模量的全芳香族聚酯纤维等。

聚酯纤维（涤纶）是以对苯二甲酸二甲酯为原料，与乙二醇进行酯交换，再缩聚得到聚合物，然后将聚合物熔体铸带、切片。常用挤压熔融纺丝法，可制得聚酯纤维。聚酯短纤维的后加工包括集束、拉伸、上油、卷曲、热定形、切断、打包等工序；长丝的后加工包括拉伸加捻、热定形、络丝等。

聚酯纤维的力学性能优异，强度高、模量高、耐磨性好、延伸率适中、回弹性好（接近于羊毛），易保型挺括；涤纶除耐碱性差以外，耐其他试剂性能均较优良；耐微生物作用，不受蛀虫、霉菌等作用；吸水性低，加工及穿着时静电现象严重，织物透气性和吸湿性差。

作为纺织材料，涤纶短纤维可以纯纺，也特别适于与其他纤维混纺；既可与天然纤维如棉、麻、羊毛混纺，也可与其他化学短纤维如黏纤、醋酯纤维、聚丙烯腈纤维等短纤维混纺。其纯纺或混纺制成的仿棉、仿毛、仿麻织物一般具有聚酯纤维原有的优良特性，如织物的抗皱性和裙褶保持性、尺寸稳定性、耐磨性、洗可穿性等，又能使原有的一些缺点，如纺织加工中的静电现象和染色困难、吸汗性与透气性差、遇火星易熔成空洞等缺点，在一定程度上得以减轻和改善。涤纶加捻长丝（DT）主要用于织造各种仿丝绸织物，也可与天然纤维或化学短纤维纱交织，亦可与蚕丝或其他化纤长丝交织，这种交织物保持了涤纶的一系列优点。

聚酯纤维在工、农业及高新技术领域应用也日益广泛，如帘子线、输送带、绳索、电绝缘材料等。

8.3.2.3　聚丙烯腈纤维

聚丙烯腈纤维是指由聚丙烯腈或丙烯腈含量占 85%以上的线型聚合物所纺制的纤维，我国的商品名称为腈纶。20 世纪 30 年代初期，德国 Hoechst 化学公司和美国 Du Pont 公司就已着手聚丙烯腈纤维的生产试验，并于 1942 年取得以二甲基甲酰胺（DMF）为聚丙烯腈溶剂的专利，1950 年正式投入工业化生产。目前的世界产量占第三位。

由于丙烯腈均聚物分子链上的氰基极性很大，使分子间作用力很强，分子排列致密，从而使纤维硬而脆，难于染色。为了克服这些缺点，在实际生产中，常加入带有长链的丙烯酸酯（5%～10%）和有极性的衣康酸（即亚甲基丁二酸，1%～2%）等第二、三单体进行共聚，前者为了增加弹性，后者引入羧基增加可染性。

丙烯腈共聚物加热只发生分解而不熔融。所以，只能采用溶液纺丝法进行纺丝。一般采用将单体以及其他助剂，在能溶解共聚物的溶剂中进行聚合，常用的溶剂有二甲基甲酰胺、二甲基乙酰胺、硫氰酸钠的浓水溶液、硝酸的浓水溶液等，聚合终了后所得到的共聚物溶液，直接进行纺丝。其纺丝方法有湿法和干法两种。湿法纺丝主要用于生产腈纶短纤维；干法纺丝时，用二甲基甲酰胺为溶剂生产腈纶长纤维。由于聚丙烯腈纤维绝大多数产品都是短纤维，所以是以湿法纺丝为主。纤维的后加工工序包括集束、拉伸、水洗、上油、干燥、热定形、卷曲、切断、打包等工序。

腈纶的主要特点是质轻保暖，染色鲜艳而牢固，防蛀，防霉，耐候，耐日晒，回弹性好、手感舒适，并具有较强的耐污染、耐磨、耐洗和抗褶皱等性能，其中具有热弹性和极好的日晒牢度是腈纶最突出的优点，但其吸湿性较低。

腈纶很像羊毛，故以“人造羊毛”著称。由于其具有很多优良性能，因此广泛用于混纺或纯纺，制成哔叽呢、华达呢、大衣呢、针织品、毛毯、长绒织物以及缩绒拉毛织物等。如与棉的混纺织物用作衬衫、毛线衫、运动衫、妇女服装、童装及雨衣布等；与毛混纺纱线常用作针织衫、围巾、手套、袜子等；与黏胶纤维混纺的织物常作为春秋外套料子、一般服装等。代替部分羊毛制作毛毯和地毯等织物，代替羊毛或与羊毛混纺制作编织毛线、装饰植绒和制备其他保暖衣物；此外，腈纶经特殊处理后具有仿真丝和抗菌能力，作为运动鞋垫布、内裤等特别合适。由于其耐候与耐日晒，可制作室外织物，如旗帜、滑雪外衣、猎装、船罩、船帆、炮衣、帐幕、窗帘等。

聚丙烯腈中空纤维膜具有透析、超滤、反渗透、微过滤等功能。以 PAN 中空纤维组成的装置可用于混合流体的选择性分离、浓缩和净化等。例如，用于医用无菌水的制造，人工肾，人工肝，血液透析超滤器，血液浓缩器等。还可用于超纯水的制造，污水的处理和回用等。

8.3.2.4 聚丙烯纤维

聚丙烯纤维（亦称 PP 纤维或丙纶）是 20 世纪 60 年代才开始工业化生产的新纤维品种。纤维生产使用的是等规度大于 95%的等规聚丙烯。

由于聚丙烯纤维原料来源丰富，生产过程简单，成本低，应用广泛。20 世纪 70 年代以后，聚丙烯纤维生产发展迅速，已成为合成纤维的第四大品种。预计今后 10 年聚丙烯纤维还会以较快的速度增长。

聚丙烯是以丙烯为原料进行定向聚合，得到等规聚丙烯树脂，然后采用熔融纺丝法纺丝，纤维的后加工过程与聚酯纤维基本相似。

聚丙烯纤维的首要特点是具有很好的强度，能与高强力的聚酯、聚酰胺媲美；具有很好的耐磨性和弹性。此外聚丙烯纤维相对密度为 0.91，是目前所有化学纤维中最小的一种。聚丙烯纤维还具有良好的耐腐蚀性，特别是对无机酸、碱都具有很好的稳定性。同时它不发霉、不腐烂、不怕虫蛀，但对有机溶剂的稳定性稍差。短纤维具有较高的蓬松性和保暖性。聚丙烯纤维的主要缺点是耐光性和染色性差，耐热性也不够好，吸湿性及手感性差。

聚丙烯纤维产品很多，较常见的有长丝、短纤维、鬃丝等，它可以纯纺或与其他纤维混纺用作衣料。工业上常用于制作绳索、渔网、帆布、水龙带、包装材料、滤布、工作服、地毯基布等。

8.3.2.5 聚乙烯醇纤维

聚乙烯醇纤维是合成纤维的主要品种之一，其常规产品是聚乙烯醇缩甲醛纤维。我国简称维尼纶或维纶（代号为 PVA）；产品大多是短纤维，其性状颇与棉花相似。维尼纶于 1950 年在日本实现工业化生产。我国第一个维纶厂于 1964 年建成投产，目前我国维纶的年生产能力和产量均居世界首位。维尼纶是世界上合成纤维第五大品种。

聚乙烯醇纤维是以乙酸乙烯为原料，先聚合得聚乙酸乙烯，再经醇解，得聚乙烯醇。聚乙烯醇和聚丙烯腈一样不能熔融，所以采用溶液纺丝制成纤维，通常以水为溶剂，进行湿法纺丝。经拉伸等工序后，进行热处理，用甲醛进行缩醛化后制得聚乙烯醇纤维，缩醛度控制在 30%～35%。湿法纺丝主要生产短纤维，干法纺丝生产长纤维。

由于聚乙烯醇纤维原料易得，性能良好，用途广泛，性能近似棉花，因此有“合成棉花”之称。聚乙烯醇纤维是现有合成纤维中吸湿性最大的一个品种，在标准状态下其吸湿率可达 4.5%～5%，与棉花接近；它的耐磨性好，比棉花高 5 倍；强度高，是棉花的 1.5～2 倍。此外，耐腐蚀性好，不仅耐酸耐碱，并能耐一般的有机酸、醇、酯及石油等溶剂；耐日晒、不发霉、不腐烂。其主要缺点是耐热水性差，在湿态下加热到 150℃时将发生显著收缩；易褶皱；染色性差。

聚乙烯醇纤维的最大用途是与棉花混纺做成各种维棉混织物。此外工业上还用作帆布、防水布、滤布、输送带、包装材料、渔网及河上作业用绳缆等。

8.3.3　特种合成纤维

随着工业的发展，特别是高新技术领域、航空航天、原子能工业等的发展，对纤维提出许多新的、特殊的要求，如要求纤维耐高温和低温、耐辐射、耐腐蚀、耐燃、高温绝缘等，于是人们开发了一系列特种用途的纤维。

8.3.3.1　耐高温纤维

（1）碳纤维（CF）

它是无机类高强度高模量纤维的代表，纤维的化学成分中碳元素占总质量 90%以上。碳纤维只能通过高分子有机纤维的固相炭化而制得，工业上是以纤维素纤维、聚丙烯腈纤维及沥青纤维为原丝通过固相炭化制得碳纤维的。用腈纶制造碳纤维的反应如下：

```
      CH2      CH2      CH2         300 ~ 500℃
  \  /   \   /   \   /   \  /     ------------>
   CH      CH      CH      CH         预氧化
   |       |       |       |
   C       C       C       C
   ⫴       ⫴       ⫴       ⫴
   N       N       N       N

      CH2      CH2      CH2        1400℃
  \  /   \   /   \   /   \  /    -------> 碳纤维
   CH      CH      CH      CH
   |       |       |       |
   C       C       C       C
  / \\    / \\    / \\    / \\
     N       N       N       N
```

碳纤维具有与石墨类似的结构，是一种高强度和高耐热性的高性能纤维材料，强度高于一般金属丝，而密度却非常小，可耐 3000℃以上的高温，耐腐蚀，良好的导电性和导热性。因此是宇宙飞行、火箭、喷气技术以及工业高温、防腐蚀领域的良好原料。

碳纤维复合材料被称为先进复合材料，可利用碳纤维复合材料做大型卡车和高速列车的车厢，以可减轻车身自重，增加有效载重量；也可应用于高精度天线、卫星天线等电子装备上。可用于制造高强度体育运动器材，如钓鱼竿、高尔夫球杆、网球拍、赛艇、自行车、滑雪器材等方面。由于碳纤维的生物相容性好，可用于制造人工骨、人造关节、假肢等。

（2）芳香族聚酰胺纤维

由芳香族聚酰胺经液晶溶液纺丝得到的纤维即为芳香族聚酰胺纤维（Aramid 纤维，我国称芳纶）。其主要品种有：聚间苯二甲酰间苯二胺纤维（商品名为 Nomex，我国称芳纶 1313），聚对苯二甲酰对苯二胺纤维（商品名为 Kevlar，我国称芳纶 1414）。

芳纶和脂肪族聚酰胺纤维相比，其性质和用途有很大区别，芳纶 1313 耐高温性好，不会熔融；芳纶 1414 强度高、模量高又耐高温，比强度高于玻璃纤维和碳纤维。芳纶已广泛用于航空航天工业和军事用途，如波音 757、767 等飞机的壳体、防弹背心、头盔、降落伞、特种缆绳等。Kevlar 纤维的问世，代表着合成纤维在高强度、高模量和耐高温的高性能化上达到了一个新的里程碑，成为高技术纤维工业的先驱，占有很重要的地位。

8.3.3.2 其他特种合成纤维

（1）耐腐蚀纤维

主要是聚四氟乙烯纤维，此外还有四氟乙烯-六氟乙烯共聚物纤维等。聚四氟乙烯纤维的商品名为氟纶。聚四氟乙烯纤维采用特殊的乳液纺丝法制得。这是借助于一种可纺性很好的物质作载体，使聚四氟乙烯均匀地分散于该载体中呈乳液状态，然后按载体常用的方法使之纺丝成型。目前常用的纺丝载体有纺黏胶纤维用的黏胶和纺维纶用的聚乙烯醇水溶液。得到的纤维经拉伸后，在高温下进行烧结，此时载体炭化，而其中聚四氟乙烯颗粒则在黏流温度下粘连而成为纤维。

聚四氟乙烯由于它独特的耐腐蚀性能而广泛应用于化工防腐设备的密封填料、衬垫、过滤材料；由于它能耐高温及难燃，可用作军用器材的防护用布及宇宙航行服以及医用材料等。

（2）弹性纤维

弹性纤维是指具有类似橡胶丝那样的高伸长性（>400%）和回弹力的一种纤维。通常这类纤维经纯纺或混纺成织物，供各种紧身衣着用，如内衣、运动衣、游泳衣及各种弹性织物。目前主要品种有聚氨酯弹性纤维和聚丙烯酸酯弹性纤维。

（3）阻燃纤维

能抑止、延缓或阻止燃烧的合成纤维称为阻燃纤维。含氟纤维、聚氯乙烯和聚偏氯乙烯纤维等本身就具有阻燃特性，大部分合成纤维则必须通过阻燃处理来提高其阻燃性。纤维的阻燃技术如下：①在纺丝原液中添加阻燃剂；②与阻燃单体（如氯乙烯）共聚、共混或接枝以合成耐热性的聚合物；③对纤维制品进行阻燃后加工。阻燃纤维的织物已广泛用于制作窗帘、幕布、地毯、床上用品、消防服、工作服等。主要的品种有氯乙烯和丙烯腈共聚纤维及氯乙烯与聚乙烯醇接枝共聚纤维。

8.4 胶黏剂与涂料

8.4.1 胶黏剂

胶黏剂又称黏结胶、黏合剂，简称为胶，是能把两种或两种以上同质或异质的物件（或材料）紧密地胶接在一起，固化后在结合处具有足够强度的物质。借助胶黏剂将各种物件连接起来的技术称为胶接（黏结、黏合）技术。因此作为胶黏剂在胶接的某个阶段是流体，能在被胶接物的表面良好浸润，而后在一定条件（温度、压力、时间等）下固化，使被胶接物形成一个牢固的整体。天然产物胶黏剂已应用有几千年之久，直到20世纪30年代随着工业发展的需要及高分子材料工业的发展，出现了以合成高分子材料为基料的合成胶黏剂。

8.4.1.1 胶黏剂的组成

胶黏剂一般是多组分体系，除主要成分（基料）外，还有许多辅助成分，可对主要成分起到一定的改性或提高品质的作用。合适地选择辅助成分的品种和数量，可使胶黏剂的性能达到最佳。通常，胶黏剂可包括如下组分。

① 黏料　黏料是构成胶黏剂的基本组成，通常由一种或多种高聚物所组成，高聚物的种类和用量不同，对胶接强度和胶接工艺有着决定性作用。

② 固化剂　固化剂是使高聚物由线型结构变成网状或体型结构的物质。为了使胶黏剂

固化而发生胶接作用，应按黏料的特性和形成固化胶膜的要求来选择固化剂。

③ 溶剂 胶黏剂有溶剂型和无溶剂型，加入溶剂主要用于溶解黏料和调节黏度，以便于使用，选择时应考虑其挥发程度。溶剂的种类和用量与胶接工艺密切相关。

④ 活性稀释剂 有时为了减少胶黏剂中挥发剂成分的含量，可加入活性稀释剂。活性稀释剂同样可以降低胶液黏度，并在固化过程中参与固化反应，如环氧丙烷苯基醚等。

⑤ 增韧剂 为降低胶层的脆性和提高韧性而加入的助剂。增韧剂有两种：一种是与树脂相容性良好，但不参与固化反应的非活性增韧剂，如邻苯二甲酸二丁酯、邻苯二甲酸二辛酯等，实际上是一种增塑剂；另一种是能与树脂起反应的活性增韧剂，如低分子聚酰胺等。

⑥ 填料 它是为降低固化时的收缩率和降低成本而加入的惰性物质。有时能改善性能，如提高强度、弹性模量、冲击韧性和耐热性等。

⑦ 其他辅料 如稳定剂、偶联剂、色料等。

8.4.1.2 胶黏剂的分类

(1) 按照主要组成和来源分类

胶黏剂可以分为天然胶黏剂和合成胶黏剂。天然胶黏剂主要有动物胶和植物胶两大类，如皮胶、骨胶、血胶、鱼胶等属于动物胶；淀粉、松香、阿拉伯树胶等为植物胶。用人工方法合成的胶黏剂统称为合成胶黏剂，根据黏料的不同，合成胶黏剂又分为合成树脂型（包含热塑性树脂和热固性树脂两类）、合成橡胶型和橡胶-树脂型三大类，合成胶黏剂比天然胶黏剂具有更高的粘接强度，其产量占胶黏剂总量的 60%～70%。

(2) 按照胶接强度特性分类

胶黏剂有结构型胶黏剂、非结构型胶黏剂。结构型胶黏剂在使用环境下能传递被粘物质所承受的负荷，因此必须具有足够的胶接强度。这类胶黏剂常用热固性树脂（如环氧树脂、酚醛树脂等）或橡胶-树脂型黏料（如环氧树脂-丁腈橡胶）配成。非结构型胶黏剂不能传递较大应力，常用热塑性树脂、合成橡胶为主要组分，主要应用于胶接强度不太大的非结构部件。

(3) 按照固化形式分类

胶黏剂可分为溶剂挥发型、反应型和热熔型。溶剂型胶黏剂的固化特点是：溶剂从胶接端面挥发，或者因被胶物自身吸收而消失，形成黏结膜而发挥黏结力，这是一种纯粹的物理可逆过程。反应型胶黏剂的固化特点是：由不可逆的化学反应引起固化，这种化学变化是在基体化合物中加入固化剂，通过加热或不加热发生化学反应。热熔型胶黏剂是以热塑性的高聚物为主要成分，由不含水或溶剂的粒状、圆柱状、块状、棒状、带状或线状的固体聚合物通过加热熔融胶接，随后冷却固化发挥胶接力。

此外，胶黏剂还可按外观形态分为溶液型、乳胶型、膏糊型、粉末型、薄膜型、固体型等；也可按用途分为通用胶和特种胶。

8.4.2 涂料

涂料是应用于物体表面而能结成坚韧保护膜的物料的总称，多数是含有或不含颜料的黏液，俗称“油漆”。自古以来，人们就用植物油和天然漆来涂饰物品的表面。但是涂料作为化工产品的生产仅有 100 多年，直到 20 世纪由于各种合成树脂获得迅速发展，用它们作主要成分来配制的涂覆材料已逐渐代替了天然油漆，这些涂覆材料被更广义地称为“涂料”。

8.4.2.1 涂料的作用和应用范围

涂料的作用体现在四个方面。

① 装饰作用　涂料用于装饰，涂覆在物体表面或建筑物上，赋予鲜艳的色彩，给人以视觉美感。

② 保护作用　它可以保护材料免受或减轻各种损害和侵蚀。例如，金属的锈蚀，木材和塑料制品的保护，防火涂料的使用，古文物的保护等。

③ 色彩标志作用　涂料涂覆在工厂设备、管道、容器及道路上起着色彩标志作用。

④ 其他特殊作用　涂覆在电机内起绝缘作用，涂覆在船舶底部能防污，杀死附着于船底的海生物。涂料还可以涂覆在物体表面，通过颜色变化表示温度的变化。军事设施上的防红外线伪装涂料，火箭和宇宙飞船表面上的耐烧蚀涂料等。

从上述可见，涂料是一种可借特定的施工方法涂覆在物体表面上，经固化形成连续性涂膜的材料，通过它可以对被涂物体进行保护、装饰和其他特殊的作用。涂料已经成为国民经济及人们生活不可缺少的材料。

8.4.2.2　涂料的组成

涂料是多组分体系，基本上由以下几种成分组成。

(1) 成膜物

也称胶黏剂或基料，是涂料最主要的成分，没有成膜物的表面涂覆物不能称为涂料。成膜物的性质对涂料的性能起主要作用。它是由植物油、天然树脂和合成树脂等组成，在成膜前可以是聚合物也可以是低聚物，但涂料成膜后都形成聚合物膜。作为成膜物还必须与物体表面和颜料具有良好的结合力。

成膜物可以分为两大类：一类是转化型或反应型成膜物；另一类是非转化型或挥发型成膜物。前者在成膜过程中有化学变化，形成网状交联结构。因此，成膜物为热固性聚合物的预聚体，如环氧树脂、醇酸树脂等；后者在成膜过程中未发生任何化学反应，成膜仅是溶剂挥发，成膜物为热塑性聚合物，如纤维素衍生物、氯丁橡胶、热塑性丙烯酸树脂等。

(2) 颜料

主要起遮盖和赋色作用。一般为 0.2～10μm 的无机或有机粉末，无机颜料如铅铬黄、锡黄、铁红、钛白粉等，有机颜料如炭黑、酞菁蓝等。有的颜料除了遮盖和赋色作用外，还有增强、赋予特殊性能、改善流变性能、降低成本的作用。具有防锈功能的颜料如锌铬黄、红丹、磷酸锌等。

(3) 溶剂

通常是用以溶解成膜物的易挥发有机液体和水。涂料涂覆于物体表面后，溶剂基本上应挥发尽，不是一种永久性的组分，但溶剂对成膜物质的溶解力决定了所形成的树脂溶液的均匀性、漆液的黏度和漆液的贮存稳定性，溶剂的挥发性会极大地影响涂膜的干燥速率、涂膜的结构和涂膜外观的完美性。常用的有机溶剂有：甲苯、二甲苯、丁醇、丁酮、乙酸乙酯等。溶剂的挥发是涂料对大气污染的主要根源，溶剂的安全性、对人体的毒性也是在选择溶剂时所应要考虑的。涂料的上述三组分中溶剂和颜料有时可被除去，没有颜料的涂料被称为清漆，而含颜料的涂料被称为色漆。粉末涂料和光敏涂料（或称光固化涂料），则属于无溶剂的涂料。

(4) 助剂

除了上述三种主要组分外，涂料中一般都加入其他添加剂，分别在涂料生产、贮存、涂装和成膜等不同阶段发挥作用，如增塑剂、湿润分散剂、浮色发花防止剂、催干剂、抗沉降剂、防腐剂、防结皮剂、流平剂等。

8.4.2.3 涂料的分类

涂料的品种很多，可从不同角度进行分类，但最常见的分类方式是按主要成膜物质的不同加以分类，并已国家标准化（GB 2705—81），共分为 17 大类，另将辅助材料定为一大类，共计 18 大类，见表 8-7。前 4 类，即油脂涂料、天然树脂涂料、酚醛树脂涂料和沥青涂料常称为油基涂料（或油基漆），习惯称为低档漆。第 5～17 类称为合成树脂涂料（或合成树脂漆），习惯称为高档漆。

表 8-7 涂料产品分类

序号	代号	涂料产品类别	代表性成膜物质
1	Y	油脂涂料	天然植物油、清油(熟油)
2	T	天然树脂涂料	松香及其衍生物、虫胶、乳酪素、动物胶、大漆及其衍生物、天然资源产生或加工后的物质
3	F	酚醛树脂涂料	纯酚醛树脂、改性酚醛树脂、二甲苯树脂
4	L	沥青涂料	天然沥青、煤焦沥青、石油沥青
5	C	醇酸树脂涂料	醇酸树脂及改性醇酸树脂
6	A	氨基树脂涂料	脲醛及三聚氰胺甲醛树脂及改性氨基树脂
7	Q	硝基涂料	硝化纤维素及改性生成物
8	M	纤维素涂料	醋酸纤维素、苄基纤维素、醋酸丁酯纤维素、羧甲基纤维素
9	G	过氯乙烯涂料	过氯乙烯树脂及改性过氯乙烯树脂
10	X	乙烯树脂涂料	聚氯乙烯及其共聚物、聚乙酸乙烯、聚乙烯醇缩丁醛、聚苯乙烯、石油树脂等
11	B	丙烯酸树脂涂料	丙烯酸树脂及其共聚物、改性树脂
12	Z	聚酯树脂涂料	饱和聚酯及不饱和聚酯
13	H	环氧树脂涂料	环氧树脂及其改性树脂
14	S	聚氨酯涂料	聚氨酯树脂
15	w	元素有机涂料	有机硅、有机钛、有机铝树脂
16	I	橡胶涂料	天然橡胶、合成橡胶及其衍生物
17	E	其他涂料类	以上 16 种不包括的成膜物质，如无机高聚物、聚酰胺、聚酰亚胺等
18	—	辅助材料	稀释剂、防潮剂、催干剂、固化剂等

涂料的目体品种、配方、制造、涂装与应用，本节不作介绍，读者可参照相关资料。

8.5 功能高分子

功能高分子，又称精细高分子，是指对外来的热、光、应力、电、磁等各种刺激反应敏锐并表现出选择性和特异性功能的高分子材料。其功能包括化学功能、物理功能和医疗生物功能三大类（表 8-8），但不包括超高温度、高耐热性等高性能材料，也不包括注射器等一般性医用材料。

表 8-8 功能高分子材料的分类

功能		举例
化学功能	分离功能	离子交换树脂，分离膜，高分子絮凝剂，超强吸水剂，微胶囊
	催化和试剂功能	高分子催化剂，金属配位高分子，固定化酶，高分子试剂
物理功能	电学功能	导电高分子，高分子半导体，高分子驻极体
	光学功能	光电高分子，光致变色高分子，感光树脂，光降解高分子
医疗、生物功能	高分子医疗材料	手术缝合线，高分子药物，医用胶黏剂
	人工脏器	人工血管，人工肺，人工肾
	修复性医用高分子材料	人工角膜，人工骨，人造皮肤，齿科材料，美容材料

8.5.1 离子交换树脂与离子交换膜

8.5.1.1 离子交换树脂

离子交换树脂是具有离子官能团的网状结构多孔性树脂。这些官能团由两种电荷相反的离子组成：一种是以化学键结合在大分子链上的固定离子（可以是阳离子，也可以是阴离子）；另一种是与离子键与固定离子结合的反离子。在一定条件下，这种官能团的反离子能离解出来，与周围的外来离子相互交换，从而起离子交换功能。

依据所含离子类型，可分为阳离子交换树脂和阴离子交换树脂两大类，又可分为强酸、弱酸和强碱、弱碱等几种型号。按功能又分通用离子交换树脂、螯合树脂、氧化还原树脂和吸附树脂等。依据高分子骨架的不同，可分为苯乙烯型、酚醛型、环氧型等，但使用最多的是苯乙烯型。

典型的苯乙烯型离子交换树脂制造原理在 5.2.1.2 中已述及，这里不再赘述。需强调的是，为使功能化反应更完全，常在聚合时加致孔剂（如二氯乙烷），可得大孔型离子交换树脂，它具有强度大、交换快、耐氧化、不易受有机物污染等优点。不加致孔剂的称为凝胶型，珠粒中几乎不含孔隙，不利于功能化反应和应用时的离子交换反应。

离子交换树脂的应用主要是利用其离子交换功能进行离子分离、溶液浓缩和净化，例如硬水软化、高纯净水的制备、食品的精制、铀的提取、裂变产物的分离、抗菌素的提取等。此外，还可用作某些化学反应的催化剂以及酶和药物的载体等。

8.5.1.2 离子交换膜

离子交换膜与离子交换树脂就化学组成而言，两者几乎一样，只是形状不同。但它们的作用机理存在很大差别，前者是在电场作用下对溶液中的离子进行选择性透过，而后者如上所述是树脂上的离子与溶液中的离子进行交换。两者使用上亦不同，离子交换树脂只能间隙操作，需再生，而离子交换膜可连续操作，不需再生。

离子交换膜种类繁多，有异相膜、半均相膜、均相膜、复合膜等。制膜聚合物基体大多数是苯乙烯-二乙烯基苯共聚物，还有聚乙烯、含氟聚合物、聚乙烯吡啶等。从功能基分类则有磺酸基阳离子交换膜、季氨基阴离子交换膜等。

离子交换膜制备工艺复杂，其中制备工艺最简单的是异相膜，这是将磺酸型阳离子交换树脂或季铵型阴离子交换树脂研磨成 200 目的细粉与作为黏合剂的聚乙烯、聚异丁烯一起混炼后，热压成膜，再压合上锦纶等增强网布而成。由于存在黏合剂，异相膜的电阻比均相膜的大。

均相膜和半均相膜是用含浸法、流延法、刮浆法、浸胶法、切削法等方法制备。例如我国的 F-101、F-102 和 F-103 膜是以聚偏氟乙烯为基膜含浸了苯乙烯和二乙烯基苯单体，进行聚合后再分别引入磺酸基、季氨基、磷酸基制成的。刮浆法是生产离子交换膜最主要的方法，是将未带离子交换功能基团的线型聚合物溶解或分散在可引入离子交换基的烯类单体及交联剂等混合液中，调成糊状，涂刮到增强网布上，聚合得基膜，再通过高分子化学反应引入离子交换功能基，制成各种交换类型的离子交换膜。浸胶法是将增强用网布经含离子交换功能基的聚合物胶浆浸渍后，挥发掉溶剂制成膜的，此法利于大型自动化连续生产。流延法消耗大量溶剂，切削法操作难度大，在此不作细述。

优质离子交换膜从应用角度要求具备下列性能：①离子迁移数高，而离子选择透过性好；②膜电阻低；③机械强度大；④化学稳定性、耐药品性、耐膜面污染性均好；⑤因自由扩散引起的盐类及水的迁移小；⑥使用中尺寸稳定性好，使用寿命长；⑦容易使用与保养；⑧膜成本低。

离子交换膜主要用于电渗析、作电极反应的隔膜以及用于扩散渗析、离子选择性电极等方面。

8.5.2　高分子催化剂与固定化酶

将小分子催化剂高分子化或负载在高分子上便得到高分子催化剂。高分子载体可以是不溶性的，也可以是可溶性的。高分子催化剂有如下优点。

① 反应后处理简单，可回收并反复使用。高分子催化剂为多孔性固态颗粒，反应后只需过滤便可与液体产品分离，提高生产效率，降低成本，而且易于获得高纯度产品。

② 反应活性和选择性高。由于催化活性中心被高分子链隔离，不易缔合，能自由发挥作用，因而催化活性高许多。同时由于活性中心被包裹在卷曲的高分子链内，反应物必须进入高分子链的空隙才能接近活性中心，因而造成高的选择性。

③ 稳定性好。一般小分子催化剂在空气中放置非常容易失活，但接到高分子链上后，稳定性大为增加。

8.5.2.1　离子交换树脂催化剂

从强酸型的磺化聚苯乙烯离子交换树脂到强碱型的高分子负载氢氧化铁，各种酸型和碱型的离子交换树脂可分别用作高分子酸催化剂和碱催化剂。一些常用的离子交换树脂催化剂及其应用见表 8-9。

表 8-9　一些常用的离子交换树脂催化剂及其应用

离子交换树脂	应　用
●—C_6H_4—SO_3H	酯、烯胺、酰胺、缩氨酸、蛋白质、糖等的水解；α-氨基酸、脂肪酸、烯烃、葡萄糖等的酯化；缩醛、缩酮的合成；缩合反应；脱水反应等
●—COOH	水解反应、酯化反应
●—C_6H_4—$CH_2\overset{+}{N}R_3$　OH^-	酯的水解、脱卤化氢、缩合、水合、酯化反应等
●—C_5H_4N（吡啶基）	酰化反应

8.5.2.2　高分子负载 Lewis 酸和超强酸

用合适的溶剂将高分子载体溶胀后，加入 Lewis 酸充分混合作用，再将溶剂除去，便可得到牢固地负载有无水 Lewis 酸、对水不敏感的高分子催化剂。如用交联聚苯乙烯负载 $AlCl_3$，得到的温和 Lewis 酸催化剂可用于缩醛化反应和酯化反应。

强质子酸功能化的高分子载体负载 Lewis 酸后便可得到高分子超强酸。如果用聚苯乙烯作载体，所得超强酸有些不稳定，在使用过程中会发生降解。若用全氟化的聚合物载体负载全氟烷基磺酸，所得超强酸的稳定性要高得多，可用于多种用途，如：

$$-\!\!\left(CF_2CF_2\right)\!\!-_m\left(-OCF_2\underset{\underset{OCF_2CF_2SO_3H}{|}}{\overset{\overset{CF_3}{|}}{C}}F-\right)_n$$

该高分子超强酸可用于烷基转移反应、醇的脱水反应、重排反应、烷基化反应、炔烃的水合反应、醋化反应、硝化反应、Friedel-Craft 酰化反应等。

8.5.2.3 高分子相转移催化剂

在一些液-液、液-固异相反应体系中加入相转移催化剂可大大地加快反应速率。常用的相转移催化剂主要有两大类：一类是亲油性的㖞盐（如季铵盐和磷㖞盐），它们可通过离子交换作用，与阴离子形成离子对，从而可将阴离子从水相中转移到有机相中；另一类是冠醚和穴状配体，它们可与阳离子形成络合物，从而可将与阳离子配对的阴离子从水相中转移到有机相中。高分子相转移催化剂除能保持小分子相转移催化剂的催化能力外，还能消除小分子相转移催化剂使用过程中的乳化现象。高分子相转移催化剂可重复使用，因而可降低成本，而且可以克服冠醚类催化剂的毒性问题。通常在催化剂与高分子骨架之间插入间隔基团，以利于提高高分子相转移催化剂的活性。常见的一些高分子相转移催化剂及其应用见表 8-10。

表 8-10 常见的一些高分子相转移催化剂及其应用

相转移催化剂	应用于 $RY+Z^- \longrightarrow RZ$
季铵盐	
●—$(CH_2)_n$—$\overset{+}{N}RR'$ X^- （X=Cl,Br,F,I,$HCrO_4$,OCN,OH,SCN 等）	Z=卤离子,CN,PhS,N_3,ArO,AcO 等
●—R—$\overset{+}{N}R_3$ X^- [R=—$CH_2OCO(CH_2)_n$—;—$CH_2NHCO(CH_2)_{10}$—]	Z=CN,I
●—$C_5H_4\overset{+}{N}$—R X^- （X=Cl,Br 等）	Z=卤离子等
磷㖞盐	
●—R—$\overset{+}{P}(nBu)_3$ X^-	$Z^-=Cl^-,I^-,CN^-,AcO^-,ArO^-,ArS^-,ArC^-HCOMe,N_3^-,SCN^-,S^{2-}$
冠醚和穴状配体	
●—R—(冠醚) ●—R—C(Me)(冠醚)	$Z^-=CN^-$
●—R—(穴状配体) ●—R—(苯并穴状配体)	$Z^-=I^-,CN^-$

8.5.2.4　高分子固定化酶

有一类重要的高分子催化剂是高分子固定化酶。酶是一类相对分子质量适中的蛋白质，存在于所有活细胞中，酶是生物体内几乎所有化学反应的催化剂。与常规催化剂相比，酶作为催化剂最大的特点是高活性、高效率和专一性。许多在工业上需要高温高压才能进行的反应，在生物体内由酶催化只需常温常压条件即可进行。酶催化剂的缺点在于酶的稳定性不好，很容易变性失活，且大多数酶具有水溶性，使用后无法回收。酶的这一性质大大限制了它在工业上的直接应用。从 20 世纪 50 年代起，人们开始研究通过固定化技术制备“固化酶”，已经取得了很大成功，开拓了酶在有机合成等领域里的应用范围，如用于氧化、还原、重排、水解、异构化等各类反应，在化学工业、食品工业、分析领域、医学诊断、医药等方面有着广泛的应用。

由于酶的固化也采用了一些功能化和高分子化方法，因此也属于功能高分子材料范畴。下面简要介绍与这一技术有关的酶固化方法。

从固化方法的原理划分，酶的固化方法可以分成化学法和物理法两种。

化学法包括交联法和载体结合法。交联法是采用交联剂通过与酶表面的基团将酶交联起来，构成相对分子质量更大的蛋白分子使其溶解性降低，成为不溶性的固化酶；载体结合法则是通过化学反应生成化学键将酶连接到一定载体上，使之成为不溶性的固化酶。固定化酶的高分子载体材料一般可分为两大类：天然高分子载体材料和合成高分子载体材料。常见的作为固定化酶的高分子载体见表 8-11。

表 8-11　常见的作为固定化酶的高分子载体

载体种类	载体	酶	载体种类	载体	酶
天然高分子	壳聚糖	环糊精葡萄糖基转移酶	合成高分子	聚丙烯腈树脂	葡萄糖异构酶
	ABSE 接枝淀粉	葡萄糖异构酶		尼龙	果胺酶
	羊毛	地衣芽孢杆菌产碱性蛋白酶		甲基丙烯酸缩水甘油酯共聚物	青霉素酰化酶
	海藻酸钠	马铃薯多酚氧化酶		聚甲基丙烯酸甲酯	葡萄糖淀粉酶

物理法包括网络包埋法、微胶囊法和吸附法等。网络包埋法和微胶囊法都是使酶被包埋或用微胶囊包裹起来，使其不能在溶剂中自由扩散。但是被催化的小分子反应物和产物应当可以自由通过包埋物或胶囊外层，使之与酶催化剂接触。吸附法则将酶吸附在多孔粒子（吸附剂）表面。如图 8-3 所示为这几种方法的结构原理。

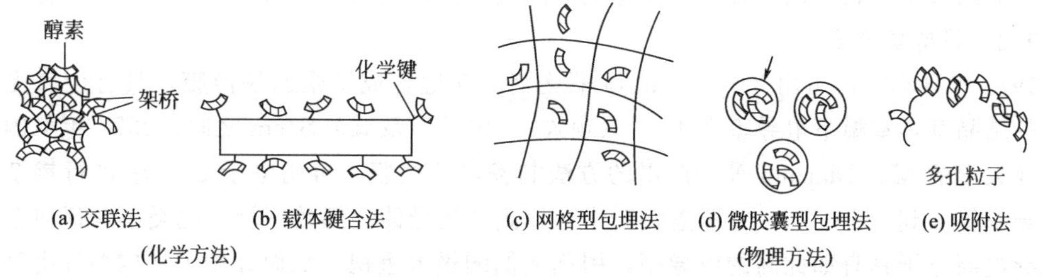

图 8-3　酶的固定化技术

8.5.3 光敏高分子与导电高分子

8.5.3.1 光敏高分子

光敏高分子又称感光树脂，是具有光敏性能的高分子物质。高分子的光敏现象是指高分子吸收了光能量后，在分子内或分子间产生化学的或结构的变化，如交联、降解、重排等。但是吸收光的过程并非一定是高分子本身，也包括与其共存的感光性化合物（光敏剂），吸收了光能后再引起高分子化学和结构的变化。

光敏高分子根据光照后物性的变化可分为光致不溶解型、光致溶解型、光降解型、光导电型、光致变色型等。根据感光基团的种类可分为重氮型、叠氮型、肉桂酰型、丙烯酸型等。根据骨架聚合物可分为 PVA 系、聚酯系、尼龙系、丙烯酸酯系、环氧系、氨基甲酸酯系等。根据光反应的种类有光交联型、光聚合型、光氧化还原型、光二聚型、光分解型等。根据聚合物的形态或组分可分为光敏性化合物-高分子型、带感光基的高分子型和光聚合组成型。

最早开发也是最典型的感光材料是聚乙烯醇肉桂酸酯，该聚合物受光照后双键打开，发生二聚化而交联固化。

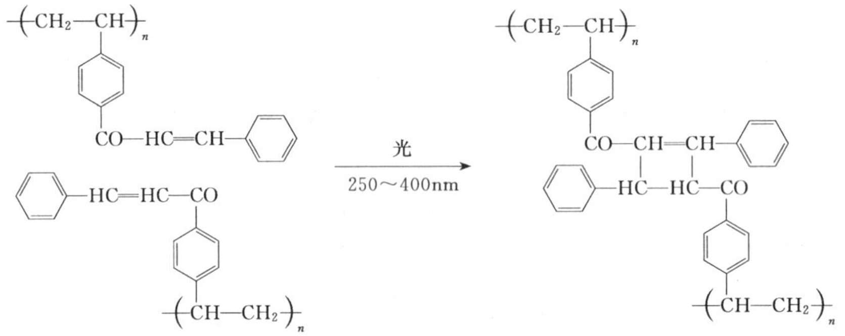

$$\xrightarrow[250\sim400\text{nm}]{\text{光}}$$

光敏高分子已被广泛用于印刷工业的各种制版材料，这些版材包括 PS 胶印版、感光树脂凸版（液体树脂版、固体树脂版、苯胺树脂版）、凹版以及丝网印刷版。PS 胶印版代替了传统的有毒铅版，已占印刷业的主导地位。在电子工业上，感光高分子主要用于印刷线路板、高集成度的半导体芯片。另外，光固化涂料可用作家具、PVC 墙纸、装饰板等面漆。它又是电子元件、器件的主要包封绝缘材料以及光导纤维的包覆材料；光敏性胶黏剂除一般用途外，还可用于电子和液晶元件、光盘等的黏结或密封、集成电路装配、复合包装材料等，压敏胶及导电胶也有其应用。此外，光敏高分子在医疗上也可用作齿科材料，在纤维工业中可用于棉纤维的表面接枝改性，在生化工业中可用于固定生化酶，在图像情报工业中可用于记录显示等。光敏高分子未来的开发目标是研制出与银盐具有同等光敏性（感光度和分辨率）的高分子材料，以及转换效率达到非晶硅太阳能电池水平的高分子太阳能电池。

8.5.3.2 导电高分子

1971 年日本的白川用 Zeigler-Natta 催化剂成功地合成了聚乙炔薄膜，具有金属光泽和很高的结晶度，室温下电导率在 10^{-9}（顺式）～10^{-5}（反式）S/cm 之间。1977 年美国宾夕法尼亚大学的 Mac Diarmid 等用白川的方法制备聚乙炔膜，再用电子受体 I_2 进行掺杂，使其电导率提高到 10^2S/cm，并覆盖整个半导体到金属导体之间的区域，此类不含任何金属原子的导电高分子具有如此高的电导率，引起人们的极大重视，从而开创了结构型导电高分子新领域。

从结构上来看，导电高分子可以分为共轭高分子、电荷转移复合体、聚合物离子-自由基盐、含金属聚合物等。其中，共轭结构的导电高分子代表着导电高分子发展的主流。

具有共轭结构的高分子本身的电导率仍旧较低，如上述及的聚乙炔的电导率只有 10^{-5} S/cm，仍属半导体范围。但它们经过掺杂处理后，多数共轭高分子的电导率都有显著的提高。掺杂的机理一般认为是在共轭大分子的链与链之间，及分子聚集体间形成电荷移动的通道。表 8-12 列出了主要导电高分子的结构、掺杂物和电导率。当电导率高于 10^2S/cm 时就是电导体，而有的导电高分子可达到 10^5S/cm，已与银、铜等金属接近。掺杂后的聚硫腈 $\lbrack SN \rbrack_n$ 在超低温下甚至可转变为高分子超导体。

表 8-12　主要的导电高分子

名称	化学结构	掺杂	电导率/(S/cm)
聚乙炔		AsF_5	1200
聚吡咯	N H　N H	BF_4	1000
聚噻吩	S　S	ClO_4^-	100
聚亚苯基		AsF_5	500
聚亚苯基乙炔	—CH═CH—　—CH═CH—	AsF_5	2800
铜(用于比较)	Cu	无	10^6

导电高分子兼有导电性和高分子的易成型加工性、质轻、耐腐蚀等特点，用作轻质导线、塑料蓄电池、太阳能电池、电磁波屏蔽材料、抗静电材料、有机晶体管、芯片、测温度或气体的传感器等。

还有一种高分子是绝缘体，但当受到光照后就变为导电性高分子，这类高分子称为光导电高分子。典型的例子是聚乙烯基咔唑，用作静电复印机的感光体，使用时添加硒和2,4,7-三硝基-9-芴酮为增感剂。

$\lbrack H_2C—CH \rbrack_n$ (N)　　NO_2　O_2N　NO_2　O

聚乙烯基咔唑　　2,4,7-三硝基-9-芴酮

8.5.4　医用高分子

生物医用高分子是用在人体上以医疗为目的的高分子材料。它包括人工脏器、医疗用具和高分子药物。由于它直接关系到人的生命与健康，因而医用高分子除了有医疗功能外必须安全无毒，具有组织相容性和血液相容性，有时还需具有生物降解性。以下仅举几个例子说明医用高分子的应用。

8.5.4.1 人工心脏和人工心脏瓣膜

心脏是人体血液循环系统中的动力器官，经过心脏与肺的协同工作，使血液不断地氧合更新，并在全身循环以将新鲜血液送往各个器官，从而确保人体正常的生命活动，所以心脏被视为人体的中心。因此心脏病的预防和治疗，一直备受关注。用人工心脏来代替人体心脏，一直是近年来广为研究的目标，为此首先要解决如何选择高性能的生物材料。

用于人工心脏泵体的高分子材料，除应具备一般医用高分子的性能外，要求具有柔性、弹性、耐疲劳强度和抗血栓性。若以一般成年人的心脏每分钟平均搏动 72 次为例，每日搏动数高达 10 万次以上，一年之间就要搏动 3650 多万次，因而作为永久性人工心脏泵体材料，要有足够的安全系数，必须具备极高的耐屈挠性能。

用于人工心脏血泵的材料主要有链段型聚醚氨酯、聚硅氧烷与聚氨酯的嵌段共聚物、硅橡胶、聚四氟乙烯、聚氯乙烯和聚烯烃等。作为心脏瓣膜材料有硅胶材料、热解碳和生物瓣（如牛心脏瓣膜）等。为了解决此材料的抗凝血性的问题，应采用表面生物化和肝素化处理。目前世界各国人工心脏的研制工作仍在积极进行，长远的追求目标是，抗血栓性和耐久性好、功能更完备、驱动装置小型化（泵体需要外加驱动装置，目前使用小型驱动装置只有 5kg 重）、能源植入化的全人工心脏。

人工心脏瓣膜主要有球形瓣、碟形瓣和生物瓣等几种类型。由于心脏瓣膜植入心腔以后，始终全部浸没在血液中，因此对于材料的要求十分苛刻，不仅要有高强度和耐疲劳性，而且要有优良的抗血栓性能。

作为人工心脏瓣膜的合成材料，曾采用聚四氟乙烯、聚氨酯、聚乙烯、聚丙烯、聚碳酸酯、聚甲醛和硅橡胶等，其中以硅橡胶和含氟的硅橡胶性能较好。近年来较多地采用各向同性碳，又称为热解碳作为人工心脏瓣膜材料。热解碳是由烷烃经高温热分解沉淀于基质上而制成的，抛光后表面极其光滑，在机械强度、耐磨性，尤其是抗凝血性等方面优于硅橡胶。但使用由上述材料制作的人工心脏瓣膜的患者，仍需终身服用抗凝血药物。

8.5.4.2 人工肾

按照脱毒的方法，人工肾可分为透析型、过滤型和吸附型等。透析型人工肾的工作原理是：血液与透析液从透析膜两侧对流通过，靠血液和透析液中物质的浓度差而相互渗透，小分子电解质及化学毒物进入渗透液中，血细胞和蛋白质等大分子仍留在血液中。因此透析膜应有很好的强度、渗透性和抗凝血性。利用此种方法，除人工肾装置外，尚需配有透析液供给系统净化装置。

用于人工肾的高分子膜材料主要有铜铵纤维（铜铵再生纤维素）、醋酸纤维素、聚丙烯腈、聚乙烯基吡咯吡咯烷酮、乙烯-乙酸乙烯共聚物、聚砜、甲基丙烯酸甲酯立构规整性聚合物的复合物、聚碳酸酯、乙烯-乙烯醇共聚物、聚硫橡胶、芳香聚酰胺、骨胶原等。这些材料既可制成透析膜，也可制成空心纤维，其中以铜铵纤维应用较为普遍。用于活性炭包膜的材料有明胶和上述高分子材料。

8.5.4.3 医用黏合剂和自吸收高分子手术缝合线

医用黏合剂在医疗中用途广泛，例如骨折的黏合、人工关节与生物骨之间的固定、牙齿的修补、组织界面间的黏合、制止术后缝合处微血管渗血等。可作为医用黏合剂的材料如下。

① α-氰基丙烯酸酯（$H_2C{=}C(CN)COOR$）是一种瞬时黏合剂。医用黏合剂一般用 α-氰基丙烯酸丁酯，它对不同材质都有优良的黏合力，而且黏合速度快，不仅作为组织黏合

剂，而且可作家庭用瞬时黏合剂。

② 由 PMMA 和其单体 MMA 调成糊状，加 BPO 和对-*N*,*N*-二甲基甲苯胺（DMT）构成的氧化还原引发剂后，填入骨与人工关节连接处，10min 即可固化，固定住骨和人工关节。

③ 单体 HNPM 和 Phenyl-P 分子中同时含亲水基和疏水基，对齿质有黏合性又有生物相容性，使用时让单体充分地渗入牙组织，而后聚合，起黏合、粘接作用。这两种单体都已在牙科手术中实际应用，HNPM 用于牙矫正时黏合，Phenyl-P 用于粘接。

聚乳酸和聚羟乙酸制成的外科缝合线，在体内保持一定时间后，能降解为可被机体吸收的乳酸和对身体无害的羟乙酸而排出体外。

8.5.4.4　高分子药物

高分子药物大体上可分为两大类：一类是只有整个高分子链才呈现医药活性，称药理活性的高分子药物；另一类是以高分子为载体，将具有药理活性的低分子化合物通过共价键或离子键与高分子结合，或者通过包埋、吸附等方法载于高分子中。目前后者用得较多。与低分子药物相比，高分子药物具有长效、缓释、靶向给药、降低毒性与副作用、提高药理活性等优点。以下仅简要介绍以高分子为载体的高分子缓释药。

高分子缓释药物有三种：一种是将水溶性的高分子如聚乙烯醇、聚乙二醇等同药物均匀地混合在一起，制成药片，服用时，药物的释放由高分子在体内的溶解速率控制；另一种是将药物包裹在高分子膜或微胶囊中而缓慢释放；还有一种是将低分子药物键合到高分子上，以达到长效、低毒的目的。如将对恶性肿瘤有治疗作用的 5-氟尿嘧啶载于聚 α-甲基丙烯酸环氧丙酯上，5-氟尿嘧啶对人体有很大毒副作用，服用后产生恶心、呕吐、脱发等现象，且对肝、胃有影响，但高分子化后释放缓慢、均匀，上述症状明显改善。如图 8-4 所示的中间那条曲线就是高分子药物的缓释作用曲线，可见，它能平稳地释放药物，以达到最佳疗效。

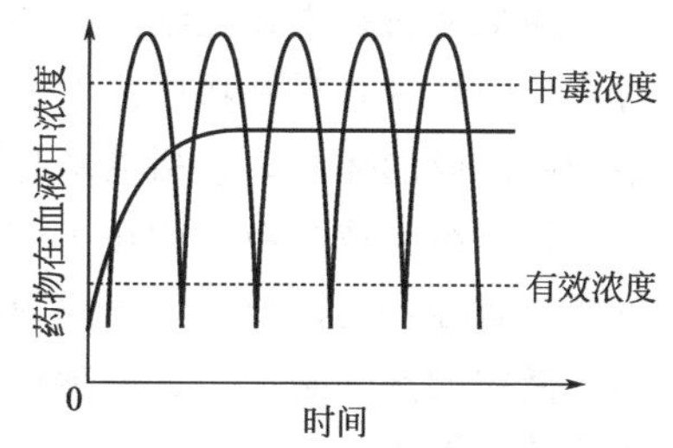

图 8-4　服药过程中药物在血液中浓度的变化

药物的释放除了上述的时间控制外，有时还需进行部位控制（靶向），也就是将药物送达到特定的脏器或病患部位。其控制可以是依靠生理活性物质专一性来导向，也可以靠物理导向（如磁导向）。

8.6　纳米高分子材料

纳米技术的构想是 20 世纪 70 年代提出的。1984 年德国研制成功第一种金属纳米材料。1987 年美国研制成功氧化钛纳米材料。1990 年第一届国际纳米科学技术会议在美国召开，标志着纳米科学的诞生。纳米技术是指纳米材料和物质的获得技术、组合技术以及纳米材料在各个领域的应用技术，其基本含义是指在纳米尺寸范围内研究物质的组成，通过直接操纵和安排原子、分子而创造新物质。纳米技术是一门以许多现代先进科学技术为基础的科学技术，是现代科学（量子力学、化学、分子生物学）和现代技术（微电子技术、计算机技术、高分辨显微技术和热分析技术）结合的产物，是一门与高技术紧密结合的新型科学技术。纳米研究列入了我国 863 计划并已经建成了几个纳米研究基地。中国科学院、清华大学、北京大学等单位已经形成了一支从事纳米研究的队伍，我国的纳米基础研究已跻身世界前列。在纳米材料的生产上，中国科学院沈阳金属研究所发明了激光制备纳米粉的专利技术，为产业化生产提供了技术支持。以纳米技术为代表的新兴科学技术，将可能在21世纪给人类带来第三次工业革命。纳米技术在给人类创造出许多新物质、新材料的同时，更会给人们带来认知观念上的深刻变革。

8.6.1 纳米、纳米结构和纳米材料

8.6.1.1 纳米与纳米结构

纳米是一个长度单位，$1nm=10^{-3}\mu m=10^{-9}m$，通常界定1～100nm的体系称为纳米体系。由于这个微尺度空间约等于或略大于分子的尺寸上限，恰好能体现分子间强相互作用，因此具有这一尺度的物质的许多性质均与常规物质不同，甚至发生质变。正是这种性质特异性引起了人们对纳米结构的广泛关注。

纳米结构定义为：以具有纳米尺度的物质单元为基础，按一定规律构筑或营造的一种新物系，包括一维、二维及三维的体系，或至少有一维的尺寸处在1～100nm区域内的结构。这些物质单元包括纳米微粒、稳定的团簇或人造原子、纳米管、纳米棒、纳米丝及纳米尺寸的孔洞。通过人工或自组装，这类纳米尺寸的物质单元可组装或排列成维数不同的体系，它们是构筑纳米世界中块体、薄膜、多层膜等材料的基础构件。

8.6.1.2 纳米材料及特性

纳米材料是指在三维空间中至少有一维处于纳米尺度范围或由它们作为基本单元构成的材料，即纳米材料是物质以纳米结构按一定方式组装成的体系，或纳米结构排列于一定基体中分散形成的体系，包括纳米超微粒子、纳米块体材料和纳米复合材料等。换句话说，纳米材料是指组织或晶粒结构在1～100nm尺度的材料，该尺度处于原子簇和宏观物体之间，本身所具有独特的性质，如表面效应、小尺寸效应、量子尺寸效应和宏观量子隧道效应，导致纳米微粒的热、磁、光、敏感性和表面稳定性等不同于正常粒子，而具有许多传统粒子不具备的特殊性质。

① 表面与界面效应　纳米微粒比表面积大，位于表面的原子占相当大的比例。由于微粒表面原子缺少邻近配位的原子和具有高的表面能，使得表面原子具有很大的化学活性，从而使纳米粒子表现出强烈的表面效应。利用纳米材料的这些特点，能与某些大分子发生键合作用，提高分子间的键合力，从而使添加纳米材料的复合材料的强度、韧性大幅度提高。

② 小尺寸效应　当超细微粒的尺寸与传导电子的德布罗意波长相当或更小时，晶体周期性的边界条件将被破坏，导致其磁性、光吸收、热、化学活性、催化剂及熔点等发生变化。如银的熔点为900℃，而纳米银粉的熔点仅为100℃。利用纳米材料的高流动性和小尺寸效应，可使纳米复合材料的延展性提高，摩擦系数减小，材料表面粗糙度大大改善。

③ 量子尺寸效应　即纳米复合材料颗粒尺寸小到一定值时，费米能级附近的电子能级由连续能级变为离散能级的现象。其结果使纳米材料具有高度光学非线性、特异催化和光催化性质等。

8.6.2 纳米高分子材料的性能及应用

由于纳米材料具有许多新的特性，如特殊的磁学特性、光学特性、电学特性和化学活性等，利用纳米粒子的这些特性对高分子材料进行改性，可以得到具有特殊功能的高分子材料。这不仅使高分子材料的性能更加优异，使其更加广泛地应用于微电子、化工、国防、医学等各个领域，同时还为高分子改性理论体系的奠定提供了基础，拓宽了高分子改性的理

论。下面仅简要介绍几种典型的纳米高分子材料及其性能与应用。

8.6.2.1　纳米改性塑料

世界上最早的纳米塑料工业化应用是 1991 年日本丰田中央研究所和尼龙树脂厂宇部兴产（UBE）公司共同开发的纳米尼龙-6 做的汽车定时器罩。它拉开了纳米塑料快速发展的序幕，最近几年发展特别快，各国都竞相投入资金和人力加大开发力度和加快产业化、推广应用步伐。

与原来母体树脂相比，纳米塑料改进和提高的性能有以下几方面。一是提高了力学性能和热性能，如弯曲模量（刚性）提高 1.5～2 倍，耐摩擦和耐磨损性得到增强，大幅提高了耐热性，热变形温度上升几十摄氏度，热膨胀系数下降为原来的一半。二是赋予了塑料功能性，使材料具有阻隔性、阻燃性，改进了材料的透明性、颜料着色性、导电性和磁性能等，如使材料对二氧化碳、氧的透过率降为原来 1/5～1/2，提高了材料的阻燃等级，往往称这种改性材料为功能性纳米塑料。另外，还能提高材料的尺寸稳定性。

纳米塑料的无机纳米粒子加入量少，一般为 2%～5%，仅为通常无机填料改性时加入量的 1/10 左右，因而塑料密度几乎不变或增加很小，不会因密度增加过大而增加塑料加工厂的成本，也没有因填料过多导致其他性能下降的弊病。由于纳米粒子尺寸小，成型加工和回收时几乎不发生断裂破损，具有良好的可回收性。纳米塑料的缺点是与通常无机填料一样，使塑料的焊接强度有所下降，有些纳米塑料如纳米尼龙的韧性（冲击强度）有所下降，但纳米聚烯烃的韧性却有所提高。

纳米塑料提高和改进了塑料的许多性能，制备时不必使用新的结构塑料制造机械，利用现有设备和稍加改造便可进行制备，设备投入资金少。这两点是推动和加快纳米塑料商业化的有利因素。

8.6.2.2　纳米改性橡胶

在橡胶行业，应用纳米材料填充剂将降低生胶含量并极大改善制品拉伸强度、撕裂强度等性能指标。纳米碳酸钙等材料将取代传统的补强、耐磨、抗老化添加剂——炭黑，以及高能耗、高成本的白炭黑，一改橡胶制品纯黑色的外观，赋予其多姿多彩、优异的性能及富有吸引力的性价比。

8.6.2.3　纳米改性纤维

纳米纤维是直径 1～100nm 的纤维，此为狭义的纳米纤维的定义。广义地说，一维纳米材料与三维纳米材料复合而制得的传统纤维，也可以称为纳米复合纤维或广义的纳米纤维。更确切地说，这种复合纤维应称为由纳米微粒或纳米纤维改性的传统纤维。纳米纤维最大的特点就是比表面积大，导致其表面能和活性的增大，从而产生了小尺寸效应、表面或界面效应、量子尺寸效应、宏观量子隧道效应等，在化学、物理（热、光电磁等）性质方面表现出特异性。纳米纤维广泛应用在服装、食品、医药、能源、电子、造纸、航空等领域。

（1）人造蜘蛛丝

较细的蜘蛛丝直径只有 100nm 的数量级，是真正的天然纳米纤维。蜘蛛丝是自然界产生的最好的结构材料之一，从某种程度上讲，蜘蛛丝的优良综合性能是各种天然纤维与合成纤维所无法比拟的，其比模量优于钢而韧性优于 Kevlar 纤维。蜘蛛丝优异的力学性能源于其链状分子的特殊的取向和结晶结构。晶粒尺寸为 2nm×5nm×7nm 的微晶体分散在蜘蛛丝无定形蛋白质基质中，起到了极好的增强作用。

2002 年 1 月，加拿大 Nexia 生物技术公司（NXB）与美国陆军战士生物化学指挥部

(SBC-COM）的科学家合作，成功地模仿了蜘蛛丝。他们采用蜘蛛基因，制备了重组的蜘蛛丝蛋白质，并用这种蛋白质与水组成的体系完成了接近于天然蜘蛛丝的蛋白质组成和纺丝的过程，从而生产出世界上首例“人造蜘蛛丝”。该公司将人造蜘蛛丝的商品名定为 Bio-steel，这一重大成果是 Nexia 公司科学家 10 年努力的结果，是人类对高性能纤维进行“绿色”生产的一个新里程碑。

（2）细菌纤维素

近年来出现了一个正在受到材料科学界关注的新成员，即木醋杆菌（简称 Ax）等菌类产生的细菌纤维素（简称 BC）。1886 年，Brown 最先对细菌纤维素的形成过程和形态进行了报道。Ax 菌细胞壁侧有一列 50～80 个轴向排列的小孔，在适宜的条件下每个细胞每秒钟可将 2×10^5 个葡萄糖分子以 β-1,4-糖苷键相连成聚葡萄糖，从小孔中分泌出来，最后形成直径为 1.78nm 的纤维素微纤丝，并随着分泌量的持续增加平行向前延伸。相邻的几根微纤丝之间由氢键横向相互连接形成直径为 3～4nm 的微纤丝束。微纤丝束进一步伸长，束间仍由氢键相互连接，多束合并形成一根长度不定，宽度为 30～100nm，厚度为 3～8nm 的细菌纤维丝带，其直径和宽度仅为棉纤维直径的 0.1%～1%。

与植物来源的纤维素相比，细菌纤维素最突出的优点：一是木醋杆菌产生的纤维素极纯，是 100%的纤维素，不含半纤维素、木质素和其他细胞壁成分，提纯过程很简单；二是细菌纤维素不同于植物纤维素，具有优异的物理性质和力学性能，如高结晶度、高聚合度和优良的分子取向，机械强度高。细菌纤维素经洗涤、干燥后，杨氏模量可达 10MPa，经热压处理后，杨氏模量可达 30MPa，比有机合成纤维的强度高 4 倍。由于其内部有很多“孔道”，又有良好的透水、透气性能，具有很强的亲水性，能吸收 60～700 倍于其干重的水分，既有非凡的持水性，并具有高湿强度。

由于细菌纤维素具有良好的亲水性、持水性、凝胶特性，可制成特殊的人造皮肤、纱布、绷带和创可贴等伤科敷料产品。另外，细菌纤维素完全不被人体所消化的特性，使之成为一种很具吸引力的食品基料和保健食品。将细菌纤维素加入纸浆，还可提高纸张的强度和耐用性而造出高品质的特殊用纸，如用于流通货币的特级纸。

（3）碳纳米管

碳纳米管可看成是管壁由单层石墨六角网面以其上某一方向为轴卷曲 360°而形成的中空管。相关理论研究可知，多壁碳纳米管的平均弹性模量为 1.8TPa。碳纳米管的强度实验值为 30～50GPa。尽管碳纳米管的拉伸强度极高，但它的脆性不像碳纤维那样高。碳纤维在约 1%变形时就会断裂，而碳纳米管要到约 18%变形时才会断裂。碳纳米管的层间剪切强度高达 500MPa。它还具有很大的电流容量和热导率，存在广泛的潜在应用价值。

碳纳米管可通过电弧放电法、催化热裂解法、激光蒸发法、热解聚合物法、水热法、火焰法、离子（电子束）辐射法、固相复分解反应制备法、超临界流体技术、水中电弧法和气相反应法等方法制得。限于篇幅，在此不作介绍，读者可参考相关资料。

8.6.2.4 纳米改性涂料

随着纳米材料的广泛应用，纳米涂料也已面市。所谓纳米涂料必须满足两个条件：一是至少有一相的尺寸为 1～10nm；二是由于纳米相的存在使涂料的性能明显得到提高或者能给予它新的功能。纳米涂料也称为纳米复合涂料。

我国是涂料生产和消费大国，但传统涂料普遍存在“传统”缺陷。添加纳米材料后，悬浮稳定性和触变性差、不耐老化、粗糙度较高等问题都将迎刃而解。纳米二氧化钛超亲水性和超亲油性的开发应用将为涂层材料带来革命，使表面具有自清洁功效，防污、防雾、易洗、易干。利用纳米材料的光学性能改性后的颜料色彩艳丽、保持持久，且极易分散。

将纳米材料应用于制备新的功能性涂料，在改善涂料性能方面主要有：一是施工性能的改善，利用粒径对流变性能的影响，如（纳米二氧化硅）用于建筑涂料，防止涂料的流挂；二是耐候性的改善，利用纳米粒子对紫外线的吸收，如应用纳米 TiO_2、SiO_2，可制得耐候性建筑外墙涂料、汽车喷漆；三是力学性能的改善，利用纳米粒子与树脂之间强大的界面结合力，可以提高涂层的强度、硬度、耐磨性、耐刮伤性。

功能性纳米涂料种类很多，按它们的主要作用与功能可分为军事隐身涂料、静电屏蔽涂料、隔热涂料、抗菌涂料、纳米界面涂料、纳米大气净化涂料以及具有其他功能的涂料，如电绝缘涂料、磁性涂料、红外隐身涂料等。

纳米材料涂层及其技术随着纳米材料的发展而发展。鉴于表面涂层所具备的特性和潜在的功能，都靠纳米材料去加以开创、提高。在纳米材料的制备合成技术不断取得进展和基础理论研究日益深入的基础上，纳米功能涂层会有更快的发展，应用面将遍及多个领域。

习题与思考题

1. 何谓塑料？如何对塑料分类？
2. 简要说明 PE 与 PP 的性能特征。
3. 请从 PVC 树脂的分子结构出发说明该树脂的优缺点。为什么说 PVC 制品一定是多组分塑料？
4. PS 综合力学性能、电性能、化学性能有何特点？为什么？ABS 中三种组分对其性能各有什么贡献？力学性能有何特点？
5. 试归纳比较下列工程塑料：PA、PC、POM 各自具有的特征基团，以及它们各自最突出的性能。
6. 什么是橡胶？橡胶的基本特性是什么？橡胶为什么要硫化？
7. 通用橡胶有哪些主要品种？写出结构式，它们的主要性能与用途是什么？
8. 聚合物成纤的条件是什么？纤维的纤度是何含义？如何表征？
9. 试指出尼龙-66、涤纶、腈纶和维纶的合成原理、各自的结构特征、性能与主要应用。
10. 分别指出涂料与胶黏剂的组成及其作用。
11. 简要说明功能高分子的主要类型及其功能。
12. 何谓纳米结构、纳米材料？纳米材料有何特殊性质？举例说明纳米高分子材料的性能及应用。

参 考 文 献

[1] 杨晓丹，樊敏彭，蜀晋．高分子科学的发展与百年诺贝尔化学奖．大学化学［J］.2008，23（6）：65-69.

[2]“高分子科学发展战略研讨会”会议秘书组．我国高分子学科发展的趋势、问题与对策．高分子通报［J］.2008（11）：84-90.

[3] 韩冬冰编著．高分子科学与工艺学基础［M］．北京：中国石化出版社，2009.

[4] 潘祖仁主编．高分子化学［M］．第4版．北京：化学工业出版社，2007.

[5] 代丽君，张玉军，姜华珺主编．高分子概论［M］．北京：化学工业出版社，2006.

[6] 魏无际，俞强，崔益华等编．高分子化学与物理基础［M］．北京：化学工业出版社，2005.

[7] 徐玲主编．高分子化学［M］．第2版．北京：中国石化出版社，2010.

[8] 贾红兵主编．高分子化学（第4版）导读与题解［M］．北京：化学工业出版社，2009.

[9] 师奇松，于建香编．高分子化学试题精选与解答［M］．北京：化学工业出版社，2010.

[10] 董炎明，张海良编著．高分子科学教程［M］．科学出版社，2004.

[11] 于红军主编．高分子化学及工艺学［M］．北京：化学工业出版社，2000.

[12] 侯文顺主编．高聚物生产技术［M］．北京：高等教育出版社，2006.

[13] 赵德仁，张慰盛主编．高聚物合成工艺学［M］．北京：化学工业出版社，1997.

[14] 李克友，张菊华，向福如主编．高分子合成原理及工艺学［M］．北京：科学出版社，1999.

[15] 顾雪蓉，陆云编．高分子科学基础［M］．北京：化学工业出版社，2003.

[16] 梁晖，卢江主编．高分子科学基础［M］．北京：化学工业出版社，2006.

[17] 金日光，华幼卿主编．高分子物理［M］．第3版．北京：化学工业出版社，2007.

[18] 郭建民主编．高分子材料化学基础［M］．第2版．北京：化学工业出版社，2009.

[19] 焦剑，雷渭媛主编．高聚物结构、性能与测试［M］．北京：化学工业出版社，2003.

[20] 侯文顺，杨宗伟主编．高分子物理［M］．北京：化学工业出版社，2007.

[21] 桑永主编．塑料材料与配方［M］．第2版．北京：化学工业出版社，2009.

[22] 聂恒凯主编．橡胶材料与配方［M］．第2版．北京：化学工业出版社，2009.

[23] 宋启煌主编．精细化工工艺学［M］．第2版．北京：化学工业出版社，2004.